纺织服装高等教育"十三五"部委级规划教材

针织服装设计与工艺

KNITWEAR DESIGN AND TECHNOLOGY

谭 磊 [主编]　　王秋美／刘正芹 [副主编] 第二版

东华大学出版社·上海

内 容 提 要

本书共分八章，分别介绍了针织面料的相关知识、针织服装的设计特点、针织服装的规格设计与结构设计以及针织服装的裁剪和缝制等内容。书中配有大量的设计实例，从理论与实践的角度详细地阐述了各种设计方法的具体应用。

本书针对性强，注重阐述针织服装与梭织服装设计的区别，具有较强的实用性，可作为纺织服装院校针织和服装专业的教材，也可供有关设计人员、工程技术人员学习和参考。

图书在版编目（CIP）数据

针织服装设计与工艺/谭磊,王秋美,刘正芹主编. —2版，—上海：东华大学出版社，2016.8
ISBN 978-7-5669-0863-6

Ⅰ.①针… Ⅱ.①谭… ②王… ③刘… Ⅲ.①针织物—服装设计②针织物—服装工艺 Ⅳ.①TS186.3

中国版本图书馆CIP数据核字（2015）第177187号

责任编辑 谢 未
封面设计 施晓黎

针织服装设计与工艺（第二版）

谭磊 ［主编］ 王秋美 刘正芹 ［副主编］

东华大学出版社出版

（上海市延安西路1882号 邮政编码：200051）

新华书店上海发行所发行 句容市排印厂印刷

开本：787mm×1092mm 1/16 印张：18 字数：430千字

2016年8月第2版 2016年8月第1次印刷

ISBN 978-7-5669-0863-6/TS·633

定价：39.80元

前　言

近年来针织服装作为服装的一个重要分支，已由单一的内衣产品逐渐渗透到了外衣等服饰领域，如今针织服装品种齐全，在现代生活中占据着越来越重要的地位，具有梭织服装所不能替代的作用。为适应市场需要，我们结合教学与生产实践，编写了本教材。

本书立足于针织服装的特点，介绍了针织面料的结构与性能，详细阐述了针织服装结构设计的常用方法，包括规格演算法、原型法、基样法、比例法，并通过实例说明了设计方法的具体应用。

本书由青岛大学、湖南工程学院、广西绢麻纺织科学研究所联合编写，第一章、第三章第二节和第四节、第四章、第五章第一节和第二节以及附录由谭磊编写；第二章、第七章由刘正芹编写；第三章第一节由胡心怡和谭磊编写；第三章第三节由谭磊和王秋美编写；第五章第三节由王秋美和高静编写；第五章第四节由马艺华编写；第六章由谭磊、凌群民编写；第八章由胡心怡编写；全书由谭磊、王秋美统稿。

在本书的编写过程中，参考了许多专家、教授出版的著作及发表的论文，采用了相关公司、企业的技术资料及图片，在此一并表示感谢。

由于编者水平有限，书中难免存在不足和错误，敬请读者批评指正。

作　者
2016 年 8 月

目　录

第一章

概　述

　　针织服装是从手工编织开始的，世界上最早的针织品是手工编织的袜子，手工编织和钩编曾经在很长一段时间内一直居于针织服装生产的主导地位，直到1589年，世界上第一台针织机（袜机）问世，才使针织服装逐渐由手工编织走向机械化生产。

　　针织服装在我国的发展历程很短，自1896年我国第一家针织厂在上海成立至今已有100多年的历史，由于它特有的性能，在20世纪70年代开始受到整个服装界的瞩目，随着针织技术的发展，针织服装已成为服装中的一个大类，从传统的袜子、内衣形式扩大到了外衣、毛衫等服饰领域。目前，针织服装的发展速度已经超过了梭织服装，与梭织服装几乎是平分秋色，正朝着时尚化、个性化、多样化、功能化、环保化方向发展，具有梭织服装不可替代的作用，成为现代人日常着装不可缺少的一部分。

第一节　针织服装的定义与分类

　　针织服装是指用针织面料或针织的方法制成的服装。从字义上说，"服"是防暑御寒，指的是实用功能；"装"是装饰美化，指的是艺术效果，所以，"服装"具有实用性和艺术性，因此，"服装"又称服装效果。从广义上讲，服装应该是衣服鞋帽及装饰物的总称，是指从头到脚的服饰，也就是说"服装"应该包括：衣服、配件、首饰、发型、化妆等。针织服装的种类繁多，按用途可分为针织内衣、针织外衣、针织毛衫、针织服装配件。

一、针织内衣

　　针织内衣是纺织服装市场最受消费者关注的服装品种之一，素有"人体第二肌肤"之称，在欧洲发达国家妇女购买服饰的消费支出中有10%～30%是用于购买内衣。随着人们生活质量的提高，男性内衣也开始受到商家和消费者的重视，内衣的概念已摆脱单纯遮体、保暖的基础阶段，走向更加舒适、更加时尚的阶段，随着保健、塑身、环保等元素的融入，内衣品种越来越丰富。针织内衣的种类很多，除常规内衣外，还有功能内衣、休闲内衣、时尚内衣等，显示了内衣市场的勃勃生机。

二、针织外衣

　　针织外衣相对针织内衣来说发展较晚，但随着国内外市场对针织服装需求的不断扩大，我国针织外衣也得到了迅猛发展，各类针织休闲装、时装、社交礼服、T恤衫、文化衫、运动装等层出不穷。内衣外穿化，外衣内穿化，穿着时尚化、休闲化、多样化、个性化，使得针织服装的优越性日益彰显，也为针织外衣提供了更广阔的展现空间。

三、针织毛衫

　　针织毛衫一般是编织成型的，是用纱支较粗的毛纱、毛型化纤或棉纱等编制而成的针织服装。毛衫的品种很多，有背心、裙、裤、外套等，服装的原料、款式、色彩等随季节及流行趋势而不断变化，现代毛衫已不再是保暖服装的代名词，而是具有了更多的时尚元素，已经成为针织服装中一个重要的独立分支。

四、针织服装配件

　　针织服装配件是针织服装的配套用品，具有不可替代的作用，在针织服装中占有重要的一席之地，常见的针织服装配件有袜子、手套、围巾等。

　　针织袜子是成型编织品，它有连裤袜、长统袜、中统袜、短统袜、船袜、袜套等形式，随着着装方式、裙子长短的流行变化，袜子的品种也更为丰富多彩。

针织手套、针织帽子、针织围巾等针织配件也正走进人们的生活，它们色彩富于变化，装饰手段多样，能配合不同服装的装饰需要。

第二节　针织服装的特点与生产工艺流程

一、针织服装的特点

针织服装由于其面料的线圈结构特征以及生产制作方法的灵活多变性，使得它与传统梭织服装相比具有以下特点：

（1）针织服装吸湿、透气性好，面料柔软，穿着舒适、贴体。作为日夜与人相伴的内衣来说，这是至关重要的性质，因此，针织内衣受到广大消费者的喜爱，几乎占领了整个内衣市场，可以说，当今的内衣世界是针织服装的世界。

（2）针织服装具有较好的适体性和运动机能性。穿着针织服装不易产生紧绷感，活动自如，因此广泛应用于运动服和健美服。

（3）针织服装生产方式灵活，具有成型功能，是生产高档无缝内衣、美体塑身内衣的先决条件，同时也使得针织服装的应用领域非常宽广。现在针织服装随处可见，从头上戴的帽子、手上的手套，身上穿的各式服装，到脚上的袜子以及其他领域，如工业、医疗、国防等应用的特种服装，都有针织服装的市场。

（4）针织服装生产工艺流程短，投资少，收效快，成本低。

针织服装与梭织服装在服装生产过程中，似乎都要经过由纱线→面料→面料整理→裁剪→缝制→服装后整理的相同工艺加工过程，但两者在面料的生产环节、工艺流程却不相同，梭织面料的生产工艺流程长，针织面料的生产工艺流程短，所用设备、厂房占地、生产投资都少，生产周期短，见效快。特别是针织成型服装直接由纱线编织形成服装，极大地缩短了服装生产周期。服装的生产周期短，有利于降低成本，还可以适应市场的快速反应，紧随潮流，生产漂亮、时尚的服装。

（5）针织服装一般以成衣出售，适合工业化生产。因为针织面料尺寸不稳定，易变形，需要较高的成衣技术和各种缝制设备。另外，由于针织服装边口形式多，主料、辅料的品种、规格多，所以针织服装的生产不适合零售加工。

（6）针织服装的设计与面料的性能紧密相关。虽然针织服装设计与梭织服装设计在许多方面有异曲同工之处，但也存在较大差异。由于不同针织面料在组织结构、外观风格、织物性能方面都不相同，所以其服装设计、制作等方面也不相同，针织服装设计必须考虑面料性能的影响。一般说，传统服装的设计是从选择面料开始的，而针织服装的设计经常是从面料设计，甚至是从纱线设计开始的，这点对于针织毛衫、成型内衣来说尤其如此。面料的性质是针织服装设计应考虑的第一要素。

（7）针织服装种类繁多，种类间风格差异较大，不同服装的设计方法不同，如针织内衣款式简洁，常采用规格演算法；针织外衣采用原型法、比例分配法、基样法；成型类服装，如毛衫、袜子等采用工艺设计法。针织服装的设计尤其是成型类服装的设计离不开针织工艺和针织设备等因素，光有好的艺术创意而没有针织方面的相关知识是很难实现的。所以，作为一名针织服装设计人员，既要有一般服装设计的艺术创作素质，同时又必须具备一定的针织工艺技术知识，懂得如何利用针织面料的特性和针织服装的生产特点设计服装，取得最佳的艺术效果。针织服装的设计是设计艺术和针织工艺技术的结合。

二、针织服装的生产工艺流程

针织服装的生产方式主要有两种：裁剪成型和编织成型。

1. 裁剪成型针织服装的生产工艺流程

裁剪成型针织服装的生产是根据工艺要求将染整加工后的针织坯布按样板裁剪成衣片，然后缝制加工成服装的生产方式。一般针织服装都采用这种生产方式，它主要包括三个工段，即裁剪工段、缝制工段、整理工段。具体生产工艺流程为：坯布准备→检验→铺布断料→划样裁剪→缝制→整烫→成品检验→包装→入库。

2. 编织成型针织服装的生产工艺流程

编织成型针织服装的生产是根据工艺要求，利用各种成型方法，在针织机上编织出成型服装或衣片，然后缝合成衣。根据服装成型程度不同，有全成型和部分成型两种。全成型是在机器上直接编织出完全成型的服装，不需裁剪和缝制；部分成型则是在针织机上编织出成型衣片，通过部分裁剪或不作裁剪，然后缝合成衣。针织毛衫、袜子、手套、成型内衣常采用这种部分成型生产方式，它们的生产工艺流程为：原料准备→横机或圆机织造→（少量裁剪）→缝制→整理→检验→包装→入库。

第三节　针织服装的设计内容

一、针织服装的设计内容

服装设计是艺术创作与实用功能相结合的设计活动，设计者在设计过程中必须依据TPO设计原则，即Time（时间），Place（地点、场合），Object（目的、对象）。针织服装设计的内容主要包括造型设计、结构设计和工艺设计三个方面，也是整个服装设计中的三个阶段。

造型设计是指服装款式的构成、面料的选定和色彩的搭配等，其最终结果以服装效果图的形式来反映。造型设计是一种创造性的劳动，是属形象思维的视觉艺术，每个有成就的服装造型设计者，都应有自己的独特风格。必须了解目标对象的心理爱好，熟悉他们的生活习惯，掌握美学、流行学、绘画、历史及针织面料等相关知识。

结构设计是指将造型设计的效果图，分解展开成平面的服装衣片结构图，以服装制图的形式反映。它既要实现造型设计的意图，又要弥补造型设计的某些不足，是将造型设计的构思变为实物成品的主要设计过程。

工艺设计的主要内容包括：制定服装的缝制工艺及成品质量检验标准；成品尺码规格及其搭配；主料、衬料和辅料；明缝还是暗缝；是否需要进行热塑定形或热塑变形（即俗称归、拔工艺）等。工艺设计的结果是用符号、图表和有关文字说明来表现，是指导生产、保证产品规格和质量的重要手段。

二、服装设计图

服装设计图是表达服装艺术构思和工艺构思的效果与要求的一种绘画形式，它是设计构思中至关重要的环节。良好的设计图能使打板师与缝纫工按照设计意图和要求制作出样衣，并使成衣效果与服装设计图表达的效果一致。

针织服装设计图包括：服装效果图、款式图、工艺图和相关的文字说明。

1. 服装效果图

服装效果图是为表现设计构思而绘制的正式图，重在表达服装的穿着效果、色彩搭配、款式构成、面料等内容。常以水彩画、水粉画等形式表现，一般采用8~9头身的比例，以取得优美的形态感，如图1-1所示。

针织面料由于具有良好的弹性，且非常柔软，所以针织服装穿着时容易贴紧人体，即使是宽松造型的服装，有时也能体现人体的曲线。其次，在成型服装的设计中，组织结构往往扮演着重要的角色，是服装设计的关键。因此在绘制针织服装效果图时，要使所画的服装效果图看上去与梭织服装的效果图有所差别，重点要注意针织服装细部的表现，如服装的边口形式、装饰设计、组织纹路等。例如，罗纹是针织服装常用的一种组织，这种组织的外观特征是织物具有

图1-1 服装效果图

纵向条纹，而且不同罗纹组织其条纹的宽窄会发生变化，绘制服装效果图时应将这种纹理效果真实地予以表现，如图1-2所示。

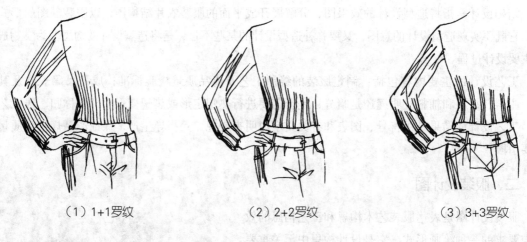

（1）1+1罗纹　　　　　　（2）2+2罗纹　　　　　　（3）3+3罗纹

图1-2　罗纹组织的表现

针织服装的边口形式也具有很明显的特征，常常采用滚边、线迹处理、罗纹饰边等方式，服装效果图也应采用不同的绘制手法，如图1-3所示。

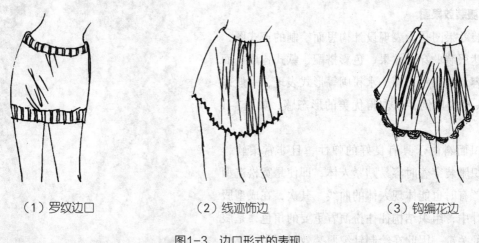

（1）罗纹边口　　　　　　（2）线迹饰边　　　　　　（3）钩编花边

图1-3　边口形式的表现

为了表现针织服装紧身、贴体和弹性好的特点，可以在人体上直接勾画出紧身服装的轮廓，绘制时适当减弱人体的细小结构和肌肉的起伏；对于宽松型服装，由于针织面料结构疏松，外形不稳定，服装会松垮下懈，绘制时抓住这一点就能表现出针织服装的特征，如图1-4所示。

图1-4　紧身、宽松型针织服装的表现

　　总之，针织服装的效果图一定要掌握针织服装在人体上的轮廓形态，体现针织面料的纹路和特征，表现针织服装特有的质感。

2. 服装款式图

　　服装款式图是将服装效果平面化的表述，它通过对服装的款式特征、各部位的比例、结构、工艺等的绘制来表现服装的款式效果，是生产加工过程中的重要示意图。

　　服装款式图表现得是否准确，将直接影响样衣的制作。为了表现服装结构，款式图有时除正面图外，还要绘制背面图或局部放大图作补充，以求全面、清晰地表达设计意图，如图1-5所示。

　　服装款式图一般采用线描图，它对绘画的艺术性要求不高，但对生产的技术性要求较高。绘制服装款式图时，一般以粗实线表示服装的外轮廓，以细实线表示服装的结构线，如省、褶、分割线等，以虚线表示缉明线。

图1-5　服装款式图

图1-6 服装工艺图

3. 工艺图

服装工艺图是为了表达针织工艺结构和编织针法的一种设计图，最常见的为意匠图，如图1-6所示。它是服装生产加工的依据，在针织毛衫、围巾等成型服装的设计中经常采用。

4. 文字说明

在服装效果图、款式图完成后，还应写上必要的文字说明，如设计意图，工艺制作的注意事项，面料、辅料和配件的选用要求等，必要时需附以面、辅料小样。运用文字和图示相结合的方法，全面、准确地表达设计思想和制作要求。

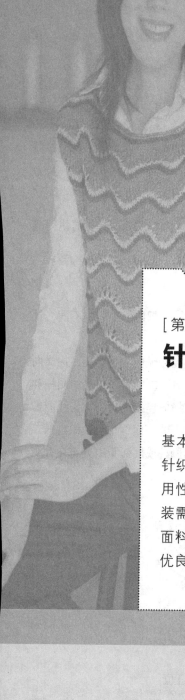

第二章

针织面料及其特性

　　用于服装的针织面料多为纬编针织物。纬编针织物组织分为基本组织、变化组织和花色组织。针织内衣常用基本组织织物；针织外衣常用花色组织和变化组织织物。针织面料具有独特的服用性能，对针织服装结构设计有着不可忽视的影响。设计针织服装需了解和熟悉常用针织面料的组织结构与性能，充分利用针织面料的特性，灵活运用服装结构设计的基本知识，发挥针织面料优良的服用特性，并尽量克服其弱点，更好地为设计服务。

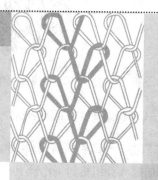

第一节　针织面料的基本知识

用于服装的织物一般分为梭织物、针织物和非织造织物。其中以梭织物和针织物两大类的使用范围最广，用量最多。

一、针织物

针织物是指由针把纱线弯曲成线圈，并使线圈相互串套而制成的织物。根据编织工艺的不同，针织物分纬编织物和经编织物两大类。

针织物的基本结构单元为线圈，几何形态呈三维弯曲的空间曲线，线圈在纵向相互穿套，在横向相互连接，如图2-1所示。在纬编针织物中，线圈由圈干和沉降弧组成，圈干包括直线部段的圈柱和针编弧。在经编针织物中，线圈由圈干和延展线组成。针织物中，线圈在横向连接的行列称为线圈横列；线圈在纵向穿套的行列称为线圈纵行。凡线圈圈柱覆盖于线圈圈弧之上的一面，称为针织物的工艺正面。线圈圈弧覆盖于线圈圈柱的一面，称为针织物的工艺反面。线圈圈柱或圈弧集中分布在针织物一面的，称为单面针织物，而分布在针织物两面的，称为双面针织物。

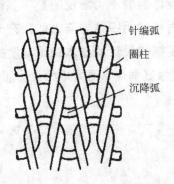
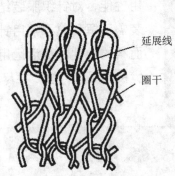

（1）纬编针织物工艺正面　　　（2）经编针织物工艺正面

图2-1　纬编针织物和经编针织物

线圈在针织物中的相互配置和形态取决于针织物的组织和结构，并决定针织物的外观和性能。如图2-2所示，纬编针织物是将纱线由纬向喂入针织机的工作针上，使纱线顺序地弯曲成圈并相互穿套而形成的；而经编针织物是采用一组或几组平行排列的纱线由经向同时喂入平行排列的工作织针上，并同时进行成圈形成的。一般说来，纬编针织物的延伸性和弹性较好，多数用作服用面料，还可直接加工成半成型和全成型的服用与产业用产品；而经编针织物的性能介于纬编针织物与梭织物之间，尺寸稳定性相对较好，较为挺括，脱散性小，不易卷边，横向延伸性、弹性和柔软性不如纬编针织物，

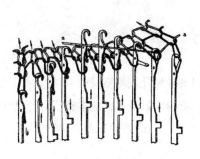
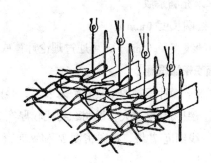

（1）纬编针织物的成圈过程　　　　　（2）经编针织物的成圈过程

图2-2　针织物的形成过程

除了制作服用面料外，还在装饰和产业用布领域有着广泛的应用。

二、针织面料的主要参数

针织面料的参数主要有线圈长度、密度、未充满系数、单位面积干燥重量和厚度，这些参数及其相互之间的关系主要由线圈形态、纱线细度所决定，直接影响针织面料的物理机械性能和服用性能。

1. 线圈长度

针织物的线圈长度是指组成一只线圈的纱线长度，一般以毫米作为单位。线圈长度可根据线圈在平面上的投影近似地进行计算而得；或用拆散的方法测得组成一只线圈的纱线实际长度；也可在编织时用仪器直接测量喂入每只针上的纱线长度。

线圈长度不仅决定针织物的密度，而且对针织物的脱散性、延伸性、耐磨性、弹性、强力、勾丝性等也有重大影响，故为针织物的一项重要指标。

2. 线圈密度

在纱线细度一定的条件下，针织物的稀密程度可用线圈密度来表示。横密是沿线圈横列方向，以50mm内的线圈纵行数来表示；纵密为沿线圈纵行方向，以50mm内的线圈横列数来表示。由于针织物在加工和使用过程中容易受到拉伸而产生变形，这样就将影响实测密度的正确性，因而在测量针织物密度前，应该将试样进行松弛，使之达到平衡状态，这样测得的线圈密度才具有实际可比性。

3. 未充满系数

表示针织物在相同密度条件下，纱线细度对其稀密程度的影响。未充满系数为线圈长度与纱线直径的比值。线圈长度愈长，纱线愈细，未充满系数值就愈大，表明织物中未被纱线充满的空间愈大，织物愈是稀松。其计算公式为：

$$\delta = \frac{1}{f}$$

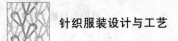

式中：δ —— 未充满系数；

    l —— 线圈长度（mm）；

    f —— 纱线直径（mm），可通过理论计算或实测求得。

4. 单位面积干燥重量

用每平方米干燥针织物的重量克数来表示，是国家考核针织物质量的一项指标，也是织物成本核算的重要依据。织物克重越大，说明织物比较厚实，所用原料较多，成本较高。当已知针织物的线圈长度 L 毫米、纱线细度 T 特、横向密度 P_A 和纵向密度 P_B、针织物的回潮率 W 时，单位面积干燥重量 Q 可用下式求得：

$$Q = \frac{0.0004 L T P_A P_B}{1+W} \quad (\mathrm{g/m^2})$$

5. 厚度

针织物的厚度取决于它的组织结构、线圈长度和纱线细度等因素，一般可用纱线直径的倍数来表示。

三、针织面料的表示方法

1. 纬编面料的表示方法

（1）线圈结构图

线圈结构图（或线圈图）指用图形表示线圈在针织物内的形态分布（图2-1）。可根据需要表示织物的工艺正面或反面。从线圈图中，可清晰地看出针织物结构单元在织物内的连接与分布，有利于研究针织物的性质和编织方法。但用这种方法绘制大型花纹和复杂结构比较困难，仅适用于较为简单的织物组织。

（2）意匠图

意匠图是把织物内线圈组合的规律，用规定的符号表示在小方格纸上的一种图形。方格纸上的每一方格代表一个线圈，横向的方格行和纵向的方格列分别代表织物的线圈横列和线圈纵行，自下而上编织。这适用于较大的或复杂的花纹，尤其是提花组织。

针织物的三种基本结构单元：线圈、集圈、浮线（即不编织），可以用规定的符号在小方格纸上表示。一般用符号"×""○"表示线圈，"·"表示集圈悬弧，"—""□"表示浮线（不编织），不过需要给予说明。如图2-3（1）表示某一单面织物的线圈图，（2）表示与线圈图相对应的意匠图。花色织物如提花织物正面（提花这一面）的花型与图案可以用（3）表示，方格内符号的不同仅表示不同颜色的线圈。花色组织的意匠图至少要表示出一个花纹的最小循环单元（即完全组织）。

（3）编织图

编织图是将针织物组织的横断面形态，按编织的顺序和织针的工作情况，用图形表示的一种方

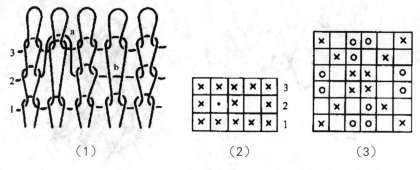

图2-3 线圈图和意匠图

法。这种方法不仅表示了每一枚针所编织的结构单元，而且还显示了织针的配置与排列，适用于大多数纬编针织物，尤其是双面纬编针织物。

在编织图中，用符号"│"表示织针，"┰"表示该织针将纱线编织成线圈，可用长短竖线段分别表示不同的织针；织针勾住喂入的纱线，但不编织成圈，纱线在织物内呈悬弧状，如图2-3（1）中的a所示，称之为集圈，用符号"┰"表示；织针不参加编织，喂入的纱线呈浮线，从线圈圈柱的背后通过，如图2-3（1）中的b所示，称为浮线，用符号"⌐"表示。在某些织物中，根据织物组织结构，把织针从针筒或针盘上取出，取出的织针用符号"○"表示，称为抽针，如织针排列为 ‖○‖○，表示插两针，抽一针。

图2-4为双罗纹织物的编织图。

（4）命名

针织面料的命名由下列几部分构成：

纱支组成＋原料组成＋面料组织＋平方米克重，如：18tex／28tex／96tex全棉色织薄绒布，克重380 g/m²。

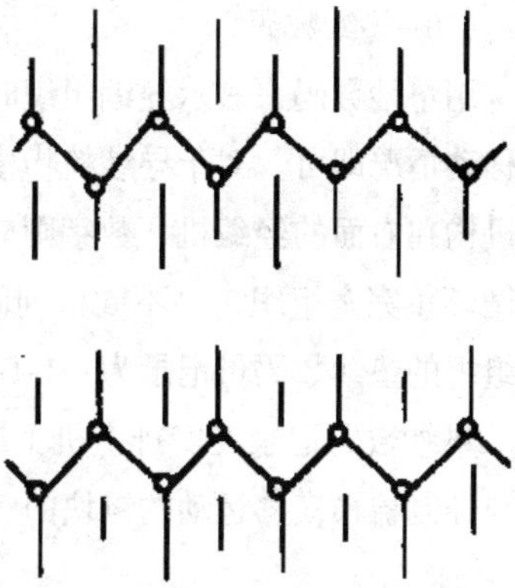

2. 经编面料的表示方法

图2-4 双罗纹织物编织图

经编针织物组织结构的表示方法有线圈图、垫纱运动图与穿纱对纱图、垫纱数码以及意匠图等。常用的有垫纱运动图和垫纱数码两种，虽然不及线圈结构图直观，但使用与表示均很方便。

（1）垫纱运动图与穿纱对纱图

在点纹纸上将每把梳栉至少一个完全组织的导纱针的垫纱运动自下而上逐个横列画出垫纱轨迹。图中每一个圆点表示编织某一横列时一个针头的投影。圆点的上方表示针钩前，圆点的下方表示针背后。横向的"点列"表示经编针织物的线圈横列，纵向的"点行"表示经编针织物的线圈纵行。用垫纱运动图表示经编针织物组织比较直观方便，而且导纱针的移动与线圈形状一致。如图2-5所示，

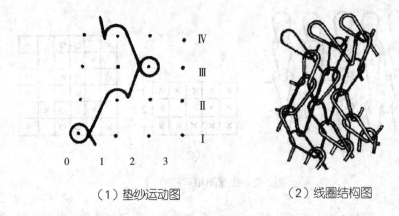

（1）垫纱运动图　　　　　　（2）线圈结构图

图2-5　垫纱运动图和线圈结构图

（1）表示垫纱运动图；（2）表示其相应的线圈结构图。

在编织时采用两把或两把以上的梳栉进行垫纱时，由于各把梳栉的运动规律不同，这时必须分别做出每一把梳栉导纱针的运动轨迹。

在垫纱运动图的下方往往还附有穿经图，"｜"表示在相应的导纱针中穿有经纱，而"·"表示在相应的导纱针中未穿经纱，即空穿。如"｜｜·｜｜·"穿经规律为"两穿一空"。

（2）垫纱数码

用垫纱数码来表示经编组织时，以数字顺序标注针间间隙，顺序记下编织各横列时导纱针在针前的移动情况即可。对于导纱梳栉横移机构在左面的经编机，数字应从左向右标注；而对于导纱梳栉横移机构在右面的经编机，数字则应从右向左标注。垫纱数码按针前横移规律书写，一般写出一个完整的循环（完全组织），不同横列间用符号"/"或"，"分隔，末尾用"//"结束。如图2-5所示的经编组织的垫纱数码可记录为：1-0/1-2/2-3/2-1//。

垫纱数码记录在安排上机工艺时能量化地反映出导纱针在垫纱 运动图上的横向位置，而且其数码与控制梳栉横移运动的链块的编号相同，对上机时编排链块非常有利，简捷方便。

第二节　针织面料的分类与性能

一、针织面料的分类

针织面料的种类很多，可以依据生产方式、原料组成、织物下机形式、组织结构等进行分类。

1. 按生产方式分类

根据生产方式和针织物形成的方式，分为纬编面料和经编面料两大类。

在纬编面料中，一个线圈横列是由一根（组）纱线形成的，因而沿纬向具有较高的弹性和延伸性，常用于制作针织内衣和外衣。纬编针织面料一般由圆纬机和横机织造。圆纬机即圆形纬编机，主要用来编织纬平针、罗纹和各种花色组织织物；横机为纬编平型针织机，主要用来编织罗纹辅料、毛衫、手套等成型产品。无缝内衣机为圆形纬编针织机，主要用于无缝内衣的编织，通过织物组织结构的变换，编织出具有光边和一定形状的单件衣坯。

在经编面料中，同组纱线在每一横列中只形成一个或两个线圈，然后转移到下一横列在另一纵行成圈，形成纵行间的横向联系。每组纱线形成的线圈沿织物经向配置（图2-1）。经编面料具有不易脱散、延伸性小、尺寸稳定性较好的特点。常用于制作泳衣、装饰内衣、补整内衣，用于外衣面料的经编针织物，其性能接近梭织面料。

2. 按原料组成分类

根据构成针织物的原料可分为纯纺针织物、混纺针织物和交织针织物。

纯纺针织物是由单一原料的纱线编织而成，如纯棉、纯毛针织物，纯涤纶、锦纶、腈纶针织物，莫代尔针织物、牛奶蛋白纤维针织物等。

混纺针织物是由含有两种或两种以上的混纺纱线编织而成，如涤棉、毛腈针织物。

交织针织物是由两种或两种以上原料的纱线或长丝交织而成。

3. 按下机形状分类

根据织物下机的形式分为平幅坯布和筒状坯布。

圆纬机编织的纬编针织面料为筒状坯布，横机和经编机编织的针织面料为平幅坯布。

4. 按加工方式分类

分为本色布、漂白布、染色布、印花布、色织布和提花布。

5. 按针织物单双面分类

单面针织物是用单针床编织的针织物，织物的一面为正面线圈，另一面为反面线圈，两面具有显著不同的外观。单面针织物易卷边，需定形整理予以改善，才能便于裁剪缝纫。

双面针织物是用双针床编织而成，织物两面都显示正面线圈。双面针织物较厚实，弹性和尺寸稳定性较好，卷边性小，常用于制作针织外衣。

6. 按组织结构分类

根据线圈结构与排列方式分为：基本组织织物、变化组织织物和花色组织织物。

7. 按织物用途分类

分为衣着用织物、装饰用织物、产业用织物。

二、针织面料的性能

在针织面料的性能中，有些是对款式造型、缝制加工有重要影响的，设计前必须对这些性能进行了解，才能扬长避短，保证设计的合理性与正确性。

1. 延伸性

针织物的延伸性是针织物受到外力拉伸时的伸长能力，与针织物的组织结构、线圈长度、纱线细度和性质有关。由于针织物是由线圈穿套而成，在受外力作用时，线圈中的圈柱与圈弧发生转移，外力消失后又可恢复，这种变化在坯布的纵向与横向都可能发生。所以针织物的延伸性可分为纵向延伸、横向延伸和双向延伸。

图2-6所示为几种针织物与梭织物拉伸性能的比较。一般针织物的横向延伸性大于纵向，尤其是单面纬编针织物；而梭织物是斜向延伸性最大，纵、横向延伸性较小。

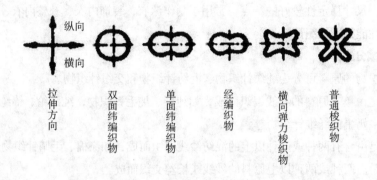

图2-6　各种织物的拉伸性能比较

延伸性能好的面料，尺寸稳定性相对较差，在款式设计、裁剪、缝制、整烫过程中都要加以注意，防止产品受拉伸而变形，从而使规格尺寸发生变化。如缝制时，应根据服用要求来选用线迹，易受拉伸的领口、袖口、裤口等部位要选用与缝料拉伸相适应的线迹结构及弹性缝线，而需要相对平整与稳定的领子、肩线、门襟、口袋等部位线迹弹性要小，并采用衬布、纱带等方法加固，防止变形。熨烫时则不宜运用推、归、拔烫等工艺，而要使用喷蒸汽及压烫的方法。

2. 弹性

当引起针织物变形的外力去除后，针织物形状回复的能力称为弹性。它取决于针织物的组织结构与未充满系数、纱线的弹性和摩擦系数。

针织面料具有良好的弹性，手感柔软，穿着舒适，贴体合身，不妨碍人体活动，是制作各种内衣、运动衣、休闲装的理想材料。弹性是针织面料的突出特点，一般针织物的弹性较大，如采用弹性纤维并结合适当的组织结构，可生产出弹性极强的针织面料，在纵横向均具有较大的伸缩性，它所形成的织物风格是其他面料很难取代的。弹性面料已成为服装面料中的新宠，有着广阔的应用前景。

3. 脱散性

当针织物的纱线断裂或线圈失去穿套连接后，会按一定方向脱散，使线圈与线圈发生分离，称为脱散性。所有的纬编针织物都能沿线圈横列逆编织方向脱散。当纱线断裂后，线圈沿纵行从纱线断裂处脱散下来，使针织物的强力与外观受到影响，如图2-7所示，（1）表示纱线断裂后线圈开始脱散的形态；（2）表示线圈沿纵行脱散后的形态。

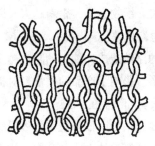 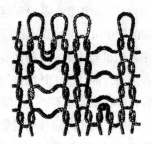

（1）脱散前　　　　　　　　（2）脱散后

图2-7　针织物的脱散性

脱散性与面料使用的原料种类、纱线摩擦系数、组织结构、织物密度和纱线的抗弯刚度等因素有关。单面纬平针织物脱散性较大；双面纬编织物、经编织物脱散性较小或不脱散。

在款式设计与缝制工艺设计时，应充分考虑这一性能，并采取相应的措施加以防止。在设计样板时，应准确增加缝纫损耗量，保证成衣质量和规格；缝制时宜采用能防止面料脱散、覆盖力强的线迹结构，常用的有四线、五线包缝线迹或绷缝线迹；或采用卷边、滚边、缟罗纹边等措施防止布边脱散；同时，在缝制时应注意缝针不能刺断纱线形成针洞，而引起坯布脱散。

4. 卷边性

某些组织的针织物，在自由状态下布边发生包卷的现象。这是由于线圈中弯曲线段所具有的内应力，力图使线段伸直而引起的。卷边性与针织物的组织结构、纱线弹性、纱线捻度、组织密度和线圈长度等因素有关。一般单面针织物的卷边性较严重，双面针织物卷边性较小。若把这种卷边应用到针织服装的领口或袖口等部位，还能成为一种特殊的造型。

针织物的卷边会对裁剪和缝纫加工造成不利影响。在缝制时，卷边现象会影响缝纫工的操作速度，降低工作效率。对于卷边性严重的面料，可采用喷雾式黏合剂喷洒在衣片的布边上，防止卷边。

5. 纬斜性

当圆筒形纬编针织物的纵行与横列之间相互不垂直时，就形成了纬斜现象。纱线捻度不稳定、多路编织会加剧这一现象。纬斜性主要表现在两个方面，线圈纵行的歪斜和线圈横列的弯曲。

某些针织物在自由状态下，会产生线圈纵行歪斜的现象。用这类坯布缝制的产品洗涤后就会产生扭曲变形，侧缝倾斜（图2-8），影响服装的外观与使用。线圈纵行歪斜的现象主要是由于编织纱线的捻度不稳定造成的，纱线力图解捻，引起线圈扭转，导致纵行歪斜。这种歪斜除与纱线的捻度（捻

侧缝歪斜

图2-8　针织物的歪斜性

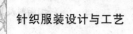

度的大小和方向）有关外，还与织物的稀密程度有关，织物愈稀，歪斜越大。因此采用低捻和捻度稳定的纱线，增加针织物的密度可以减少线圈纵行的歪斜现象。

线圈横列的弯曲主要由机器的牵拉机构和编织的路数造成，编织的路数越多，线圈横列倾斜的高度就越大。这种线圈横列的弯曲造成了针织物的变形，影响了产品的质量，对提花织物尤其是大花纹织物，由于前后衣片缝合处花纹参差不齐，增加了裁剪和缝制的困难。

因此在面料生产过程中，为了减轻纬斜现象，要选用捻度低而稳定的纱线编织，同时适当增加编织的密度；在漂染后整理工序，可以采用树脂扩幅整理等整纬方法，开幅织物采用拉幅整理来纠正纬斜；在排料裁剪时，要特别注意样板的纵横向边缘与面料的纵横向纹路的平行或垂直度，裁剪衣片的纵横向线圈纹路与样板上标注的线圈纹路必须一致；色织织物，尤其是条、格及对称花型的面料，为了消除纬斜，一般采用沿某纵行剖幅的方法，以便裁剪、缝制时能对格对条，避免成品的门襟、挺缝线等纵横向结构线歪斜，以提高成品的质量。

6. 悬垂性

悬垂性是指织物在自重作用下自然下垂形成曲面的性能。若面料能下垂成平滑、曲率均匀或波纹均匀的曲面，则称面料的悬垂性好，反之则悬垂性差。常用伞形悬垂法测定。有时可以通过织物悬垂的波纹数和波纹轮廓的形状来判别悬垂性的优劣。

针织面料柔软性和悬垂性较好，可以制成宽松式服装，形成充满韵律的垂坠感，如休闲外套、休闲便装等。

7. 刚柔性

织物的刚柔性是指织物的抗弯刚度和柔软度，是织物弯曲性能的基本内容。一般衣着用针织物，除了花色要符合消费者要求外，内衣织物需要具有良好的柔软特性，外衣织物服用时要保持必要的外形轮廓和美观造型。织物刚度过小时，服装疲软、飘荡、缺乏身骨；刚性过大时，服装显得板结、呆滞。织物的刚柔性还与皮肤触感有关。织物的弯曲刚度是影响织物悬垂性、起拱变形和织物手感风格的主要因素。

针织面料有较大的柔软性，同样厚度的梭织面料具有较大的弯曲刚度，这与织物的结构有关。织物的刚柔性可用机械或化学的整理方法加以改变，如柔软处理、硬挺整理等。

8. 勾丝与起毛、起球

针织物在使用过程中，如果碰到尖硬的物体，织物中的纤维或纱线就被勾出，在织物表面形成丝环，这就是勾丝。当织物在穿着洗涤中不断经受摩擦，织物表面的纤维端头就会露出于织物，使织物表面起毛。若这些纤维端在以后的穿着中不能及时脱落，就相互纠缠在一起被揉成许多球形小粒，称之为起球。影响起毛起球的因素很多，主要可归纳为：组成针织物的原料品种；纱线与织物的结构；染整加工；成品的服用条件等。

针织物由于结构比较松散，勾丝、起毛、起球现象比梭织物更易发生，因而在裁剪与缝制中，裁剪台与缝纫台板应光滑、无毛刺或用光洁的坯布包覆好，特别是缝制真丝及长丝织物时应特别注意。

9. 透气性和吸湿性

针织面料的线圈结构能保存较多的空气，因而透气性、吸湿性、保暖性都较好，穿着时有舒适感。这一特性是使它成为功能性、舒适性面料的条件，但在成品流通或储存中应注意通风，保持干燥，防止霉变。

10. 工艺回缩性

针织面料在缝制加工过程中，其长度与宽度方向会发生一定程度的回缩，其回缩量与原衣片长、宽尺寸之比称为缝制工艺回缩率，一般为2%。回缩率的大小与坯布组织结构、密度、原料种类和细度、染整加工和后整理的方式等条件有关。工艺回缩性是针织面料的重要特性，为了确保成衣规格，在样板设计时，工艺回缩率是必须要考虑的工艺参数。

第三节　常用针织面料的特性和应用

一、纬编面料

1. 纬平针织物

纬平针组织是由连续的同一种单元线圈向一个方向依次串套而成。纬平针织物的两面具有不同的几何形态（图2-9），正面线圈的圈柱与线圈纵行成一定角度配置，纱线上的结头、棉结杂质容易被旧线圈所阻挡而停留在针织物的反面，因而正面一般较为明亮、光洁、平整。反面的圈弧与线圈横列同向配置，对光线有较大的漫反射作用，因而较为暗淡。

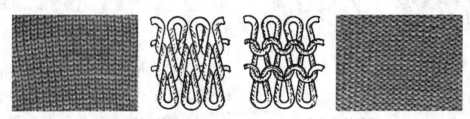

（1）工艺正面　　　　　　　　　　　（2）工艺反面

图2-9　纬平针织物

纬平针织物在自由状态下，由于加捻纱线捻度不稳定力图退捻，线圈常发生歪斜的现象。线圈的歪斜方向与纱线的捻向有关，当采用Z捻纱时，织物的正面纵行从左下向右上歪斜；当采用S捻纱时，织物的正面纵行歪斜的方向正好相反，自右下向左上歪斜。这种歪斜现象对于使用强捻纱线的针织物更加明显。为减少纬平针织物的线圈歪斜现象，在针织生产中多采用弱捻纱，或预先对纱线进行汽蒸等处理，以提高纱线捻度的稳定性。

纬平针织物在自由状态下，其边缘有明显的包卷现象。纬平针织物横向和纵向的卷边方向不同，沿着线圈纵行的断面，其边缘线圈向织物反面卷曲；沿着线圈横列的断面，其边缘线圈向针织物的正面卷曲；而在纬平针织物的四个角，因卷边作用力相互平衡而不发生卷边。因而纬平针织物的卷边形状如图2-10所示。卷边现象使针织物在后处理以及缝制加工时产生困难，故纬平针织物一般以筒状的坯布形式做后处理；在裁缝前一般要经过轧光或热定形处理。

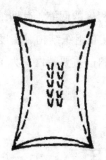

图2-10　纬平针织物的卷边示意图及实物图

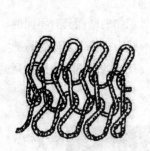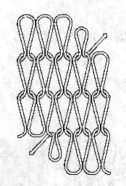

（1）横机织物　　（2）圆纬机织物

图2-11　纬平针织物的横向脱散性

纬平针织物一般可沿顺、逆编织方向脱散，但对于有布边的针织物如横机衣片，由于边缘线圈的阻碍，脱散仅能沿逆编织方向发生，如图2-11所示。

纬平针织物的横向延伸性大于纵向。

纬平针织物的工艺正反面有着截然不同的外观，工艺正面布面光洁、纹路清晰、质地细密、手感滑爽，是高档针织服装，如羊绒衫、真丝内衣的首选面料；工艺反面表面凹凸不平、质地粗糙，适合做休闲服装和时装。同时，由于纬平针织物是单面织物，采用纱支较细的纱线编织，面料柔软轻薄；而采用纱支较粗的纱线编织，面料硬挺厚重。柔软轻薄，悬垂性好，直身式、宽松式服装造型都很适合，引入弹性纱线，也非常适合做紧身服装，既合身贴体，又能适应人体的多种活动需求，使人体美与造型美融为一体，穿着者的身材显得更为苗条、修长。

2. 罗纹织物

罗纹组织是由正面线圈纵行和反面线圈纵行以一定的组合相间配置而成（图2-12）。罗纹组织的正反面线圈不在同一平面上，正面线圈纵行要掩盖半个反面线圈纵行，每一面的线圈纵行相互毗连，形成凹凸纵条纹外观（1+1罗纹除外）。条纹的宽窄视正反面线圈纵行数配置的不同而异，通常用数字代表其正反面线圈纵行数的组合，如1+1，2+2或5+3罗纹等。不同罗纹组织，其外观、风格与性能不同。

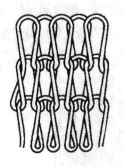 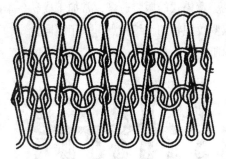

（1）1+1罗纹　　　　　　　（2）2+2罗纹　　　　　　　（3）2+2罗纹织物

图2-12　罗纹织物

　　罗纹织物纵横向有较好的弹性和延伸性，尤其是横向弹性、延伸性较大。1+1罗纹织物只能逆编织方向脱散，其他罗纹组织除逆编织方向脱散外，在同类线圈处也可顺编织方向脱散。在正反面线圈纵行数相同的罗纹织物中，如1+1罗纹，由于造成卷边的力彼此平衡，因而并不出现卷边。在正、反面线圈纵行数不同的罗纹组织中，由于同类线圈纵行有产生卷曲的现象，因而在纵向会形成彼此重叠的圆柱体形结构。

　　罗纹织物常被用于领口、袖口、裤口、下摆等边口部位，具有收紧边口、省略开口的功能作用；也常用于需要弹性和延伸性好的贴身弹力内衣、休闲服装、游泳衣裤；在美体、塑身服装中利用罗纹织物的弹性可达到收腰、提臀的效果。同时，罗纹组织在针织成型服装中使用也很广泛，可利用不同的组合呈现多变的纵条外观，利用各种罗纹织物外观和性能的差异进行立体造型。

3. 双罗纹织物

　　双罗纹织物俗称棉毛织物，是由两个罗纹组织彼此复合而成，即在一个罗纹组织线圈纵行之间配置了另一个罗纹组织的线圈纵行。最常见的双罗纹（1+1双罗纹）结构如图2-13所示。在双罗纹组织的线圈结构中，一个罗纹组织的反面线圈纵行被另一个罗纹组织的正面线圈纵行所遮盖，因而双罗纹组织的两面都呈正面线圈，又称双正面组织。

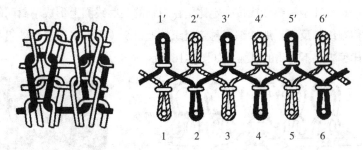

图2-13　双罗纹织物结构

　　双罗纹织物的延伸性与弹性较罗纹织物小，尺寸比较稳定，同时只可逆编织方向脱散。当个别线圈断裂时，因受到另一个罗纹组织线圈摩擦的阻碍，因而脱散性较小。织物厚实、保暖、布面平整、结构稳定、不卷边，适合直身式、宽松式的服装造型，常加工成秋冬季的棉毛衫裤，也可作运动衣、休闲服装、儿童套装等。根据双罗纹织物的编织特点，采用不同色线、不同方法上机可得到各种花色棉毛布和抽条棉毛布，如图2-14所示。

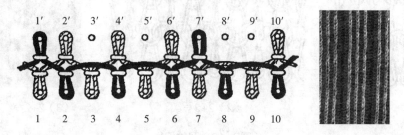

图2-14　抽条棉毛织物

4. 添纱织物

添纱组织是针织物的一部分线圈或全部线圈是由两根或两根以上纱线形成的组织。添纱织物一般采用两根纱线进行编织，因此当采用两根不同捻向的纱线进行编织时，既可消除纬编针织物线圈歪斜的现象，又可使针织物的厚薄均匀，正反面具有不同的色泽与性质，正面形成花纹。添纱织物可分为全部添纱和部分添纱两大类。

图2-15　添纱织物

全部添纱织物以平针组织为地组织，所有的线圈都是由两根或两根以上纱线形成，如图2-15所示。其中面纱经常处于织物的正面，地纱处于织物的反面；正面显露的是面纱的圈柱，反面显露的是地纱的圈弧。添纱织物的紧密度较纬平针织物大，延伸性、脱散性较纬平针织物小。添纱织物在袜类产品中使用最广，也常用作内衣、运动衣、休闲服装和功能性、舒适性要求较高的服装面料。

5. 衬垫织物

衬垫组织是以一根或几根衬垫纱线按一定比例在织物的某些线圈上形成不封闭的悬弧，而在其余的线圈上呈浮线停留在织物反面。地纱编织衬垫组织的地组织（平针组织或添纱组织），衬垫纱在地组织上按一定的规律编织成不封闭的悬弧，如图2-16所示。

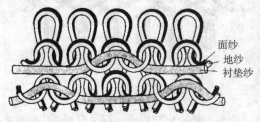

图2-16　添纱衬垫织物

衬垫组织主要用于绒布生产，在整理过程中进行拉毛，使衬垫纱线成为短绒状，增加织物的保暖性。起绒织物表面平整，保暖性好，柔软，可用于绒衣绒裤等保暖服装、童装等。

通过采用不同的衬垫方式和花式衬垫纱线还能形成花纹效应。使用时可将有衬垫纱的一面作为服装的正面。由于衬垫纱的存在，因此衬垫织物横向延伸性小，尺寸稳定，常用来制作T恤衫、休闲服等。

6. 毛圈织物

毛圈组织是由平针线圈和带有拉长沉降弧的毛圈线圈组合而成。一般由两根纱线编织，一根纱线编织地组织线圈，另一根纱线编织带有毛圈的线圈，如图2-17所示。毛圈组织可分为普通毛圈和花色毛圈两类，同时还有单面和双面之分。在普通毛圈织物中，每一只毛圈线圈的沉降弧都形成毛圈；而在花色毛圈织物中，毛圈是按照图案花纹，仅在一部分线圈中形成。单面毛圈织物仅在织物工艺反面形成毛圈，而双面毛圈织物则在织物的正反面都形成毛圈。

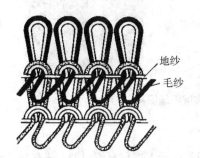地纱
毛纱
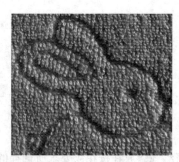

图2-17　单面毛圈织物

毛圈织物具有良好的保暖性与吸湿性，产品柔软，厚实。适用于制做睡衣、浴衣等。

7. 空气层织物

由罗纹组织或者双罗纹组织与平针组织复合编织形成的织物称空气层织物。常用的有罗纹空气层和双罗纹空气层，如图2-18所示。这类织物的特点是分别在织物的两面进行单面编织，织物中形成筒状的空气层，保暖性好，且空气层织物结构紧密，横向延伸性小，尺寸稳定，织物厚实挺括，是休闲服装、运动衣裤及针织毛衫外衣化的理想面料。

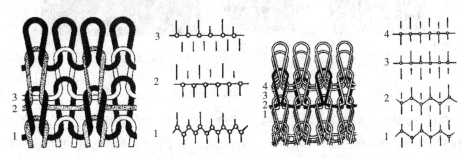

（1）罗纹空气层　　　　　　　（2）双罗纹空气层

图2-18　空气层织物

8. 夹层绗缝织物

夹层绗缝织物由单面编织与双面编织复合形成。其特点是有正反面单面编织存在,使织物形成空气层;在单面编织的夹层中衬入不参加编织的纬纱,然后由双面编织成绗缝。绗缝织物的编织图和实物图如图2-19所示。织物由于中间有空气层,保暖性、柔软性良好,加入衬纬纱又使织物更丰满、厚实、蓬松。若外层采用棉纱编织,内衬高弹丝,是保暖内衣的极好面料;若正面采用涤纶并按一定的花纹图案编织,反面采用棉,则可制作外穿型棉衣裤;且该面料还可用作夏季凉被,柔软舒适。

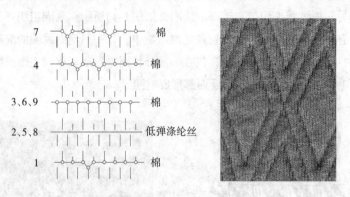

图2-19 夹层绗缝织物

9. 提花织物

提花组织是将纱线垫放在按花纹要求所选择的某些针上进行编织成圈,未垫放上纱线的织针不成圈,纱线则成浮线,分布在这些不参加编织的织针后面。提花织物根据结构有单面提花和双面提花、均匀提花和不均匀提花之分;根据色彩有素色和多色提花针织物。

单面提花织物由平针线圈和浮线组成,如图2-20所示。

(1)单面均匀提花 (2)单面不均匀提花 (3)二色提花织物

图2-20 单面提花织物

单面均匀提花织物一般采用多色纱线,在每一个横列中,每一种色纱都出现一次,如果双色提花,每一个横列中有两种色纱出现;线圈大小相同,结构均匀,外观平整,织物主要呈现色彩图案效果。

单面不均匀提花织物由于某些织针连续几个横列不编织,这样就形成了拉长的线圈,这些拉长了的线圈抽紧与之相连的平针线圈,从而使有的线圈凸出在织物的表面,织物表面产生凹凸效应。

双面提花织物在具有两个针床的针织机上编织而成，其花纹可在织物的一面形成，也可以同时在织物的两面形成。在实际生产中，大多数采用织物的一面提花，另一面不提花。正面花纹一般由选针装置根据花纹需要对织针进行选针编织，而不提花的反面则采用较为简单的组织。

提花针织布花纹清晰，图案丰富；质地较为厚实，结构稳定，延伸性和脱散性较小；手感柔软而有弹性，是较好的针织外衣面料。

10. 集圈织物

集圈组织是一种在针织物的某些线圈上，除套有一个封闭的旧线圈外，还有一个或几个悬弧的花色组织，其结构单元由线圈与悬弧组成。集圈组织可分为单面集圈和双面集圈两种类型，还可以根据集圈的针数和次数进行分类，如单针集圈、多针集圈，单列集圈和多列集圈，如图2-21所示。

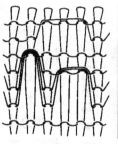

图2-21　集圈织物

集圈组织的花色变化较多，利用集圈的排列和使用不同色彩与性能的纱线，可编织出表面具有图案、闪色、孔眼以及凹凸等效果的织物，使织物具有不同的服用性能与外观。

利用线圈与集圈悬弧交错配置，在织物表面形成蜂窝状的网孔效果，又称珠地织物。这种织物透气性好，采用精梳棉纱编织的双珠地织物，经后处理后，网眼晶莹，酷似珍珠，是极好的夏季T恤面料。

在罗纹组织的基础上编织集圈和浮线，或采用双罗纹组织与集圈组织复合，可获得多种网眼效果，织物厚实，延伸性小，挺括、有身骨，尺寸稳定，透气性好，是春秋季休闲时装、舒适性运动服装的良好材料。

集圈织物的脱散性、横向延伸性较平针与罗纹组织小，容易抽丝。由于集圈的后面有悬弧，所以织物厚度增大，同时织物宽度增加，长度缩短。织物强力较平针与罗纹组织小。

11. 长毛绒织物

长毛绒组织是在编织过程中用纤维或毛纱同地纱一起喂入编织成圈，纤维以绒毛状附在织物的工艺反面，如图2-22所示。

利用各种不同性质的合成纤维混合后进行编织，由于喂入纤维的长短、粗细有差异，使纤维留在织物表面的长度不一，因此可以做成毛干和绒毛两层，这种结构和外观与天然毛皮相似，因此又有"人造毛

图2-22　长毛绒织物

皮"之称。特别是采用腈纶纤维制成的针织人造毛皮，其重量比天然毛皮轻，具有良好的保暖、耐磨、防蛀、易洗涤、价格低等特性，而且绒毛结构和形状都与天然毛皮相似，外观逼真，适合制作仿裘皮外衣、防寒服、帽子、围巾、童装、卡通玩具面料等。

二、经编面料

1. 单梳经编基本组织织物

经编织物的基本组织有编链、经平、经缎组织等，这些组织皆为单梳经编组织。因其花纹效果极少、织物的覆盖性和稳定性较差、线圈歪斜等原因，因而很少单独使用，但它们是构成常用双梳、多梳和其他经编织物的基础。

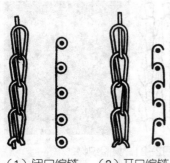

（1）闭口编链　（2）开口编链

图2-23　编链组织

（2）经平组织织物

（1）编链组织织物

每根纱线始终绕同一枚针上垫纱成圈形成的组织称编链组织。根据导纱针不同的垫纱运动，编链可分为闭口编链和开口编链两种，如图2-23所示。

编链织物的特点是纵向延伸性较小，其纵向延伸性主要取决于纱线的弹性，织物纵向强力较大，所以它常为少延伸针织物的基础组织。在经编机上编织编链组织时，由于各枚织针所编织的编链纵行之间无任何横向联系，因而不能构成一整块织物，编链组织需要与其他组织相配合才能使用。在相邻纵行如局部采用编链，因无横向联系而形成孔眼。

在经平组织中，每根经纱在相邻的两枚针上轮流垫纱成圈，如图2-24所示。它可以由闭口线圈、开口线圈或开口和闭口线圈相间组成，满穿的单梳就能织出整片的织物。

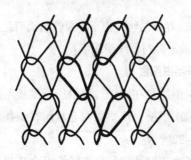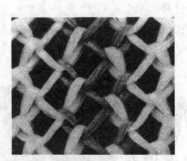

图2-24　经平组织

经平组织的线圈纵行在针织物中呈曲折形排列，线圈向着延展线相反的方向倾斜，而且线圈向着垂直于针织物平面的方向扭转，使得坯布两面具有相似的外观，卷边性降低。当纵向或横向拉伸织物时，线圈中的纱线发生转移，线圈的倾斜角会发生改变，使织物纵横向均有一定的延伸性。当纱线断裂时，线圈会沿纵行在相邻的两纵行上逆编结方向脱散，从而使织物分裂成两片。

在经平组织的基础上，导纱针在针背做较多针距的横移，可得到变化经平组织，如经绒（三针经平）、经斜（四针经平）等，变化经平组织的特点是织物的横向延伸性较小。

（3）经缎组织织物

经缎组织是一种每根经纱顺序地在三枚或三枚以上的织针上垫纱成圈而形成的组织，图2-5为经缎组织的垫纱运动图和线圈结构图。图2-25为经缎织物。

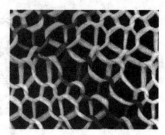

图2-25　经缎织物

经段组织一般在垫纱转向时采用闭口线圈，而在中间的则为开口线圈。转向线圈由于延展线在一侧，所以呈倾斜状态。而中间的线圈在两侧有延展线，线圈倾斜较小，线圈形态接近于纬平针织物，因此其卷边性及其他一些性能类似于纬平针织物。由于闭口线圈和开口线圈的倾斜程度不同，对光线的反射也不同，因而织物上有横条纹效应，而且手感较柔软；当纱线断裂时线圈会沿逆编结方向脱散，但织物不会分成两片。

2. 双梳经编基本组织织物

在实际生产中大都采用双梳组织和多梳组织。双梳组织是由两组经纱织成，线圈由两根纱线构成，当这两根经纱反向垫纱时，线圈结构较稳定，不会发生倾斜，不易脱散。

双梳基本经编组织常以两梳所用的组织命名，通常将后梳组织的名称放在前面，前梳组织的名称放在后面。如两梳均作经平组织，即称为双经平组织；后梳作经平组织，前梳作经绒组织，即称为经平绒组织。如两梳均作较复杂的组织，则不特别命名，而分别给出其垫纱运动图或垫纱数码。

（1）经平绒组织和经平斜组织织物

后梳采用经平组织、前梳采用经绒组织或经斜组织而形成的织物组织称为经平绒组织或经平斜组织，如图2-26所示为经平绒组织的线圈结构图及垫纱运动图。从线圈结构图上可以看出，织物正面呈"V"形线圈，线圈保持直立状态；织物反面最外层覆盖的是前梳经绒或经斜的长延展线，使得织物手感光滑、柔软，具有良好的延伸性和悬垂性。这种织物具有重量轻、光泽较好的特点，但易起毛、起球和勾丝，因而常被用作内衣、弹性织物、仿麂皮绒织物等。

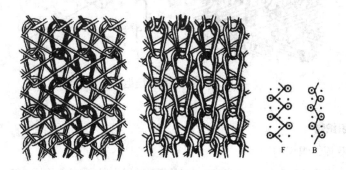

图2-26　经平绒组织

（2）经绒平组织和经斜平组织织物

后梳进行经绒或经斜垫纱运动，前梳进行经平垫纱所形成的双梳经编组织称为经绒平组织或经斜平组织，如图2-27所示为经绒平组织的线圈结构图和垫纱运动图。

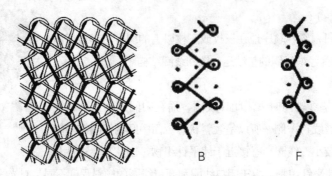

图2-27 经绒平组织

在经绒平组织或经斜平组织中，反面最外层是前梳经平组织的短延展线，后梳较长的延展线被前梳的短延展线所束缚，织物结构较经平绒织物或经平斜织物稳定，抗起毛起球性能得到改善，织物紧密、平整、挺括，常用作外衣面料。

（3）经绒（斜）编链组织织物

前梳采用编链组织、后梳采用经绒（斜）组织而形成的织物组织称为经绒（斜）编链组织，如图2-28所示为经斜编链组织的线圈结构图和垫纱运动图。这种织物具有纵横向延伸性较小、结构稳定、不卷边等特点，下机收缩率仅为1%～6%，大量用于衬衣、外衣类织物。

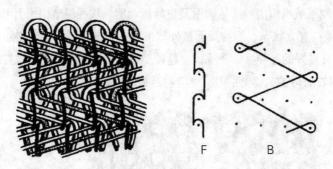

图2-28 经斜编链组织

3. 花色经编组织织物

（1）色纱满穿双梳组织织物

通常后梳栉穿一种颜色的经纱，前梳栉穿两种或两种以上的色纱，并按一定的顺序穿经，就可以得到纵条织物、方格织物、波纹织物等。花纹的宽度取决于穿经完全组织，纵条的曲折情况则取决于梳栉的垫纱运动。若双梳均采用一定规律的色纱穿经，并采用适当的对纱做对称垫纱运动，可形成对称几何花纹。

色纱满穿双梳组织花纹效果丰富，可以做衬衫、外衣面料。

（2）网眼组织织物

在工作幅宽范围内，利用一把或两把梳栉的部分导纱针不穿经纱形成网眼效果的花纹。网眼的形状取决于两把梳栉垫纱运动的规律，网眼的大小取决于纵行间失去延尺线联系的横列数。当经平垫纱横列数适当时，经平与经缎便可组合形成六角形孔眼，如图2-29所示。

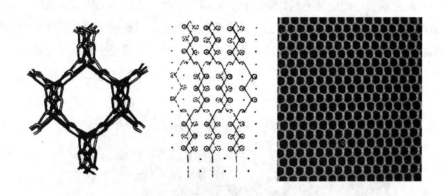

图2-29　网眼织物

网眼组织透气性好，不卷边、不脱散，可作蚊帐、时装面料、衬衫面料、花边以及装饰织物的地组织和服装、家用纺织品的里料；也可在运动服、运动鞋的局部采用网眼织物增加透气性；同时还可用网眼织物制作成各种包装袋、洗涤防护袋等。

经编机的起花能力很强，在编织各种装饰织物、网孔织物方面占有很大的优势。利用线圈结构的改变可得到集圈、提花、压纱经编组织；利用附加衬纬纱可得到花边组织和衬纬经编组织；利用缺垫得到褶裥组织等。

三、其他针织面料

1. 弹力针织面料

使用氨纶包芯纱、包覆纱或氨纶裸丝与其他纱线（或长丝）在经编机或纬编机上混合编织的织物称为弹力针织物。弹力针织物中氨纶纱线可以以衬垫的方式或编织的方式加入。按弹性方向可分为纬向弹力、经向弹力和经纬弹力织物；按弹力大小可分为高弹、中弹和低弹织物。

弹力针织物具有良好的弹性，质地柔软，不易变形，穿着无压迫感，活动自如，能充分体现人体的曲线美，因而常被用作贴体和紧身服装。

除一些泳装、专业运动服等具有较高的氨纶含量和较大的弹性外，许多日常穿着的服饰加入了2%~10%的氨纶，使面料具有较小的弹性，主要是为了提高面料与服装的保型性、舒适性，洗涤后易护理。

在经编机上采用涤纶或弹力锦纶丝和氨纶（莱卡）交织的弹力面料，有良好的纵、横向弹性，织物手感柔软，细腻，外观漂亮，易于印花，适于制作内衣、泳衣、运动衫、健美服等。在网眼组织基础上采用弹力纱线编织的各种弹力花边更是女士们的至爱，常常用于女士内衣裤的边口。

在纬编机上采用棉或莫代尔等纱线与氨纶交织，以紧密纬平针或罗纹为地组织制成的弹力织物，吸湿透气，没有静电，是极好的内衣面料。

2. 起绒针织面料（绒布）

表面覆盖有一层稠密、短细绒毛的针织物称为起绒针织物，如图2-30所示。起绒针织物分为单面绒和双面绒两种。单面绒由针织物的反面经拉毛处理而形成；双面绒一般是在针织物的两面进行起绒整理。纬编绒布主要由衬垫织物起绒形成，而经编绒布是经平绒或经平斜织物起绒形成的。起绒针织布经漂染后可加工成漂白、素色、印花等品种，也可用色纱织成素色或色织产品。

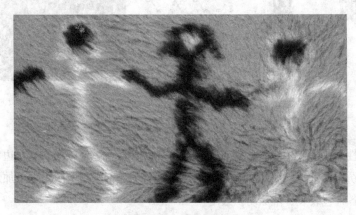

图2-30 起绒织物

起绒针织布手感柔软、质地丰厚、轻便保暖、舒适感强。所用原料种类很多，底布常用棉纱、涤棉混纺纱、涤纶丝；起绒纱常用较粗、捻度较低的棉纱、腈纶纱、毛纱或混纺纱。

根据所用纱线的细度和绒面厚度，单面绒布又分为细绒、薄绒和厚绒。细绒、薄绒布的绒面较薄，布面细洁、美观、柔软，克重低，用于制作妇女和儿童的内衣、运动衣和春秋季绒衫裤。厚绒布较为厚重，绒面蓬松，保暖性更好，多用于冬季绒衫裤和防寒服的里料。

3. 麂皮绒针织面料

麂皮绒针织物指布面有密集柔软的短绒毛，其外观类似麂皮，一般采用涤纶长丝为地组织原料，特细或超特细涤纶丝为绒面原料制成。这种面料具有组织结构紧密、绒毛细密、柔软有弹性、尺寸稳定性好、悬垂性佳、易洗快干、不易脱毛等特点，有素色、印花等品种，适合制作外套、运动衫、春秋季大衣及鞋面、手套、沙发套等。

4. 天鹅绒针织面料

天鹅绒针织物是用棉纱、涤纶长丝、锦纶长丝、涤棉混纺纱等原料作地纱，以棉纱、涤纶长丝或涤纶变形丝、涤棉混纺纱作起绒纱，采用毛圈组织经剪、烫后整理而形成织物表面的绒毛。这种织物的手感柔软、厚实，坚牢耐磨，绒毛浓密耸立、绒面光泽宜人，手感滑糯，主要用作高档礼服、外衣面料、装饰用品等。

5. 丝盖棉面料

由两种原料交织而成丝盖棉面料，正面显露丝（涤等化学纤维），反面显露棉（或其他天然纤维）。面料外观挺括、抗皱、耐磨、色牢度好，而内层柔软、吸湿、透气、保暖、静电小，穿着舒适，集涤纶化纤针织物和棉针织物的优点于一体。

单面丝盖棉织物采用平针添纱组织；双面丝盖棉织物经常采用罗纹或双罗纹集圈浮线或空气层组织。适于制作运动服、茄克衫、健美裤等。

6. 新型纤维针织面料

（1）莫代尔针织面料

莫代尔（Modal）是奥地利兰精公司（Lenzing）生产的再生纤维素纤维。它具有比纯棉更好的吸湿性和柔软性，有蚕丝般的光泽，富有弹性，良好的悬垂性。上色率和色牢度高，亮丽持久。穿着无比舒适，爽身自在，但织物挺括性差。莫代尔针织面料主要用于制作内衣。

（2）竹纤维针织面料

竹纤维面料的原料选用南方优质山野毛竹纤维，利用竹浆纤维生产的短纤纱为原料制成针织面料和服装。该面料具有明显不同于棉、木型纤维素纤维的独特风格，耐磨性、抗起毛球性、吸湿快干性、透气性、悬垂性都极佳，手感滑爽。竹纤维与其他种类的纤维进行特定比例的混纺，既能体现其他纤维的性能又能充分发挥竹纤维的特性，给针织面料带来新的特色。

（3）牛奶蛋白纤维针织面料

牛奶蛋白纤维含17种氨基酸，pH值成微酸性，与人体皮肤相一致。牛奶纤维具有天然抑菌功能，透气、导湿性好。牛奶蛋白纤维可以纯纺，也可以和羊绒、蚕丝、绢丝、棉、毛、麻等纤维混纺，开发出高档内衣、衬衫、T恤等，满足人们对服装舒适化、保健化、时尚化的追求。牛奶纤维纯纺织造的面料，质地轻盈、柔软、滑爽、透气、导湿，适宜制作T恤、内衣等休闲家居服装；牛奶纤维加入氨纶织造的牛奶纤维弹力面料柔软且弹力适度，适宜制作针织运动上衣、健身服和美体内衣。

（4）珍珠纤维针织面料

珍珠纤维的载体是黏胶纤维，它吸湿透气，服用舒适，加入珍珠粉后纤维内部及表面均匀分布着珍珠纳米微粒，纤维手感光滑凉爽，外观亮丽，既有珍珠养颜护肤功效，又有黏胶纤维吸湿透气、服用舒适的特性。适宜制作文胸、短裤、T恤、背心、睡衣、运动衣等贴身穿着的服装。

（5）吸湿排汗针织面料

吸湿排汗功能面料是通过吸湿排汗纤维的化学组成、物理结构形态、织物结构设计等方式，改变织物对水分的吸湿、移动、放湿等性质，使织物同时能够具有吸水性和快干性。

"COOLMAX"、TOPCOOL、COOLCEL、COOLNICE纤维都是异型截面涤纶纤维，它们利用纤维表面的微细沟槽所产生的毛细现象使汗水经芯吸、扩散、传输等作用，迅速迁移至织物的表面，并使其能够快速挥发，从而保持人体皮肤的干爽感。

吸湿排汗面料广泛应用于衬衣、外衣、运动服、内衣、西裤、衬里等领域，特别是与运动有关的领域，因此在制作运动服、竞赛服等服装时被大量使用。

　　近年来，新型纤维材料的不断问世与应用，对现有纺织原料的改性变形处理以及纺纱技术的日益进步，为针织产品的设计与开发提供了更多的选择。针织产品特别是服用面料，正在朝着轻薄、弹性、舒适、功能、光洁、环保等方面发展。

［第三章］

针织服装的设计特点

第一节　针织服装的造型设计

服装造型设计是指以人为对象塑造服装的形态，主要包括服装的外轮廓、服装的结构线、服装的色彩、图案、附加装饰等所构成的视觉形态。针织服装由于面料柔软、贴体、伸缩性大，其造型设计与一般梭织服装相比具有特有的个性，针织服装在外观上比梭织服装更含蓄、更柔和、更贴合人体体型，设计师在设计中必须充分重视针织面料性能对造型设计的影响。

相对于裁剪类针织服装，成型类针织服装的生产更为灵活，可以在编织过程中通过变换纱线的粗细和种类，改变编织的线圈密度和织针针数，形成各种不同厚度和肌理效果的组织，通过立体效果的花纹等来塑造服装的形态，其花型自由组合度高，所以这类针织服装的造型设计与裁剪类针织服装的设计又有着较大差异，它们具有更丰富的创作空间，设计师可以从面料甚至从纱线开始设计。

一、针织服装的轮廓造型

（一）针织服装的廓型

针织服装的外轮廓形态，简称廓型，是针织服装外部造型的轮廓，即人体着装后的正面或侧面的剪影，是服装被抽象了的整体外形。它是针织服装的总体骨架，决定着针织服装整体造型的主要特征，同时它又体现针织服装整体的风貌，是表现人体美和流行的重要手段。

服装廓型代表了一个时代的服饰文化特征和审美观念，时装的变化主要体现在时装的廓型变化上。

从服装美学观点出发，针织服装外形轮廓造型可归纳为以下几种：

1. 紧身型

紧身型服装的外轮廓基本忠实于人体的体型轮廓，能呈现人体的本来面目，使一些接近于"理想体型"的人充分显露人体的曲线美（图3-1）。

紧身型服装的主体结构变化是根据人体的曲面展开的，否则服装结构就不可能和人体体型匹配，因此要通过具有曲线功能的省、分割的组合产生，

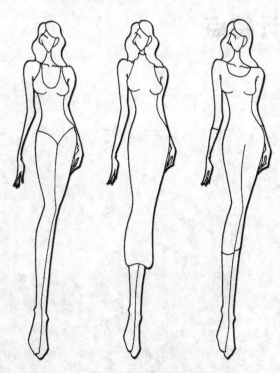

图3-1　紧身型

在进一步的设计过程中，往往还需要考虑采取开衩、打褶等措施。这种结构是所有廓型中最复杂的，由于良好的弹性和延伸性是针织面料的主要特征之一，很多针织面料的组织结构就决定了其本身具有良好的弹性和延伸性，特别是近年来，随着各种弹性纤维在针织生产中的应用，使弹性纤维的性能与针织物的结构得以完美结合，从而赋予针织面料更加卓越的弹性和延伸性。所以使用这类面料制作紧身服装，完全利用面料的弹性就可以使服装适合人体，因此这类服装的制作变得非常简便，不需要采用立体成型手段（省、分割等）即可完成。

图3-2　紧身型服装

　　紧身型是针织服装特有的造型，利用这种廓型制作紧身便装，如春、夏、秋季的紧身上衣、裤子和裙子，可以使服装线条简洁、自然、贴体流畅，尽显人体的曲线美；制作紧身运动装，如各种体操服、健身服、泳装、滑雪服等，既合身贴体，又能适应人体各种运动与活动所需，且还兼有舒适透气的优点；采用弹性极强的针织面料制作矫型内衣，其放松量可以为负值，紧贴肌肤，调整约束肌肉的位置，使穿着者身材显得更为苗条、修长，人体曲线显得更为优美动人（图3-2）。

2. H型

　　H型是长方形，服装外形形如字母"H"（图3-3）。这种廓型在第一次世界大战后的1925年流行过，在西方服装史上曾被象征为新女性的诞生。著名的夏奈尔针织外衣就是采取直身的H型设计，无领，有四个衣袋，钮扣对称配置，具有高雅、成熟的艺术魅力。

　　H型的创意是以直线形的线条形成中性的、整体稳定的效果，这种廓型通过不收腰，使肩宽、胸围、腰围和臀围在外形上形成上下基本一致，给人以线条流畅、简洁、修长、端庄、轻松的感觉，同时还可掩盖体型上的缺陷，适合粗腰身或腿粗的成熟女性穿着。

　　H型廓型的变化可分为箱型、筒型两种。筒型上下收口，中间宽大，类似水桶的造型。短些的H型廓型像气球或灯笼，

图3-3　H型

图3-5 H型服装

图3-4 O型

多用于茄克形的针织衫；长些的H型廓型像蛋形、椭圆形或O型，夸张肩部和下摆弧线，服装较宽松，外形活泼，趣味性强，多用于灯笼式的裙、裤设计（图3-4）。

H型廓型是针织服装的传统造型，如针织T恤、运动衫、棉毛衫、羊毛衫、直筒裙等（图3-5），在众多的针织服装中占有相当大的比例。它也是近期针织时装，尤其是针织横机编织的各类大衣的常见造型。这类造型一般选用较为紧密、延伸性小的针织面料。由于针织面料质地柔软，一般不适宜制作夸张的O型造型的服装。

3. A型

上窄下宽，形如字母"A"的服装外形，也称正三角形、梯形（图3-6）。A型廓型起源于17世纪的法兰西摄政时代，第二次世界大战后，欧洲时装设计大师克里

图3-6 A型

斯蒂·迪奥（Christian Dior）首次推出。1966年流行的超短裙也是采用A型廓型。

A型的创意是利用面料的悬垂性、流动性，使大下摆产生自然飘逸的效果。A型具有上小下大的特点和活泼、潇洒、充满青春活力的风格。这种廓型是通过修窄肩部使上衣适体，把外轮廓线由直线变为斜线而增加长度，进而达到高度上的夸张，同时加宽下摆而构成圆锥状的服装廓型。A型对个子矮、臀大或腿粗者有弥补体型的作用，能较好地体现针织面料柔软、悬垂性好的性能优势，无论面料厚或薄都会有好的效果。如由针织人造毛皮、羊毛编织物、纬编双面提花织物等较厚面料做成的大衣、外套类服装，造型刚健、豪放、洒脱；再如采用较为紧密轻薄型化纤面料制作的家庭装饰针织内衣、白天在家中穿用的宽松便装等，它们常常应用花边或刺绣，并讲究配色突出装饰效果，在宽松的外形线下人体曲线隐约可见，表现出温柔、优雅、轻松的情趣（图3-7）。

图3-7 A型服装

4. Y型

上宽下窄，形如字母"Y"的服装外形，也称倒三角形、倒梯形（图3-8）。Y型廓型在第二次世界大战后曾作为军服的变形流行于欧洲，20世纪70年代末至80年代初再次风靡世界。

Y型以紧身型为基础，强调夸张

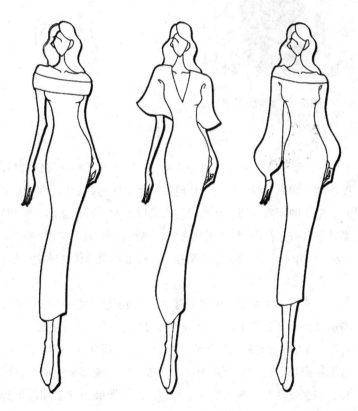

图3-8 Y型

图3-9　Y型服装

图3-10　X型

肩部，向臀部方向收拢，下身紧贴，形成上大下小的服装廓型。Y型的创意是利用面料的张力和硬挺度，结合阔肩窄摆的结构设计使其产生刚性感。Y型轮廓造型用于男性服装，可以显示男子威武、健壮、精干的气质；用于女性服装，可以使女子显得潇洒、挺拔。Y型对窄肩、平胸、溜肩、粗腰等体型缺陷具有弥补作用。Y型属于宽松结构造型，许多宽松的针织上衣、裙子和裤子采用这种造型（图3-9），由于材质的原因，Y型在针织服装中很难体现威武、健壮的风格。

5. X型

两头宽，中间窄，形如字母"X"的服装外形（图3-10），充满柔和流畅的女性曲线美风格。X型廓型是欧洲文艺复兴时期的产物，20世纪90年代再度流行。

X型的创意是利用弧线或曲线形线条体现女性的婀娜多姿，是A型和Y型服装的综合。X型廓型通过服装肩部、臀部或腿部的略加夸张，收小腰部来突出人体曲线，使这类服装轮廓造型具有浪漫色彩，是完美的女性服装的主要廓型。此类服装还能增加筒形身材女性的曲线感，大多用于女装的设计，如旗袍、曲腰服装等。

X型廓型的派生变化有自然适体型、苗条型、钟型、沙漏型、S型等。S型是X型服装的侧面投影，强调突胸、收腰、翘臀，体现女性的曲线美，具有温和典雅的美感。

X型造型对面料的要求较高，它既要求面料具有一定的悬垂性，又要求面料具有一定的刚性，能根据人体曲线的变化和设计需要塑造服装的形态，一些束腰连衣裙和束腰上衣采用这种造型（图3-11）。针织服装良好的弹性和柔软性使服装适合自然适体型和苗条型的造型，而不适合夸张的钟型和沙漏型。

服装的廓型是以最简练的形式体现服装的基本风格，它是服装设计的根本和基础。针织面料因线圈结构使其具有良好的弹性、透气性、柔软性，具有舒适、抗皱和便于携带的特点，所以服装款式设计应重点把握面料的性能，扬长避短，突破传统，致力创新。要注意针织面料中的线圈结构特征，突出面料特有的质感，采用流畅的线条和简洁的造型来强调针织服装的舒适自然和柔和细腻的特

图3-11 X型服装

征。款式变化一般不宜太复杂，简洁、舒适、高雅为针织服装的主格调。为了避免和弥补因造型简单而产生的平淡呆板感，设计时可在原料选择、面料组织、色彩、图案、装饰上多加考虑，以取得满意的效果。

（二）影响廓型的因素

针织服装的造型离不开人体的基本形态，因此决定针织服装廓型变化的主要部位是支撑衣裙的肩、三围和下摆，这些因素的变化能形成风格各异的廓型效果。

1. 肩部

肩部是针织服装设计中限制较多的部位，其变化的幅度远不如腰和下摆那样随意，但也可以进行一些肩部处理，如袒肩、耸肩等。针织服装特别适宜袒肩处理，而不适宜耸肩造型，如各种插肩袖毛衫、T恤衫、广告衫等都是袒肩造型。如果要形成耸肩效果，则必须借助在肩部添加衬布、垫肩等手段。

人体的肩部是服装重量的主要承担者，由于针织材质的柔软性和贴体性较高，所以针织服装的肩部不适宜设计过于强调刚性的造型，一般不加垫肩，即使因为设计需要也只能采用薄型垫肩，否则会影响服装外形的美观。与梭织服装相比，针织服装的肩部显得柔和、自然，缺少梭织服装硬挺、有型的效果。为了获得特别的肩形，可以采用不对称造型和与袖子同时造型的方法。

2. 三围

胸围、腰围、臀围合称三围，三围的变化对廓型的影响举足轻重。

（1）胸围

胸围在女性曲线美中起着重要作用，也是与男性区别的主要标志。在设计中，要考虑到胸围的大小，注意到胸部对服装廓型变化起的作用，塑造出健康、丰满的胸形。

（2）腰围

腰围是影响服装廓型的重要因素。腰部的造型变化有束腰（X型）和松腰（H型）以及腰节线的变化（即高腰位置、中腰位置和低腰位置的变化）。束腰和松腰两种形式在20世纪的近百年里经历了X→H→X的多次变化，而每次变化都带来了新鲜感和鲜明的时代特征。腰节线的高低变化可使服装上下长度比例产生差异，从而使整体造型呈现不同的风格。

（3）臀围

臀围在服装廓型的影响中作用最大。腰和臀的比例直接影响到服装款式造型的美感。一般来说，臀围应考虑适合于下肢运动的功能需要，但有时为了装饰美感或迎合某种时尚潮流，也可做夸张性的设计。

针织面料的弹性和延伸性使得对针织服装的围度尺寸要求不是太高，有时可以完全利用面料超强的弹性适应人体围度的变化，形成非常自然的曲线，而不需要借助省、分割等造型手段。

3. 下摆

衣裙的下摆又称底摆、底边，是针织服装变化较丰富的部位，尤其是裙摆的变化。衣裙下摆的变化有长短、宽窄和形态的变化。它的长短变化直接影响到廓型，20世纪60年代末流行一时的迷你裙下摆短到了极点。衣裙下摆的形态变化，有直线、曲线、折线；对称、不对称；平行、不平行等。折线、曲线、不对称设计是近年来针织女装的设计热点。由于衣裙下摆的变化，使针织服装廓型呈现多种形状与风格（图3-12）。

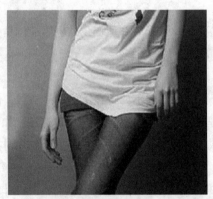

图3-12 衣裙下摆设计

针织面料的形态特征，包括造型性（刚柔性与悬垂性）和保型性（抗皱性与弹性）等与服装廓型有着密切的关系。造型性是实现服装廓型意图和塑造廓型美感的必要条件；保型性则使服装廓型美保持持久。针织面料的挺括性、尺寸稳定性小，必定会导致在服装造型方面有一定的局限性。针织服装的制作工艺、面料质感、内部衬垫物的变化以及服装廓型内的线条组织的变化，对廓型的形成起着一定的调控作用。同时面料的图案、组织结构对服装廓型的影响也不可忽视。不同的廓型要用不同形式的图案和组织。修长、苗条、紧身的廓型，适合用俏丽、典雅的图案面料及纹理细腻的织物组织；潇洒、奔放的廓型，适合用端庄、有力的图案面料和纹理粗犷的织物组织。

二、针织服装的结构线

针织服装的结构线是指体现在针织服装内各个拼接及装饰部位的线，主要包括分割线、省道线、褶裥线。这些结构线虽然在外观形态上呈现不同的表现形式，但都具有一定的塑形功能，它们之间可以进行相互的组合与变化，使服装更具层次感、立体感和装饰效果。

1. 分割线

分割线是根据人体曲线形态与廓型的要求在服装上增加的结构缝，又称开刀线、剪辑线。分割是使设计达到形式美的一种构成方法，它可以改变服装的基本结构，从而显示出不同的造型效果。在针织服装设计中应根据穿着对象、服装风格、衣料特性等来选择相适应的分割线。设计中还应考虑分割线的形态、数量和位置。

女装外形轮廓以收腰款式居多，分割线多采用弧线、曲线等形式，以显示女性柔和、秀丽的线条；男装外形轮廓以直腰式为多，分割线多采用豪放、刚健、力量感强的竖直线、横线、斜线，以体现男性的阳刚之美。为了体现分割线的装饰效果，可以采用加滚边、嵌条、花边、缉明线、细褶线或不同色块面料相拼等工艺技法，以取得醒目、活泼、精致秀美的装饰效果，如图3-13所示。

图3-13　分割线设计

分割线的设计应考虑面料的质地和组织，由于针织面料大多质地柔软且延伸性较大，尺寸不稳定，缝制时易因缝线与织物的牵引力不匀造成服装做缝不平整，因而针织服装应尽量少用分割线，且不宜采用复杂的曲线形分割。

2. 省道

省道是根据人体起伏变化的需要，把多余的布省去（剪裁或缝褶），以制作出适合人体形态的服装。它可以出现在服装的任何部位，衣服的胸、肩、腰、臀、腹、肘、裤口等都可使用省道。其中胸省、腰省、臀省是女装重要的造型要素，它们可以更好地突出女性丰腴的胸部和纤细的腰部，充分体现女性的曲线美（图3-14）。

图3-14　女装省位

省道设计是服装结构设计的一项重要内容，它对服装的造型影响较大，故有人曾说"女装的设计就是省道的设计"。但对针织服装来说并非如此，因为针织服装面料通常具有较好的延弹性，人体部位的服装尺寸变化可以由面料弹性来适应，因此，在针织服装设计中，省道的量及数量设计比梭织服装要少，很多时候都不设省道，对省道的形态及尺寸的要求也相应低一些。

3. 褶裥

褶裥是将布料折叠缝制成多种形态的线条状，在服装表面形成皱褶、衣褶、波纹，外观富于立体感的一种装饰线条。褶裥在针织服装设计中运用十分广泛，如在女装与童装中运用极多的灯笼裤、泡泡袖、灯笼裙；裙摆、袖口、领口、胸部等处的荷叶边；男装茄克衫的下摆；大摆的睡衣、睡裙等。它除具有省道可收去一部分布料塑型的特点外，还具有装饰性、运动性等其他形式所不能代替的造型功能，给人以自然、活泼、飘逸的印象，是服装艺术造型的主要手段之一。

褶裥依据其构成的不同分成细皱褶、褶裥、自然褶。细皱褶的折叠量小，分布较集中、细密，无明显倒向，它常用小针脚在布料上缝好后将缝线抽紧，或通过橡皮筋收缩的方法，使布料自由收缩成细小的皱褶。这种皱褶形成的线条给人以蓬松柔和、自由活泼的视觉效果，选用柔软轻薄的面料缝制效果特别好，如图3-15所示。

　　褶裥是把布料折叠成一个个的褶，经烫压或缝制后形成有规律、有方向的褶裥，其折叠量比细皱褶大。褶裥具有垂直分割的效果，给人整齐一律、节奏感强、刚劲挺拔之感，常用于职业套装及一些较正式的服装中。褶裥立体感强，别具趣味，如图3-16所示。

　　自然褶是利用布料的悬垂性及经纬线的斜度自然形成的褶。自然褶的线条柔和、飘逸，具有浪漫潇洒的风韵，能很好地体现女性之魅力。采用围裹、披挂设计形成的自然褶褶纹随意而简练、洒脱而自由、优美而流畅，在现代时装、礼服设计中应用较多，如图3-17所示。

图3-15　细褶裥

图3-16　褶裥

图3-17　自然褶

　　褶裥的设计要充分考虑面料的质地与性能。轻薄柔软的针织面料选用细褶、自然褶效果非常好，可以充分体现针织面料柔软、悬垂性好的特点。由于裥的使用要求面料具有挺括的特性，所以，针织服装一般不采用裥处理。如果因造型需要，可以借助缝制工艺完成裥的造型，但其节奏感、整齐感、立体效果有别于梭织服装。采用纬编双面针织面料或经编面料、横机织物可以获得较好效果，尤其是涤纶经编面料，通过定形可得到类似梭织服装裥的造型。

褶裥设计也可以与分割线结合起来，以增强服装造型的表现力。

三、针织服装的局部结构设计

任何一个整体都是由许多局部组成的，针织服装也不例外。针织服装的局部结构主要包括衣领、衣袖、口袋、下摆、门襟、衣衩以及服饰配件等。在处理服装的局部结构时，应该在满足其服用功能的前提下，寻求与服装主体造型之间的内在联系，一方面具有一定的装饰性，另一方面与主体结构之间又是一种主从关系，与主体造型有机地结合，达到协调统一。

（一）领型设计

衣领在服装造型中起着"提纲挈领""领袖"的作用。领子的式样千变万化，造型极其丰富，既有外观形式上的差别，又有内部结构的不同，每一种类型的领子都有自身特点和对于主体造型的适应关系。

针织服装的领型分为两大类，即无领型和有领型。在结构上，衣领由领口和领子两部分组成。领口是衣身上空出脖颈的缺口，称为领窝。各种无领的变化实际上主要是领窝形状的变化。在领窝上独立于衣身之外的部分，称为领子。衣领的构成因素主要是领窝的形状、领脚的高度与翻折线的形态、领面轮廓线的形状以及领尖的修饰等。具体分类见图3-18。

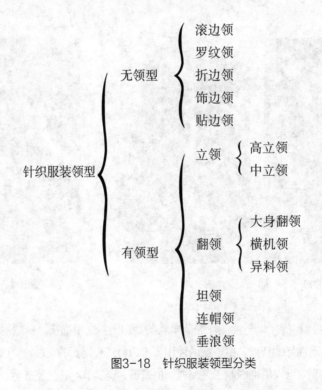

图3-18 针织服装领型分类

1. 无领型

无领是指在衣身领口部位挖剪出各种形状的领窝，没有领面。无领领型常用于针织内衣、针织毛衫等，通常有加装领边和不加领边两种形式。无领针织服装具有造型简洁、大方、得体，穿着舒适、柔软、行动方便的特点。针织服装常见的无领型如图3-19所示。

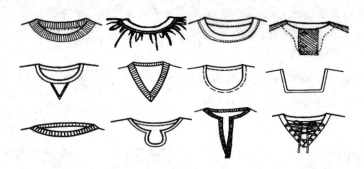

图3-19　针织服装常见的无领型

针织服装的无领型常按加工方法分为以下四类：

（1）罗纹领

罗纹领的款式特点是在领窝处缝双层罗纹。罗纹领多与大身料组织不同，常用于内衣、T恤、休闲服、运动服以及毛衫类产品。领口形状多为圆形、V形、一字形等。圆领罗纹的宽度不宜过宽（一般以2~3cm为宜），否则会因为领口内外圆的周长相差较大，造成领口内圆起皱、外观不平整，达不到造型的要求。另外，领口罗纹的弹性大于大身面料，通过缝合时拉伸领口罗纹，以取得与大身相应的弹性，从而保证领口造型平服、圆顺。

（2）滚边领

滚边领的款式特点是在领口的周边包滚一条与大身料相同或不同的横纹布。面料一般为汗布或罗纹类，较薄。当使用较厚面料滚边时，会对成品领口规格产生一定的影响。

（3）折边领

指在领口处进行折边处理，有折边、三折边两种形式。针织服装以折边形式居多，采用双针或三针绷缝线迹，折边宽度一般为1cm左右。因这类领口弹性较小，为了穿脱方便，多用于领口较大的产品，如V形领、大圆领、U形领、船形领等。

（4）饰边、贴边领

饰边领是在领口部位加花边、丝带等以强调装饰。贴边领的主要目的是对领口边做工艺处理，因而可参照梭织面料领口加贴边的工艺处理方法。这类领型在与丝带、花边、贴边缝合时强调平整，弹性较小，设计时需考虑装饰效果、工艺要求和服用要求。

另外，还可巧妙地利用针织面料的卷边性，形成散发自然气息的卷边领，如图3-20所示。

无领是针织服装的特色领型，针织服装可以设计与梭织服装类似造型的无领领型，同时还可得到梭织服装无法穿脱的小

图3-20　卷边领

圆领、小V领、樽领等（套头衫），弹性为针织服装的无领领型设计提供了新的机会。通过折边、滚边、饰边、加罗纹边等工艺手法对边口进行工艺处理，丰富了无领型的款式变化。这样，不仅解决了针织面料边口容易脱散和卷边的问题，同时还运用面料的延弹性解决了穿脱的功能性问题，梭织服装设计中开襟、开衩等许多功能性设计，在针织服装设计中便可以简化、省略掉。

2. 有领型

有领型是由领口和领子两部分构成领子的造型，多用于针织外衣中。从结构上可分为立领、翻领和坦领。针织服装常见的有领型如图3–21所示。

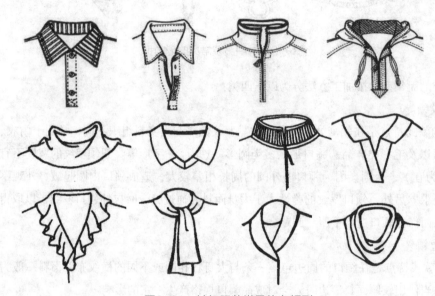

图3–21 针织服装常见的有领型

（1）立领

针织服装的立领属直角结构，造型上不强调梭织服装设计中要求的直立、合体、严谨、庄重的效果，而主要考虑防风保暖的功能，多为封闭宽松型，工艺上采用软性处理，表现轻松、随意的感觉。采用横机编织的立领，因为横机用纱较粗，领片较厚，领型较直立、合体，此类领子常用于茄克衫中。针织服装的立领一般少用钮扣，多采用绳、拉链处理，这样，一方面加强了封闭处的装饰效果，另一方面更强化服装的功能性。

（2）翻领

针织服装的翻领从材料上可分为大身料翻领、横机领和异料领三种，不同材料的翻领其造型效果截然不同。

采用与大身料相同的翻领，其款式的变化表现为领面宽窄的变化、领子开门深浅的变化、领口大小的变化、立起程度的变化和领子外口线的变化等，可依据翻领的结构原理进行设计。由于针织面料一般硬挺度低，此类领外观不像梭织面料那样平整，而且在以后的穿着使用中易发生变形，所以针织外衣较少使用。但因为针织毛衫所用原料及组织弹性较大，不存在上述问题，因而毛衫中使用较多。

横机领是T恤衫的专用领型，它是采用针织横机进行编织的成型产品。结构上仍属直角结构，多利用色织、边口组织的变化来丰富衣领的造型。设计时，为了款式上的呼应，有时袖口形式与领子相一致。

异料翻领的使用，主要是考虑领子造型及材料的特性，如针织服装采用梭织面料做领子、袖口，使领、袖口平整、美观。设计者在设计时需要充分理解面料、服装造型和功能的需要。

（3）坦领

坦领从结构上分，是翻领的极限形式，造型特征是领片自然翻贴于肩部领口部位，看上去舒展、柔和。针织面料适合此类领型，一般用于儿童和女性服装中。

连帽领，是在坦领的基础上演变而来的，前领类似水兵领，后领与帽子连在一起，具有一定的功能性和美观性，在休闲服装中经常采用。

（4）垂浪领

垂浪领是在领部结构上做一些改变，使前领口下垂，在前胸形成若干垂浪的一种领型。垂浪领属于宽松造型，在针织时装及毛衫中经常采用，其造型可以根据服装的整体造型效果设计。

有领型针织服装的设计相比无领型受限较多，由于面料柔软、易变形的特点，一些复杂的造型难以实现，有些类似梭织服装的领型在造型效果上也有差异，为了获得较好的设计效果，针织服装可以采用尺寸较稳定的双面纬编面料、经编面料和横机面料或梭织面料进行有领型设计。

（二）袖型设计

袖子是包裹肩和手臂的服装部位，以筒状为基本形态，与衣身的袖窿相连接，构成完整的服装造型。袖子由袖山、袖身、袖口组成，袖型的变化主要由袖山、袖身和袖口的造型变化及装饰构成，其中包括袖窿的位置、形状、深浅的变化；袖山高低、宽窄的变化；袖身形状、长短、肥瘦、装饰的变化；袖口大小、形状及制作工艺的变化等。针织服装的常见袖型如图3-22所示。

根据袖子与衣片的结构关系，针织服装的袖型一般分为：连身袖、装袖、插肩袖和肩袖四类。

（1）连身袖

连身袖又称连衣袖，其特点是袖子与衣身相连在一起，不需要装袖。我国古代和传统服装中多采用这种袖型，属于中式袖的一种，所以连身袖又称中式袖。连身袖衣袖下垂时，构成自然倾斜或圆顺的肩部造型，腋下出现微妙的柔软褶纹。如果衣料较厚，褶纹将较深，有损美观。连身袖的服装穿着舒适，手臂活动不受束缚，常用于睡衣和宽松服装中，属宽松结构。宽松结构的极限是将袖与衣身设计为一个整体，几乎没有袖子，只在衣身下部留个袖口，这种服装非常宽松，类似"斗篷"，颇具复古性和视觉冲击力。

（2）装袖

装袖的袖子和大身为两个部分，通过装袖工艺连为一体。针织服装的装袖更多地强调舒适、随意，外观效果平整流畅和便于活动的特征，常用的装袖为平袖，平袖的袖山长度与袖窿围度尺寸相等，缝合后平服、自然。平袖造型上有宽松与合体之分，合体袖的功能一般通过面料的弹性来获得，均采用一片袖结构，

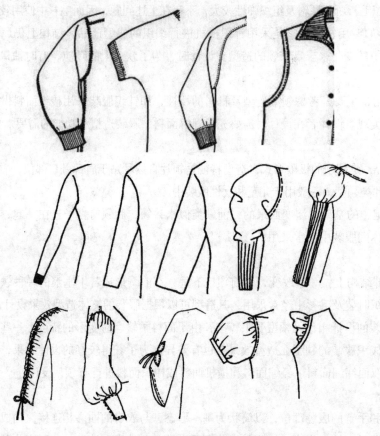

图3-22　针织服装的常见袖型

没有梭织服装中合体功能的两片袖。针织服装的装袖有长袖、短袖、中袖之分；袖身的造型有喇叭袖、泡泡袖、灯笼袖、羊腿袖、抽褶袖等；袖口的变化分收袖口和放袖口。针织内衣常按袖口的工艺处理方法命名，如罗口袖、滚边袖、加边袖、挽边袖，为了呼应，一般袖口与领型的工艺处理方法相一致。

（3）插肩袖

插肩袖的肩部与袖子连接在一起，袖窿开得较深，将衣片的一部分转化成了袖片，因此，整个肩部被袖片覆盖。这种袖型视觉上增加了手臂的修长感。由于插肩袖简洁、流畅而宽松，所以，针织运动装多采用插肩袖，在大衣、外套、风衣、毛衫、休闲类针织服装设计中也常采用。依据不同的主体服装造型，插肩袖在"插肩"量的构成形式上有全插肩、半插肩之分；结构上有一片袖和两片袖，前插后圆或前圆后插等形式。针织服装的插肩袖一般是全插肩一片袖形式，款式的变化体现在衣片与袖片互补形式的量与形状上。

（4）肩袖

肩袖也称无袖，是指肩部以下无延伸部分，而由袖窿形状直接构成袖型。由于它仅在袖窿处进行工艺处理和装饰点缀，又称花袖窿。无袖服装的特点是活泼多变、轻松自然、浪漫洒脱，可以充分展示肩部和手臂的美感。常见于夏季服装中,结构上多体现为合体性。设计中,需要综合考虑面料的特征,对结构尺寸及构成形状做很好的把握和选择。

针织服装的袖型从结构上涵盖了上述四类。与梭织服装的袖型区别在于,对合体袖结构处理上运用了面料的弹性来获得;制作工艺中,装袖和插肩袖不存在两片袖结构和袖压肩的造型特征,更多地强调舒适、随意,外观效果平整流畅和便于活动的特点。

(三)口袋设计

在服装造型中,口袋是重要的局部结构之一。它除了具有实用功能外,还对服装起着装饰、点缀和美化作用。针织服装的口袋有贴袋、插袋和挖袋三类,如图3-23所示。

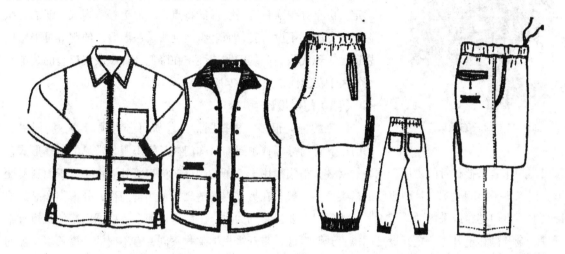

图3-23 针织服装常见的口袋形式

1. 贴袋

贴袋是直接缝在衣片上的口袋,也称明袋。贴袋与其他的局部结构一样,其造型应以主体服装造型为前提,统一、协调于整体造型之中。同时,在不改变服装造型的情况下,贴袋的大小以及上下位置,与主体结构有着直接的比例关系和主从关系,任何的改变都能改变原有的构成比例、空间形态及格局。

贴袋的造型变化最大,由于其完全暴露在服装的主体结构中,其形状、缝制、线迹构成的线条都具有较强的装饰效果,从服装的流行与创新意义上讲,其装饰作用已大于其最初的功能性。

2. 插袋

插袋是在衣缝之中留出适当的空隙并配上里袋形成的。如裤子两侧的插手袋、上装摆缝和裤腰缝留出的插手袋等。插袋也可加上各种袋口条和袋盖,或用镶边、嵌线、花边等来装饰。其造型变化不大,多数很不显眼,一般以实用功能为目的。

3. 挖袋

挖袋是在衣片上开袋口,内装袋布的口袋,又称开袋。挖袋造型的变化范围较小,主要是袋口、

图3-24 口袋的装饰作用

袋盖部分的变化。挖袋工艺是在衣片上开袋口，装上袋盖、袋嵌线、袋垫等缝制而成。挖袋工艺比较复杂，由于针织面料易脱散，所以在针织服装中应用较少。

除了以上三类以外，还有假袋，即为了在设计中追求某种效果而设置的一种假的口袋。其外观造型与真口袋一样，主要起装饰作用，没有实用价值。

在口袋的设计中，要注意口袋在服装整体中的比例、位置、大小和风格的统一，口袋位置应根据人体上肢的活动规律等实用功能确定。由于针织面料容易变形的特点，一般毛衫、内衣、薄的针织衫、紧身服都不设口袋；而针织运动服、旅游服、便服等可采用口袋造型。现代服装口袋的实用性正在降低，针织服装口袋的装饰作用常大于功能性，如图3-24所示。

（四）门襟设计

门襟的种类很多，根据门襟的位置可分为领门襟、胸门襟、裤门襟、背门襟等，领门襟、胸门襟是针织服装常见的门襟形式，领门襟用于套头衫；背门襟用于童装、女装；裤门襟用于裤子的腰部、裤口等处。由于针织面料易变形，门襟不平影响美观，针织服装的裤类产品一般只在男式内裤的腰部使用裤门襟，外裤类产品的腰部一般不设门襟，或采用"假门襟"。假门襟主要以装饰为主，不能开启闭合。根据门襟的长短有半开襟、全开襟和不开襟，全开襟是门襟直开至摆底；半开襟根据款式不同，有不同的开襟长度。襟的闭合有拉链、绳、钮扣等方式，也可不设闭合而自然敞开。门襟的形式较多，主要呈条带状，可用本身布、罗纹布或横机编织物等。

门襟是针织服装布局的重要分割线，也是服装局部造型的重要部位，在针织毛衫的设计中尤其如此，针织毛衫常根据服装造型的需要，改变门襟的组织结构、门襟的宽窄、门襟的位置等。门襟具有实用和装饰功能，一般与领的结构、襟的闭合方式结合考虑。门襟有改变领口和领型的功能，例如，由于开口方式的不同，能使圆领变尖领、立领变翻领、平领变驳领等。门襟及其闭合方式的不同配置，可使服装产生严肃端庄、稳健潇洒、轻盈活泼的不同效果。在针织服装的门襟设计中，要结合服装的款式、组织结构、服用要求等综合考虑。既要考虑平整、挺括、不易变形等要素，又要注意装饰效果。以穿脱方便、布局合理、美观舒适为原则。

（五）下摆设计

上衣或裙子下摆的形状、大小及缝制加工方法的变化也是针织服装设计时需要考虑的重要部分。

直的下摆显得大方，弧线下摆显得活泼；摆大活动方便，摆小精巧利索。下摆的缝制方法不同，服装的整体风格效果也不同。如针织运动衫多采用罗纹下摆、克夫下摆、抽带下摆；棉毛衫多采用滚边、折边下摆；休闲装下摆可采用前后不等长、侧缝开衩的方式；时装衫则可采用加边、滚边、加花边等多种方法来丰富服装的下摆。针织服装下摆常见形式如图3-25所示。

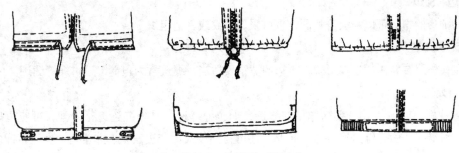

图3-25　针织服装常见下摆形式

（六）针织服装的边口处理

针织面料由于具有脱散性、卷边性，因此针织服装的领边、袖边、裤口边、下摆边等处的处理至关重要。针织面料弹性各异，可以利用坯布的弹性优势，设计出各种边口造型，这已成为针织服装中一种装饰性的造型风格，如图3-26所示。

罗纹和挽边　　　　　滚边和加边　　　　　缝迹处理

图3-26　针织服装常见的边口形式

1. 罗纹饰边

为了穿脱方便，通常在服装的领口、肩部或背部开门襟，在脚口、袖口开衩或做成敞口形式。如果采用罗纹布缝制领口、袖口、裤口和下摆，罗纹特有的伸缩性完全能适应人体头部、手部、腰臀等处尺寸的变化，无需开襟、开衩也能方便地穿脱。用罗纹组织做领、袖及下摆的套头运动衫，自19世纪后期在英国兴起后一直流行至今。这类服装造型简洁、大方，穿着柔软、舒适，行动方便。

2. 滚边、加边

滚边与加边的布料可以与大身相同，也可采用罗纹或其他组织。

3. 折（挽）边

折边是梭织服装常用的边口形式，折边的宽窄要适当，缝迹常为包缝缝迹、绷缝缝迹。

4. 缝迹处理

采用弹性好、防脱散并有装饰作用的缝迹，如包缝缝迹、月牙缝迹进行处理，可使边口显得轻盈、飘逸，对缝线张力、缝迹密度进行控制，还可得到波浪形花边效果，非常适合女士装饰内衣的下摆或夏季服装的边口。

5. 卷边

利用纬编针织物的卷边性，使边口外翻形成有立体感的圆柱形边口，但对边口要进行防脱散处理，羊毛衫或横机织物可用收口的方法，薄型针织物用防脱散线迹。

6. 毛边

一些比较细密的针织物也可不对边口进行任何处理，形成"毛边边口"。这种原生态的自然流露在近年来得到了设计师们的钟情，在休闲服饰和时装中频频出现。这种边口自然、随意，未加任何修饰的毛边，原生态面料的线头依稀可见，这并不是做工粗糙，而是自然不做作的毛边风尚。而且这种边口轻薄，是无痕内衣裤的首选边口形式。

7. 其他边口形式

横机织物尺寸稳定，弹性好，而且可以收口形成光边，不脱散，花色组织丰富，用作服装边口可以获得好的视觉效果；利用扭转、折叠、褶裥等工艺手法也可形成外形独特的边口形式，如图3-27所示；还可以采用花边、缎带等进行修饰。

图3-27 其他边口形式

（七）针织服装的装饰设计

1. 面料织纹的装饰性

随着新原料、新工艺的开发，新型针织面料不断涌现，针织服装面料织纹的运用，花式纱线针织物、花色拉绒针织物、金银丝或五彩丝交织的针织物、经编粗针毛绒珠片针织物等，这些产品富有独特的肌理效果，为针织服装设计提供了丰厚的基础。织纹的组合变化在针织毛衫的设计中广泛采用，利用针织物编织方法变化丰富的特点，可设计出各种不同风格的产品，即便是同一款式，只要在织纹、色彩上进行改变，就可以获得典雅或粗犷、严谨或活泼等风格迥异的效果，增加了服装的装饰性和整体美，如图3-28所示。

图3-28　面料织纹的装饰性

2. 异料镶拼

异料镶拼是利用不同性质、不同外观面料的组合，使服装不仅具有实用功能，同时还兼有装饰效果，是针织服装常用的设计手法。针织面料由于其贴体、柔软，款式造型有一定的局限性，款式变化一般不宜太复杂，过分夸张的设计构思及复杂的结构变化，在由线圈构成的针织面料上难以表现，此时可以考虑镶拼其他材料，通过不同性能、不同材质、不同色彩、不同花色的面料组合等多种方式，达到意想不到的造型效果和装饰美化作用，如图3-29所示。

图3-29　异料镶拼

（1）不同性能的面料组合

如在针织服装的腋下、背部等需要透气的部位镶拼镂空织物；或者在服装需要伸展和塑型的部位镶拼弹性优良的罗纹，使服装既具有面料质感的变化又有实用功能。

（2）不同材质的面料组合

不同材质的面料组合是近年来设计的热点，针织面料与其他材质镶拼可以吸取不同材质的特性，产生材料质感的对比，同时还可在功能上、造型上弥补各自的缺陷，发挥自己的性能优势，产生独特的造型效果。如在针织服装的领、门襟、口袋、边口等需要尺寸稳定、平整的部位配以不易变形的梭织布（也可在梭织服装的领口、袖口、下摆等收口部位采用易伸缩的针织布）；或为了穿着舒适，连衣裙的上身使用针织布，下身裙使用梭织布；在针织裙摆的边缘、服装的领、袖等处利用梭织面料的飘逸特性形成荷叶边；镶拼皮草，使服装显得奢华、高贵；在需要表现坚挺、夸张效果的部位采用具有一定张力的皮革和梭织面料造型；还可用圆纬机面料与横机面料镶拼，利用横机面料花纹丰富的特点和横机面料特有的肌理效果进行装饰等等。但不同材质的镶拼一定要注意面料厚度和质感的差异，取得视觉上的平衡，同时还要注意由于不同面料性能的差异给缝制带来的不便，防止服装产生牵吊不平。

（3）不同花色的面料组合

采用素色与印花针织物或提花针织物与印花针织物镶拼，它们可以是同色或异色花型，花型的大小以及形状也可以有差异，利用这些差别进行规则或不规则的组合，可设计出与众不同的效果。如针织内衣、针织童装和时装中常采用蕾丝镶拼，增加服装的装饰效果和女性魅力。

（4）不同色彩的面料组合

不同色彩的面料组合，由于色彩的变化使针织服装显得生动、活泼、明快，服装因而变得丰富多彩。色彩组合可以采用不同明度、纯度、色相的面料，如采用互补色镶拼，使服装产生强烈的鲜浊对比；采用明暗反差较大的面料镶拼，可以打破过于沉闷的气氛，给服装注入一种清新、明快、富于激情的印象；即使采用同类色镶拼，由于明度和纯度的变化，也会产生到不一样的效果。

3. 饰件添加

在式样平淡的服装上巧妙地加配各种饰件，如在衣领、袖口、下摆上点缀飘带或抽结；在腰部加配腰带或腰巾；在服装上适当加缀装饰钮扣、珠片和佩戴胸针、胸花、项链等，均能改变平淡单调的气氛，在平面与立体的效果中增加活力与华丽感。但饰件添加要注意针织面料易变形和钩丝的特点，避免采用过于粗硬和沉重的饰物。

4. 装饰图案

装饰图案是针织服装中常用的一种美化方法，特别是局部印花更具有吸引力。局部印花应根据款式造型的要求来决定，可以在领口、袖口、肩部、腰部，也可以在裤口、裤腿等处；可以是草木、花卉，也可以是文字、人物等，如图3-30所示。

在针织服装上加装饰图案的方法有很多，如贴花、补花、织花素绣、彩绣、缎带绣、珠绣等。利

图3-30　装饰图案的运用

图3-31　贴花装饰　　　　　　图3-32　局部挖空

用针织面料的卷边性制作的贴花极具特色，具有丰富的层次感和立体效果，如图3-31所示。装饰图案只要运用恰当，与服装整体相协调，都能起到锦上添花的作用。

5. 局部挖空

为了突出服装的某个部位（常见的为肩、背、腰、领口、袖等部位），可在需要突出的部位进行挖空处理，在挖空的边缘做滚边、花针缝，形成强烈的虚实对比；也可在挖空处不进行边缘处理，采用挖空和卷边、毛边结合，使服装具有别样的风格。挖空多用于针织女装的设计，如图3-32所示。

6. 围裹、缠绕、披挂、层叠和褶裥设计

利用简洁的纬平针或其他针织物进行围裹、缠绕、披挂、层叠和褶裥设计是化平面为立体的常用手法，使平凡的针织面料从两维平面向三维空间过渡，外观效果更加丰富。

层叠设计（图3-33）可以通过色彩和面料间的叠加产生丰富的层次感与美感，也可以将色彩的深、浅、虚、实效果表现得非常美妙。如可以采用不同色彩或不同材质的面料层叠；或素色与花色面料层叠；也可以外层采用镂空、网眼、透明类面料，利用透明与非透明的叠置产生意想不到的色彩效果和虚实变化。

采用围裹、缠绕、披挂和层叠设计时可以结合分割，通过分割，使面料扭曲、变形或折叠，近年来在针织服装的领部、肩部、前胸和下摆等部位常采用这种方式进行装饰，增加服装的层次感、空间感、随意感，使服装具有特殊的外观造型（图3-34）。

图3-33　层叠设计　　　　　　　　　　　　图3-34　披挂设计

第二节　针织服装规格设计特点

针织服装的规格设计必须注意针织面料性能对规格设计的影响。针织服装的规格设计相对梭织服装而言难度较大，这是由于针织面料的独特性能决定的。针织面料的弹性、延伸性、悬垂性、克重等性能都随使用原料、生产工艺等不同而有较大的差异，这些差异对规格尺寸的准确制定有着直接影响。所以对于针织服装，即便是同一款式的服装，由于所采用的面料不同，规格尺寸也会存在较大不同。

（1）稀薄、悬垂性好的面料，这种织物由于悬垂性的影响，在穿着时衣长会变长，而宽度会变窄，影响服装的外形，所以在设计长款服装时，其长度方向应适量减去1~1.5cm，宽度方向适量增加1~1.5cm。

（2）针织服装的围度放松量必须考虑面料的弹性和延伸性，一般针织服装的围度放松量小于梭织服装。面料的弹性、延伸性大，服装的放松量可以减小。针织面料的弹性根据伸缩率的大小可分为：低弹织物或舒适弹性织物，伸缩率为10%~20%；中弹织物或运动弹性织物，伸缩率为20%~60%；高弹织物或高强弹性织物，伸缩率为60%~200%。对于低弹织物，成衣胸围必须增加适当的放松量，但对于中弹或高弹织物，放松量可以为零或为负值。

（3）横向弹性好的针织面料，设计紧身服装时其横向尺寸可以缩小，但要注意穿着时服装在横向扩张的同时，其纵向会相应回缩，所以长度方向的尺寸应相应加长。同理，纵向弹性好的面料，服装纵向尺寸可以减小，横向尺寸应加大。而纵、横向弹性都好的面料，因为穿着时纵、横向都会伸长，所以纵、横向尺寸都要减小。

（4）针织服装号型表示方法一般采用二元制，由号和型组成，号表示身高，型表示肥瘦，没有体型分类，如160/85。而梭织服装的规格按国家号型标准规定采用三元制，即由号、型和体型分类构成，如160/84A。同时，针织服装规格的表示方法随服装品种不同而有所差异。如，针织文胸号型以罩杯代码表示型，以下胸围表示号（单位为cm），如A75；针织腹带的号型以人体净腰围的厘米数表示。针织服装规格的表示方法参见第四章针织服装的规格设计。

第三节　针织服装结构设计特点

针织服装的结构设计在许多方面可以借鉴一般梭织服装结构设计的方法，但是，由于针织面料具有其独特的性能，这使得针织服装的结构设计有着其自身的特点，在结构设计中，设计师要注意充分利用和表现面料的性能。

一、简洁性

针织面料的性能决定了针织服装的风格，针织服装素以穿着舒适著称，加之针织面料的良好弹性和延伸性，所以针织服装的结构设计以简洁为原则（图3-35），具体体现在以下几个方面。

（1）结构线的简化

针织服装中的结构线多为直线、斜线或简单的曲线，如插肩袖以斜线构成；袖山曲线简化为外凸线或简单曲线；袖窿曲线为直线与圆弧；针织内裤腰部至臀位的侧缝线为直线等等。

（2）结构的简化

针织服装的结构常常比较简单，大身的袖窿和袖山一般不分前后，所以服装样板的设计很简单，衣片数量较少，大身样板、袖样板只需一块，取其1/2即可。这使得服装的裁剪、样板的制作以及排料得以简化，易操作，生产效率高。

（3）缝合线的省略

针织内衣中的圆筒合肩产品、连肩产品以及棉毛长裤、成型内衣裤，利用纬编针织面料的筒状结

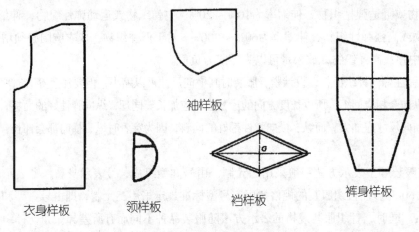

袖样板

衣身样板　　　　领样板　　　　裆样板　　　　裤身样板

图3-35　针织服装的样板特点

构，将前后衣片或裤片连在一起，不设侧缝线或肩线。这种设计一方面将面料幅宽与服装规格一一对应，降低了损耗；另一方面节约了裁剪与缝制的时间，使生产效率大大提高；而且避免了服装缝合线与人体的摩擦，服装舒适性得到改善。

（4）门襟的省略

针织服装大多采用套头形式，不设门襟，由于其良好的弹性和延伸性，可以形成各种领部造型，这样既可以省略裁剪缝制，又可以避免钮扣、拉链等对人体造成的伤害，方便快捷。

二、分割与省道

梭织服装最明显的一个结构特点是常采用缝骨、省道、褶皱等方式使服装获得立体效果，而针织服装则不同，针织服装很少使用省道，在弹力针织面料和休闲服装中尤其如此。它可直接利用面料本身的弹性来塑造人体形态，服装的分割线也多为装饰性分割线。由于针织面料的弹性和延伸性较大，且不同方向其弹性、延伸性都有差异，因此，在结构设计中，特别是经常运动的部位，要尽量减少分割剪接缝和省道设计（弹力针织面料尤其如此）。否则，缝合后的省道和剪接缝易造成服装外观的牵吊和不平服，接缝后的缝骨处硬挺无弹性，凹凸不平，破环了针织服装柔软而又舒适自然的质感，也破坏了其简洁柔软的造型；同时缝合处因为经常运动的部位频繁拉伸而增加绽线的可能。若一定需要收省或分割设计，则省道应尽可能小，分割线条也宜采用直线、斜线或简单的曲线。同样，针织面料一般也不宜运用推、归、拔、烫的造型技巧。

三、拼接形式

针织内衣的裤类产品一般采用拼裆形式，如图3-36，这是针织内衣裤所特有的，但考虑到外形的美观性，针织外衣裤一般不允许拼裆。裆是为了适应臀部形态的变化，调节裤子横裆尺寸，或作加固之用，满足内衣的舒适性与卫生性，同时，裆结构也是排料适应节约面料、提高面料利用率的要求。针织内衣裤的裆宽设置应小于相应功能梭织裤裆宽值1.5cm以上，所用针织面料的弹性越好，所取的裆宽值就越小。

针织内衣裤的裆结构有单层和双层之分，一般根据其形状命名，图3-37为常见针织内裤的裆形。

（1）扇形裆：女三角裤的专用裆，成人用双层，儿童用单层；

（2）燕尾裆：此裆横裆处较肥大，适合年长者或体力劳动者穿用；

（3）伞形裆：穿着合体舒适，多用于棉毛裤和平角裤；

（4）琵琶裆：性能同（3）；

（5）箭形裆：男三角裤专用裆，上端加固部位较宽而长；

（6）菱形裆：性能同（3），目前弹力内裤使用较多；

（7）方裆：此裆裤子的臀部和中腿部位比较紧身，适合青年人穿用，毛裤常用此种裆形。

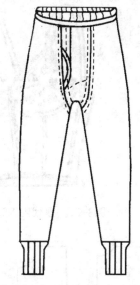

图3-36　针织服装的拼接形式

（8）大小裆：裆由两片组成，可与前后裤片套裁，裁耗少，穿着舒适，设计时易满足产品各部位规格要求，是内裤中用途较广的一种。

（9）长形裆：此裆可方便地调节臀部尺寸，并且在前裤片设置开口，男士平角裤、棉毛裤常用此裆，也可与伞形裆、琵琶裆一起使用，在女高弹连裤袜中也常有应用。一般男式服装用双层，女式服装用单层。

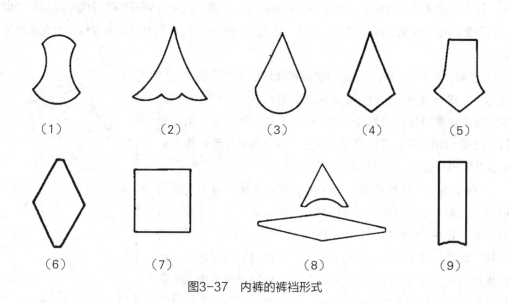

（1）　　　　　（2）　　　　　（3）　　　　　（4）　　　　　（5）

（6）　　　　　（7）　　　　　　　（8）　　　　　　（9）

图3-37　内裤的裤裆形式

图3-38 现代内衣的拼接形式

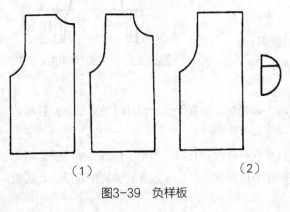

（1）　　　　　　　　　　　　　（2）

图3-39 负样板

现代内衣也常采用拼接形式（图3-38），塑身美体内衣就是采用拼接方法来实现人体各部位对面料不同弹性的需求，圆机成型内衣则是利用面料组织结构的变化来达到相同的目的。

四、负样板

由于针织服装前后大身的主要区别在领部位，所以上衣一般由大身样板、领样板、袖样板构成。领样板是负样板，它表示服装要挖去的部分。使用负样板的目的是为了减少样板数量和样板制作时间。如图3-39（1）所示为按一般方法设计制作的前、后身两块衣身样板，图3-39（2）为采用负样板法设计的一块大身样板和一块领样板。

五、原型补正

采用弹性较大的针织面料制作紧身合体的服装时需要运用面料的弹性来实现，这类服装面料静态时的制图比例不再"相似于"人体各个部位的比例分配，而且不同方向上面料的弹性与延伸性也不一样，各细部尺寸的确定不再是一种简单的比例关系，应考虑到面料的弹性，否则设计出的样板达不到预想的造型效果，穿着时也不舒适。这类服装的设计应根据面料的性能对原型或基样进行补正，如：

（1）挖肩：应根据面料弹性适当增减袖窿部位的挖肩尺寸，一般弹性越大，挖肩值越小，袖窿弧线成曲率较小的窄长形。若为针织外衣，则要注意保持针织外衣的挖肩值小于相应功能梭织服装的挖肩值，如图3-40所示。否则胸宽部位受横向拉力易导致前胸不平整，形成女装胸凸造型，并时常伴有领部变形。

（2）袖子造型：针织服装一般采用一片袖结构，袖中线倾斜角一般等于或稍大于肩斜角，袖窿深与袖山高相对应。外衣袖山高一般不会大于1/3袖窿弧长，对于造型好的制服或休闲装，可以适当增加袖山高度，但袖山上部造型宜窄。一般袖山弧线要比衣片的袖窿弧线长，其长出的量即作为缝合的吃势。针织服装袖山吃纵量（归拢量）宜小，根据款式一般控制在2cm以内，否则会影响针织

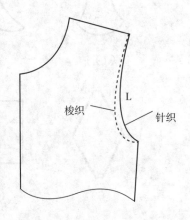

梭织　　　　L　　　　针织

图3-40 挖肩尺寸

服装的弹性和外形美观，必要时可在袖山处使用加固衬或条带来增进袖山头的立体感和牢度。

弹性针织面料制作紧身服装时原型的补正参见第五章针织服装的结构设计。

六、里料设计

针织外衣有时还搭配里料，里料有梭织布和针织布两种，并非针织服装都要选择针织里料，里料的选择应视面料的特性及用途而定。里料应轻薄，过重的里料会影响服装的外形；且里料应与面料性能相似，不影响面料的拉伸性与弹性，防止面料牵吊和外露；同时里料还应滑爽，以利服装的穿脱。一般情况下，针织服装的上衣不设里料，有些较正式的裙子可设里料，以防止延展、悬垂。若上衣一定要配里料，则在袖窿处应采用与里料分开设计。

七、工艺回缩与缝耗

针织面料在缝制加工过程中，其长度与宽度方向会发生一定程度的回缩，工艺回缩是针织面料的重要特性，为保证成衣规格，因此在进行针织服装样板设计时，其主要部位的样板尺寸要加入缝制工艺回缩量，纵、横向均需考虑，不同的面料、不同的部位回缩量各不相同。

针织外衣的样板设计一般采用净样法，即在加入工艺回缩量的样板基础上再统一加放缝耗的方法，为防止拷缝不足而导致布边脱散，针织服装样板的缝耗应适当多放一些，一般缝耗宽度为1~1.5cm。

针织内衣的样板设计则一般采用毛样法，即在设计样板的各部分尺寸时就考虑了影响样板尺寸的各种因素，如缝耗、回缩、拉伸扩张等。因为针织内衣的生产以低成本为原则，服装的规格与面料门幅形成了一一对应的关系，由于针织面料具有弹性和脱散性，使得针织服装不同部位需要采用不同类型的线迹，即采用不同的缝纫设备进行缝制，这些缝纫设备缝制时产生的缝耗是不相同的，为节约原料，因此在样板的不同部位加放的缝耗量也不相同，而不是采用统一加放相同缝耗的方法。

第四节　针织服装缝制工艺特点

针织服装的缝制加工与梭织服装的缝制加工有很大的不同，设计师在设计服装时既要针对面料的风格和特点设计服装，同时还要依照面料的性能选择相应的裁剪、缝制和后整理工艺。即使是同一款式的针织服装，由于经过不同的制作工艺处理，也会呈现不同的外观效果。好的想法、好的设计一定要和好的制作工艺相结合才能创造出好的服装。

一、针织面料的可缝性

面料的可缝性是指面料在进行缝纫加工时的难易程度以及缝纫加工对面料品质和服装外观形态

的影响。不同的面料由于纤维原料、纱线构造、织物结构、后整理工艺等的不同其缝制加工时的难易程度是不一样的，如平挺、坚牢的梭织平纹棉织物，因为织物布面平整，容易缝制；光滑的丝织物因为摩擦系数小，缝制时易产生移位，不易缝制；弹性大的织物因为受力易变形，缝制时伸长量不易控制，不易缝制。针织服装因为面料的拉伸性、弹性、易脱散、易卷边、易勾丝等特征，使其缝制时难度增加，常常出现以下问题：

1. 缝口皱缩

针织面料是伸缩性很大的面料，当缝合的两片面料伸缩性有差异或两片面料的缝合方向不相同时，缝口易出现皱缩现象。例如缝制针织服装的门襟拉链时，由于拉链硬挺、伸缩性小，而针织面料柔软、伸缩性大，两者材质和性能差异都较大，所以缝合后极易出现缝口表面凹凸不平、鼓包的问题，严重地影响了服装的外观。面料越轻薄、光滑、伸缩性越大，此现象越严重。

2. 缝口变形

针织面料弹性、延伸性大，缝制过程中的张力很难控制，很容易使织物伸长变形，最终导致两片面料缝合后长短不一，影响服装的成品规格和外形。例如，针织服装的肩缝经常因为缝制时受拉变形而使肩宽尺寸大于实际要求，肩端点下落，严重时肩缝线呈波浪形；针织服装的下摆也容易因为缝制时横向扩张变大，呈扇形状；针织弹力无裆女裤的裤腿缝制时因为受力拉伸而扭曲变形等。

3. 缝口破坏

服装在穿着过程中会经受反复拉伸和摩擦，导致缝口损伤。缝口牢度取决于缝迹的强力和拉伸性，而缝迹的强力和拉伸性又与缝迹结构、缝迹密度和缝线的强力、拉伸性有关。针织物是拉伸性较好的缝料，如果缝迹的拉伸性不与缝料的拉伸性相匹配，例如，拉伸较大的服装边口采用伸缩性较小的锁式线迹缝合，穿着时容易将缝线拉断而开缝脱线。

以上问题看似是针织服装缝制中的局部问题，实际上是普遍存在的，控制不当就会出现，因此，在针织服装的缝制中一定要多加注意。

二、针织服装的缝制加工特点

针织服装的制作工艺可细分为缝制工艺、塑型工艺和装饰工艺。缝制工艺的目的是防止面料脱散，并按造型要求将面料、辅料缝合成衣。塑型工艺的目的是达到保型并塑造服装形态。装饰工艺在服装上起装饰美化作用。由于针织面料的拉伸性、弹性、易脱散、易卷边等性质，其缝制加工工艺和缝制设备与梭织服装均不相同，具有以下特点：

1. 不同部位要采用不同类型的线迹

因针织面料组织结构的特殊性，要求缝合衣片所用的线迹必须与针织面料的延伸性和强力相适应，使线迹具有一定的弹性和牢度，防止线圈脱散。不同类型的线迹其强力和拉伸性不同，常用于针织服装的线迹主要有包缝线迹、绷缝线迹、链式线迹等。根据面料的种类和部位的不同，针织服装缝制时采用的线迹也会不同，如衣片之间的缝合一般采用包缝线迹，既有弹性又能防止布边脱散；而领口、其他边口等则多用绷缝线迹，使服装富有弹性，同时缝迹平整、美观；梭织服装中常用的锁式线迹在针织服装中使用不多，因为它的弹性和延伸性较其他线迹小，不能缝合伸缩性大的部位，只适合缝订商标、拉链、门襟、口袋等伸缩性小的部位。

2. 线迹密度影响线迹的拉伸性和弹性

一般线迹密度越大，线迹强力和拉伸性越大，见图3-41和表3-1。但过大的线迹密度会因为单位长度内的针迹数增多有可能使织物线圈的纱线被缝针刺断造成"针洞"而影响缝迹牢度。针织服装的线迹密度一般在5~13个范围内调节，表3-2为常用针织服装的密度标准。

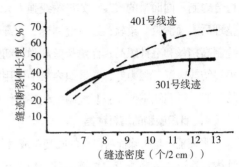

图3-41　线迹断裂伸长率与线迹密度的关系

表3-1　线迹强力和断裂伸长与线迹密度的关系

线迹密度（个/2cm）	6	8	10
试样断裂强力（N）	41.16	61.74	72.52
试样断裂伸长率（%）	75	96	110

表3-2　常用针织服装线迹密度标准　　　　　　单位：针迹数/2cm

面　料	线　迹										
	平缝	三线包缝	双针绷缝	三针绷缝	滚领	滚带	平双针压条	宽紧带	包缝折边	单线切缝	捏缝
汗布、双面布	9	8	7	9	9	9	8	8	7	—	—
运动衫、T恤	9	8	7	9	—	—	8	7	7	—	8
绒类产品	8	7	6	8	8	8	7	7	6	7	—

3. 根据面料的性能选用合适的缝纫线

缝纫线是缝料的连接物，它的物理化性能对针织服装的外观质量和内在质量有重要的影响，在选配缝纫线时应予以重视。

针织服装使用的缝纫线必须具备缝合性、耐用性和良好的外观。缝合性是指缝线在缝料上进行高速缝纫时能否形成均匀一致的线迹。耐用性从工艺上要求，面线强力不应低于5N，底线强力不应低于3N，强力不匀率控制在10%以下，断裂伸长率控制在12%~16%，细度不匀率小于10%。缝线的外观主要指缝线与缝料的配合效果，要求达到线迹整洁和色彩协调。

针织服装常用的缝线品种有棉线、涤纶线、锦纶线、混纺线、绣花线等，不同的缝线其性能不同，适合缝制不同面料的服装。如涤纶线强力大，回弹性好，洗涤后缩率小，耐磨，且经过硅油或硅蜡乳液整理后表面润滑爽、柔软，适合缝制棉、化纤和其他纤维成的针织服装；涤纶长丝缝纫线光泽好，适合缝制高档丝和毛针织品；涤纶长丝高弹缝纫线有很好的弹性，适合缝制长筒袜和连裤袜等高弹产品；涤棉混纺线吸湿、强力好，在针织内衣中使用较多；涤棉包芯线（涤为芯，棉为表）用于高档棉针织外衣的缝制；绣花线主要在服装缝制中起装饰作用。

4. 针织服装的辅料种类

服装辅料是指除面料以外的服装构成材料。针织服装所用的辅料种类很多，各种衬料、里料、衬垫、缝线、花边、装饰线带、拉链、绳、扣等都是辅料。由于针织服装的保型性较差，加之边口易卷边、脱散，所以在针织服装中常常要用到各种条带、罗纹饰边、本身直丝条布、横条布、花边等。如在需要保证尺寸稳定的部位，像针织服装的肩缝，一般要用本身直丝条或梭织条带进行加固；袖山处也可用加固衬或条带来增加袖子的立体感；在不需要拉伸的部位上可以使用黏合衬，便于缝制。不过针织服装黏合衬一般用得不多，因为针织材质的特性决定了针织服装并不适合做硬挺的造型。针织服装也很少使用垫肩等塑型辅料。在针织服装的边口常用罗纹饰边、花边、本身横条丝带包裹或装饰，以防边口卷边和脱散。

5. 装饰工艺手法、缝纫机机种、车缝辅件

由于面料的原因，针织服装一般不宜运用推、归、拔、烫的造型工艺，但针织服装常采用镶、拼、嵌、贴、滚条等装饰工艺手法。如在领、袖、门襟、下摆采用滚边工艺加以修饰，既能使衣边平服，又能使整体造型生动；针织礼服可用缎条镶边，显得华丽、高贵；运动便装的衣袖、裤边侧缝可采用嵌条工艺增加动感等。装饰工艺运用恰当，可为针织服装的造型起到画龙点睛的作用。如加拿大女装品牌PORTS，在其针织服装造型中，经常使用镶、拼、嵌、贴、滚条这些装饰工艺手法，为服装的整体效果增光添彩。

由于针织服装的缝制工艺手法多，制作加工时必须根据服装造型要求选择合适的缝制工艺，同时选用相应种类的缝纫机，所以针织服装企业经常需要配备的缝纫机机种很多，如用于针织服装滚领的滚领机、用于缝制松紧带的上松紧带机、用于缝饰带的扒条机、能将服装下摆挽起的撬边机，还有能进行各种边口修饰的饰边机、绣花机等等，这些缝纫机需要在机器上配置相应的车缝辅件才能缝制出所需要的各种缝型，如能将滚边布卷成各种缝型的龙头、将下摆挽起的折边器、缝制各种压条的直式龙头等等（图例请参见第七章相关内容），只有这样才能提高生产效率，保证缝制质量。另外，针织服装的缝纫还要求选用送布条件较好的缝纫机，如差动送布缝纫机、上下送布缝纫机等，以防止面料在缝制中产生拉伸变形，造成缝口起皱，影响服装外观。对于弹性特别大的针织面料，应选用专门用于弹性面料送布的缝纫机，否则缝制工作不能顺利进行。

在针织服装的整个生产过程中，包括裁剪、铺料、整烫等作业，都应注意防止面料的变形和布边的脱散，所以用力一定要轻、均匀、自然，切勿用力拉拽，工作台面应该光滑，无毛刺。整烫时要在服装内套上衬板，以控制针织服装的形状和规格尺寸。为了防止熨烫后由于回缩而使尺寸变小，一般衬板的尺寸要略大于服装尺寸。

[第四章]

针织服装规格设计

第一节　人体测量

服装是为人体服务的，人体是服装的基础，是服装规格及结构设计的主要依据。作为一名服装设计人员要正确掌握人体测量方法及服装规格的制定方法。

人体测量包括人体长度、围度、宽度的测量，测量时要求：

（1）被测者应姿态自然放松，采用直立或端坐两种姿势；

（2）采用净尺寸测量：被测者只穿基本内衣，测得的尺寸并非服装的尺寸而是人体的尺寸；

（3）采用定点测量：通过基准点和基准线测量。例如：长度测量和宽度测量应使软尺随人体起伏，并通过中间定位点，而不是两端点之间的直线距离；

（4）围度测量时软尺要松紧适宜，既不勒紧，也不松脱，水平围绕体表一周；

（5）采用厘米制测量。

测量方法如表4-1和图4-1所示，图中测量部位序号与表中序号一一对应。

表4-1　人体测量的方法　　　　　　　　　　　　　　　　单位：cm

序号	部位	测量方法	占人体比例	备注
1	身高	人体直立，头顶至地面的垂距	"号"	
2	颈椎点高	人体直立，颈椎点至地面的垂距	号—头长	
3	坐姿颈椎点高	人体正坐，颈椎点至凳面的垂距	$\frac{3}{8}$号+1.5	上体长
4	全臂长	手臂自然下垂，肩峰点至桡骨点的直线距离	$\frac{3.5}{10}$号-5.5	
5	腰围高	腰围（腰间最细处）至地面的垂距	$\frac{5}{8}$号	下体长
6	前腰节长	肩颈交点经胸峰至腰间最细处的距离	$\frac{1}{4}$号+1	
7	后腰节长	后背肩颈交点至腰间最细处的距离	$\frac{1}{4}$号	
8	腰长	随臀部体形从腰围至臀围的距离		
9	直裆长（股上长）	腰围线至臀股沟之间的距离。通常习惯于请被测者端坐在硬椅上，然后从一侧测量腰围线至椅面的距离	$\frac{3}{17}$号	
10	颈围	软尺经前后颈点、颈侧点的水平围长	$\frac{3}{8}$B	
11	胸围	软尺经胸点的水平围长	B	

（续表）

序号	部　位	测 量 方 法	占人体比例	备　注
12	下胸围	软尺经人体乳根的水平围长		
13	上臂最大围	软尺在上臂最丰满处的水平围长		
14	腰围	软尺在腰间最细处的水平围长	W	腰位与手肘平齐
15	腹围	软尺经腰围至臀围的1/2处的水平围长		
16	臀围	软尺在臀部向后最突部位的水平围长		
17	大腿围	软尺经大腿最丰满处的水平围长		
18	总肩宽	软尺经后颈点在左右肩峰点间的水平弧长	$\frac{3}{8}B+（5\sim7）$	
19	胸宽	前胸右侧腋窝至左侧腋窝的水平距离	$\frac{3}{8}B+2.5$	
20	背宽	背部右侧腋窝至左侧腋窝的水平距离	$\frac{3}{8}B+2.5$	

注：表中计算公式仅作参考。

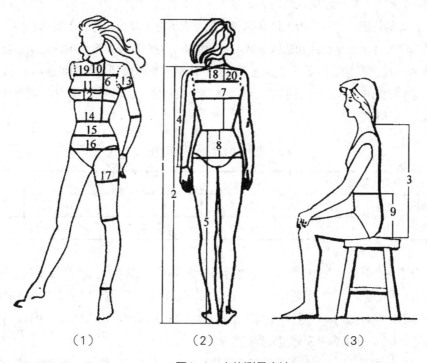

（1）　　　　　　（2）　　　　　　（3）

图4-1　人体测量方法

第二节　针织服装规格设计

服装规格是指服装各部位的尺寸大小。服装规格分示明规格和细部规格。

细部规格是工厂纸样设计的前提，也是成型编织针织服装工艺计算的基础。一件衣服可能需要标注十几个甚至几十个尺寸来描述衣服的大小及适穿对象，这些尺寸就是服装的"细部规格"，如胸围、背长、背宽、袖肥等。

示明规格一般用在服装的商标或包装上，一般只选用一个或两个重要部位的尺寸来代表服装的适穿对象和服装的大小。它是为了销售和生产管理的方便而设计的。

服装的规格设计是指服装成品各部位尺寸的制定，即指成衣细部规格的确定。由于服装的款式不同，或销售的对象、地区不同，虽然示明规格相同，但服装的细部规格却有很大的差别。

一、示明规格的表示方法

在我国，示明规格的表示方法常用：号型制、胸围制、代号制、领围制等。

1. 号型制

这是国家正式颁布的标准示明规格的表示方法。号型制表示方法中的"号"指人体的身高，是设计和选购服装长短的依据；"型"指人体胸围和腰围，表示时上装用胸围，下装用腰围，均为国际通用的内限尺寸（净尺寸），是设计和选购服装肥瘦的依据，它们都以厘米为单位表示。标准还依据人体胸围与腰围的差数，将男子、女子体型分为四类，体型分类的代号和范围见表4-2。Y类体型为宽肩细腰体；A类体型为正常体，即扁圆形体；B类体型为偏胖体；C类体型为胖体，属圆柱形体。我国男子和女子以A、B体型居多。

表4-2　体型分类代号和范围　　　　　　　　　　　　　单位：cm

体型分类代号		Y	A	B	C
胸围与腰围	男	22~17	16~12	11~7	6~2
之差数	女	24~19	18~14	13~9	8~4

号型制适合于各类服装，表示时在号与型之间用斜线分开，后接体型分类代号（儿童不分体型，其号型制不带体型分类代号），如女上装160/84A。160表示该服装适用于身高为160cm左右，即158~162cm，净胸围为84cm左右，即83~85cm，并且胸围与腰围的差数在18~14cm之内的人穿用。服装的上下装要分别标明号型，套装中上装与下装的号及体型分类代号必须一致。

由于针织服装种类繁多，不同种类的针织服装其号型表示方法有些差异。例如棉针织内衣、运动服等，其号型按GB/T 6411—1997规定设置，斜线后的胸围（下装为臀围）代表的是服装成品尺寸，不是人体净尺寸，如号型160/85，160表示号，85表示成品胸围。针织文胸号型依据FZ/T 73012—2004标准设置，以罩杯代码表示型，以下胸围表示号（单位为厘米），如A75表示A型罩杯，下胸围75cm，罩杯代码表示人体上胸围与下胸围之差（表4-3）。针织腹带的号型依据FZ/T 73011—2004规定设置，以人体净腰围的厘米数表示，如64表示该腹带适合腰围为64cm左右的人穿用。针织塑身内衣号型依据FZ/T 73019—2004标准设置，调整型以罩杯代码、人体腰围、下胸围的厘米数表示，如连体塑身衣A75/64，表示A型罩杯，下胸围75cm，腰围64cm；塑身胸衣B75，表示B型罩杯，下胸围75cm；塑身内裤64，表示腰围64cm；弹力型以厘米为单位标注人体身高、净胸围（腰围）的范围。针织泳装号型以人体身高、净胸（臀）围的厘米数表示，分体式含罩杯的泳衣按针织文胸的标准规定执行。针织T恤、休闲服等外衣的号型目前国家还没有制定统一标准，可按GB/T 1335-1997或GB/T 6411—1997规定选用执行。

表4-3　针织文胸罩杯代码

单位：cm

罩杯代码	AA	A	B	C	D	E	F	G
上下胸围差	7.5	10.0	12.5	15.0	17.5	20.0	22.5	25.0

2. 胸围制

胸围制是以上衣的成衣胸围或下装的成衣臀围尺寸作为示明规格。我国在实行号型制之前，一般内衣、毛衫、运动衣、休闲服装等都采用该方法作为示明规格。内销产品一般以公制（cm）计量，5cm为一档差；外销产品以英寸（in）表示，2in为一档，分儿童、少年、成人三个系列。例如50cm、55cm、60cm和20in、22in、24in为儿童规格，65cm、70cm、75cm和26in、28in、30in为少年规格，80cm和32in以上为成人规格。

3. 代号制

代号制是用英文字母或数字表示服装的规格。如2，4，6，8，…，12等，数字表示适穿儿童的年龄；14岁以上为成人规格，用字母S（小号）、M（中号）、L（大号）、XL（特大号）、XXL（特特大号）等表示。

出口服装大多采用代号制。要注意代号制的表示方法属于模糊规格表示法，代号本身并不代表真实的尺寸，它只是表示一个相对大小的意义。如S是小号，它的胸围尺寸可能是75~90cm不等，M是中号，比S号大一档（5cm或2in）。不同国家、不同地区、不同产品、不同品牌的相同代号其尺寸可能都不相同，使用时一般应注明某个号的实际规格，其他号可以以此类推。

4. 领围制

领围制是国际上男衬衫统一采用的示明规格的表示方法，它以成衣的领围尺寸（cm或in）来表示服装的规格。因为男衬衫通常与西服、领带配合使用，衬衫领子处于醒目的位置，它的合体度和外观形状是评价衬衫质量优劣的关键。

领围制一般以1.5cm或1/2in为一档，从34cm~ 43cm，共7档规格。我国目前也有以1cm为一个档差的表示方法，共10档规格。

胸围制、代号制是针织内衣、运动衣、羊毛衫、T恤衫、休闲服等常用的示明规格表示方法，为了进一步说明适穿对象的体态特征，有时与号型制一起使用。针织服装几乎不使用领围制。

二、针织服装规格设计的依据

（一）国家标准

1. 服装号型系列

国家标准"GB/T 1335—1997服装号型"准确地反映了我国人体的状况，它确定了主要款式及主要部位的尺寸，具有很强的适应性，是内销产品规格设计的依据之一，针织外衣的规格设计应遵循此标准。

现行的服装号型系列标准GB/T 1335—1997分为男子、女子、儿童三部分。

服装号型系列以各体型中间体为中心，向两边依次递增或递减组成。男、女上装身高以5cm分档，胸围以4cm分档组成系列；男、女下装身高以5cm分档，腰围以4cm、2cm分档组成系列。身高和胸围、腰围搭配，分别组成5·4、5·2号型系列。

儿童因为在各个阶段身体发育存在较大差异，不单独使用某一个系列，也不设中间标准体，设计服装规格时，可以以一个号型为起点，向右依次递增组成系列。组成系列时，胸围和腰围的档差不变，胸围以4cm分档，腰围以3cm分档，但身高的档差则在各个阶段都不同，如身高52~80cm的婴儿，身高以7cm分档，组成7·4和7·3号型系列；身高80~130cm的儿童，身高以10cm分档，组成10·4和10·3号型系列；身高135~155cm的女童和身高135~160cm的男童，身高以5cm分档，组成5·4和5·3号型系列。

中间体是根据大量的人体数据选出的人数占最大比例的体型，而不是简单的平均值，所以并不一定处在号型系列表的中心位置。中间体反映了我国男女成人各类体型的身高、胸围、腰围等部位的平均水平，具有一定的代表性。男、女各类体型的中间体见表4-4。

表4-4 男、女各类体型的中间体

单位：cm

体型分类代号		Y	A	B	C
中间	男上装	170/88	170/88	170/92	170/96
体号型	男下装	170/70	170/74	170/84	170/92
中间	女上装	160/84	160/84	160/88	160/88
体号型	女下装	160/64	160/68	160/78	160/82

单纯的号型标准还不能完成规格设计，为此国家标准中同时规定了各系列控制部位数据及各系列分档数。控制部位是人体的主要部位，是服装规格设计的依据。在进行服装规格设计时，应根据款式要求，在控制部位尺寸上加上一定的松度来确定服装规格。服装长度方面的控制部位有身高、

颈椎点高、坐姿颈椎点高、全臂长、腰围高；围度和宽度方面的控制部位有胸围、颈围、腰围、臀围、总肩宽。本书附录一给出了服装号型标准中男、女各种体型及儿童服装控制部位的数值，供设计时参考。

我国目前的服装号型在某些方面还存在一些不足，缺少在结构设计中常使用的一些重要参数，如背长、股上长等。背长是服装制图中的重要数据，为此在附录一中补充了这个值，它等于表格中的颈椎点高减去腰围高，另外，用坐姿颈椎点高减去背长可得股上长。

2. 棉针织内衣规格标准

国家标准"GB/T 6411—1997棉针织内衣规格尺寸系列标准"是适应棉针织内衣的标准，它包括成年男、女以及儿童、中童上衣类和裤类主要部位规格，是我国传统针织内衣产品规格设计的主要依据。

棉针织内衣规格尺寸系列标准GB/T 6411—1997规定，服装号型采用二元制，由号和型组成，没有体型分类，号型中斜线后的胸围（下装为臀围）代表的是服装成品尺寸，不是人体净尺寸，如上衣160/85，160表示号，85表示成品胸围。成年男、女的上装和下装，其号型以中间标准体，男子170/95、女子160/90为中心向两边依次递增或递减组成。号和型均以5cm分档，采用5·5系列，形成不同规格与面料门幅一一对应的关系。儿童身高则以60cm为起点，胸围、腰围以45cm为起点依次递增组成系列。服装的控制部位尺寸为：衣长、胸围、袖长、裤长、横档、直档。棉针织内衣规格尺寸系列标准GB/T 6411—1997参见附录二。

（二）行业标准

行业标准是纺织行业或针织行业等为常规品种制定的，表4-5为一些常见针织服装的行业标准。

表4-5　针织服装标准

标准号	名称	标准号	名称
GB/T 1335—2008	服装号型	FZ/T 73013—2004	针织泳装
GB/T 6411—1997	棉针织内衣规格尺寸系列	FZ/T 73017—2000	针织睡衣
FZ/T 73007—2002	针织运动服	FZ/T 73018—2002	毛针织品
FZ/T 73008—2002	针织T恤衫	FZ/T 73019—2004	针织塑身内衣
FZ/T 73010—1998	针织工艺衫	FZ/T 73020—2004	针织休闲装
FZ/T 73011—2004	针织束裤、腹带	FZ/T 73021—2004	针织学生服
FZ/T 73012—2004	针织文胸	FZ/T 73022—2004	针织保暖内衣

（三）地区标准、企业标准

地区标准、企业标准是某些地区或企业对某些新产品或服装次要部位的尺寸与当地工商部门共同协商制订的标准。地区标准更适合本地区人的需求。

（四）客供标准

客供标准是由进口国或客商提供的一些主要部位的详细规格尺寸，一般用于出口产品。

（五）实测

即通过实际测量所得的规格尺寸，一般用于"量体裁衣"和一些特殊要求的服装，如高档礼服、舞台服装等。

三、针织服装规格设计的步骤

1. 确定服装号型系列和体型分类

在进行针织服装规格设计之前，应根据国家标准确定服装的号型系列，如男、女上装选5·4系列，下装选5·4或5·2系列。针织内衣的规格设计应按棉针织内衣规格尺寸系列标准GB/T 6411—1997规定执行，号和型采用5cm分档；针织外衣的规格，随着针织服装向时装型方向发展，其规格的制定应向梭织服装靠拢，按国家标准服装号型系列GB/T 1335—1997规定执行。为了不失去针织服装特有的风格，宽松型服装也可参照棉针织内衣规格尺寸系列标准制定，号和型采用5cm分档；贴体型服装参照国家服装号型标准制订，型采用4cm分档。同时应该根据服装的销售对象和款式特征，在服装号型系列表中删去某些接触不到的号型，如成年女性，身高145cm、150cm以及胸围78cm以下的可删去，由此画出服装的规格系列表（表4-6）。成人服装一般以A型体为多。

表4-6　针织女运动衫规格系列表　　　　单位：cm

部位	规 格 与 号 型					档差
	小 号	中 号	大 号	特大号	特特大号	
	155/80	160/84	165/88	170/92	175/96	
衣 长	61	63	65	67	69	2
胸 围	105	109	113	117	121	4
袖 长	54.5	56	57.5	59	60.5	1.5

注：依据服装为宽松体运动衫，中间体（160/84A）规格设计为：胸围=型（84）+25=109，衣长=坐姿颈椎点高（62.5）+0.5=63，袖长=全臂长（50.5）+5.5=56

2. 确定中间体及中间体规格

根据国家标准和销售对象，确定中间体，如女装可选160/84A为中间体。并且依据服装款式、面料特性、流行趋势及穿衣习惯等，在中间体控制部位数据的基础上，加减不同的放松量确定中间体各部位的规格尺寸。

3. 推算其他号型的规格尺寸，组成规格系列

以中间体为中心，依次递增和递减，按国家标准服装号型系列或棉针织内衣规格尺寸系列标准中各系列分档数值推算出其他号型的规格尺寸，组成规格系列。如表4-6为针织女运动衫的简化规格系列表。

四、针织服装的围度放松量和长度设计依据

1. 围度放松量

服装的围度有胸围、腰围、臀围、臂围、掌围、头围等，最有影响的围度是服装的胸围、腰围和臀围，它们合称服装的三围。

服装的围度一般不能小于人体各部位的实际围度（净围度）与基本松度、运动度之和。基本松度是考虑构成人体组织弹性及呼吸所需的量而设计的；运动度是为有利于人体的正常活动而设计的。由于针织面料具有一定的弹性和延伸性，所以针织服装的围度放松量小于梭织服装。对于一般弹性的针织面料而言，贴体针织服装胸围不需要考虑服装的运动松量，因为胸部的上举、扩胸等引起的运动舒适量可由针织面料的弹性获得。针织服装胸围的最小适体松量为4cm，它比梭织服装要小6cm左右。对于连衣裙、外套等在腰部连通的服装，腰部的运动功能要大于胸部，所以腰部的松量一定要考虑运动度和基本松度，腰部的松量大于胸围；但对于半截裙和裤子等下装，其腰部只需考虑少量松量，不必考虑运动量，下装腰部的适体松量为0~2cm。臀部是人体运动量较大的部位，它要适应人体的弯曲和直立运动，因此其松量较大，但过大的松量有损服装外形的美观，而且臀部的运动往往会造成服装长度的缩短，所以臀部只考虑基本松度，其他松量增加在长度上，针织服装臀部的适体松量为5cm。如果采用弹性针织面料设计紧身服装，上述围度可以不加放松量，甚至可以使成品尺寸小于人体净尺寸。

服装的放松度很难用一个简单的公式来确定，它需要综合考虑各种因素，如人体基本活动量、面料的弹性、内装厚度、季节、年龄、性别、流行趋势以及造型设计艺术等。表4-7给出了各类服装主要部位的围度放松量，供设计时参考。

表4-7　服装围度放松量　　　　　　　　　　　　　　　单位：cm

服装部位	服　装　宽　松　度		
	紧身 （泳装、健身衣等）	合体 （衬衫、内衣等）	宽松 （休闲装、家居服等）
胸围	−24 ~ 0	0 ~ 4	6 ~ 20
腰围	—	0 ~ 2	—
臀围	−14 ~ 2	2 ~ 5	8 ~ 20

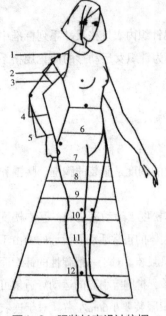

图4-2 服装长度设计依据

2. 长度设计依据

针织服装在进行规格设计时，除围度方向要考虑一定的松量外，长度方向依据人体的穿着习惯和审美要求，也有一定的设计范围。服装长度的设计要考虑服装的种类和流行因素以及人体活动作用点。人体活动作用点可以作为前两个因素的基本条件，因为它强调的是实用价值。

人体的连接点是人体运动的枢纽，如膝部、肘部、肩部等等，连接点与外界接触最多，服装设计应尽量避免或设法减轻人体与服装的不良接触，因此，服装的长度设计，凡是临近运动点的地方都要设法避开，特别是运动幅度较大的连接点。所以无论是衣长的各种形式，还是袖长、裤长、裙长的各种式样的设计，其摆位都不宜设在与运动点重合的部位。图4-2和表4-8为服装的长度设计依据，设计时可依穿着习惯和流行趋势进行调整。

表4-8　男、女服装长度设计依据

序号	服　装　部　位	衣（裤、袖）长占人体总高的比例（%）
1	无袖上衣的袖窿位置（侧颈点与肩点之间）	
2	肩袖上衣的袖口位置（上臂长度的1/6）	3.4
3	短袖上衣的袖口位置（上臂长度的2/3）	13.2
4	三股袖的袖口位置（肘与腕之间）	26.5
5	长袖上衣的袖口位置（手腕处）	男34.8，女33.3
6	女士上衣的下摆位置（腰围与臀围线之间）	40
7	男士上衣、套装的摆位（臀围线以下）	42.5
8	短裤的摆位（大腿部位）	27
9	短大衣及短裙的摆位（膝盖上）	48.7
10	短连衣裙的摆位（膝盖下）	63.7
11	长连衣裙、长外套及三股裤的摆位（小腿部位）	66.2
12	一般长裤裤口的位置（踝关节处）	62.5

注：①表中序号与图4-2中序号一致。②表中数据仅作参考。

五、常见针织服装的规格

为了使设计人员在开发新产品时能较快而准确地确定服装的规格，本书附录一提供了一些常见针织服装的规格尺寸，供设计时参考。

第三节　针织服装的测量

在进行规格设计时，应该明确它的测量方法，因为产品在出厂前的检验就是根据测量方法进行的。

一、上衣类

上衣类的测量如图4-3所示，图中序号为测量部位。

① 衣长：连肩产品由肩宽中间量到底边；合肩（拷肩）产品由肩缝最高处（即领窝颈侧点）量至底边。

② 胸围：由挂肩缝与侧缝交叉处向下2cm横量一周。

③ 挂肩：上挂肩缝到袖底角处斜量。

④ 袖长：平肩产品由挂肩缝外端量到袖口边；插肩产品由后领窝中间量至袖口边。

⑤ 总肩宽：左肩袖接缝处量至右肩袖接缝处。

⑥ 袖口大：罗纹袖口从离罗纹拷缝3cm处横量；紧袖口在紧口处横量；挽边袖口在边口处横量；滚边袖口在滚边缝处横量。

⑦ 领宽：罗纹领的领宽从左右颈侧点的拷缝处横量；折边领或滚边领的领宽从左右颈侧点的边口处横量。

⑧ 前领深：从肩平线向下直量至前领窝最深处。滚领或折边领量至边口处；罗纹领量至拷缝处。

⑨ 后领深：从肩平线向下直量至后领窝最深处。滚领或折边领量至边口处；罗纹领量至拷缝处。

⑩、⑪ 折边宽：凡边口采用折边的款式，折边宽从边口量至缝迹处。

⑫ 滚边宽：凡边口采用滚边的款式，滚边宽从边口量至滚边折进处。

⑬ 门襟长：半开襟款式从领口处直量至门襟底部拷缝处。

⑭ 门襟宽：从襟边横量至拷缝处。

⑮ 袖口罗纹长（或下摆罗纹长、领罗纹高）：从罗纹拷缝处量至边口。

⑯ 肩带宽：背心类款式有肩带的平肩产品在肩平线上横量；斜肩产品沿肩斜线测量。

⑰ 胸宽：结合胸宽部位横量（常用于背心类产品）。拷缝产品胸宽量至拷缝处；折边产品胸宽量至边口处。

⑱ 胸宽部位：连肩产品胸宽部位由肩宽中间向下直量；合肩产品胸宽部位由肩缝最高处（领窝

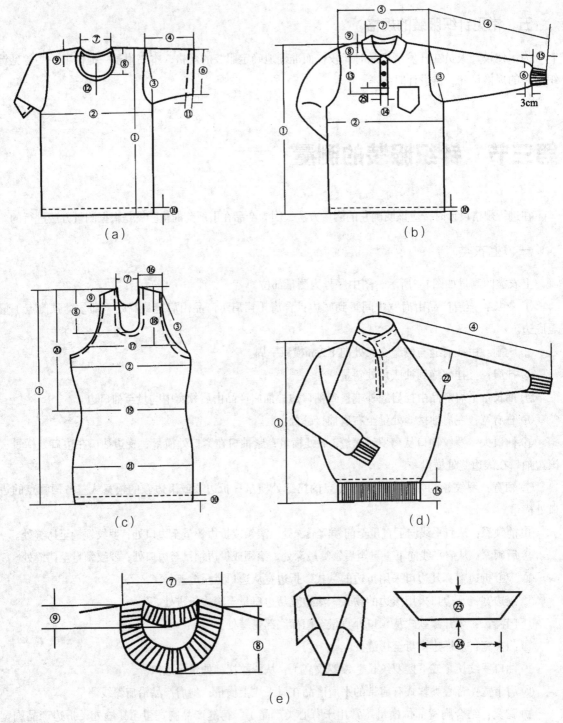

图4-3　上衣类的测量部位

颈侧点）向下直量。

⑲ 中腰宽：凡有收腰的款式在腰部凹进最深处横量。

⑳、⑯ 中腰部位：从肩宽中间或肩缝最高处向下直量至腰部凹进最深处。

㉑ 下腰宽：离底边8～10cm处横量。

㉒ 袖肥：插肩款式无挂肩，用袖肥表示袖子的宽松度，其丈量方法是由袖底角向袖中线垂直量。

㉓ 领高：翻领款式在领子正中处，从领边直量至绱领缝迹处。

㉔ 领长：翻领的领座处横量。

㉕ 封门：领门襟封门高度直量。

二、裤类

裤类的测量如图4-4所示，图中序号为测量部位。

① 裤长：针织内裤从后腰宽的1/4处向下直量到裤口边；针织外裤沿裤缝由腰边直量至裤口边；平角裤裤长分内线裤长和外线裤长，分别由腰边向下直量至内裤脚口边和外裤脚口边。

② 腰围：指非松紧腰款式，在腰边下横量一周。

③ 直裆：内裤将裤身对折，从后腰口边向下斜量到裆角处；三角裤从裤腰最高处向下直量至裆底；外裤由裤腰边向下直量至裆底。

④ 横裆：内裤将裤身对折，从裆角处水平横量至侧边；三角裤从裤身最宽处横量；外裤由裆底处横量。

⑤ 中腿宽：由裤裆线往下10cm（中童、儿童裤8cm）处横量。

⑥ 裤口：罗纹口从距拷缝5cm处横量；平脚裤从边口处平量；三角裤从裤口边处斜量；灯笼裤之类的紧裤脚口款式，从紧口处横量。

⑦ 裤口罗纹长：从罗纹拷缝处量至边口。

⑧ 腰边宽：从腰口边量至腰边缝迹处。

⑨ 前后腰差：从裤后腰中间边口直量至前腰中间边口。

⑩ 底裆：指三角裤款式，从底裆往上3cm处横量（不包括罗纹边）。从裤后腰中间边口直量至前腰中间边口。

⑪ 紧腰围：指松紧腰款式，从束腰口处横量。

⑫ 门襟长：指小开口裤款式，从开口顶端缝处量至门襟底（包括上下封门在内）。

⑬ 门襟宽：指小开口裤款式，从门襟边口量至拷缝处。

⑭ 封门：指小开口裤款式，从封门高度处直量。

⑮ 开口长：指男三角裤款式，从开口上下直量。

⑯ 袋口长：指有袋的款式，从袋口处直量。

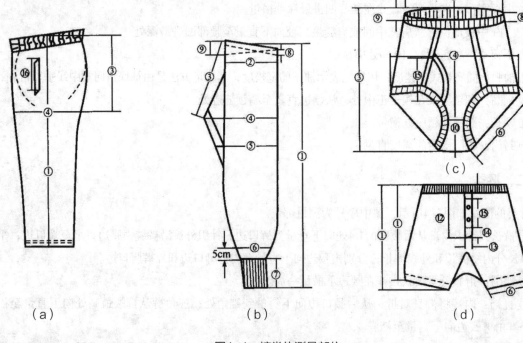

图4-4 裤类的测量部位

三、针织泳装、文胸、腹带、塑身内衣

针织泳装、文胸、腹带类的测量部位如图4-5所示。

① 衣长：由肩缝最高处量至底边。

② 胸围：由胸部最宽部位横量。文胸的胸围分下胸围和上胸围，下胸围的测量是平量文胸下口周长（可调式量最小周长），上胸围是在适合人体下胸围的模特上，文胸乳峰自然隆起时，量文胸最大周长（预定型或有衬垫的产品）；塑身内衣的胸围沿罩杯下沿平量一周（可调式量最小周长）。

③ 臀围：由臀部最宽部位横量一周。

④ 腰围：由腰口部位或腰部最窄处横量一周。

⑤ 裤长：由腰口边直量至裆底。

⑥ 裤口：沿裤口边测量。

⑦ 裆宽：由下裆最窄处横量。

⑧ 肩带长：量肩带总长（可调式量最大长度）。

上面介绍的是一般针织服装规格尺寸的测量。针织服装的种类很多，不同服装其测量部位和方法是不一样的，在针织服装的测量中一定要注意服装款式、服装类别、边口形式不同测量方法的差异，如图4-6、图4-7所示，掌握正确的针织服装测量方法。

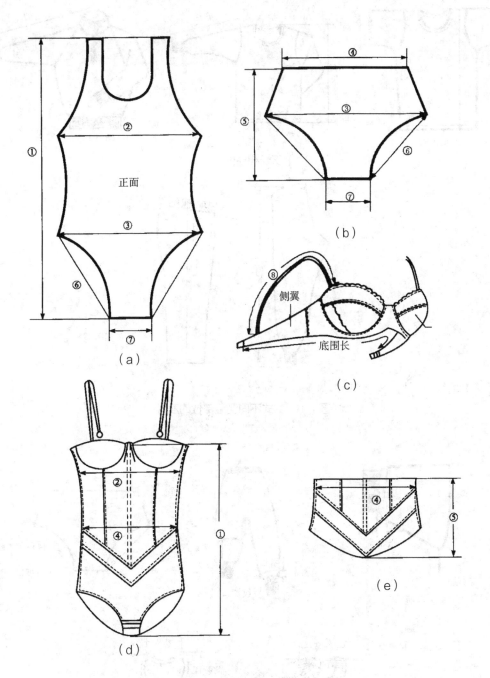

图4-5 针织泳装、文胸、腹带、塑身内衣的测量部位

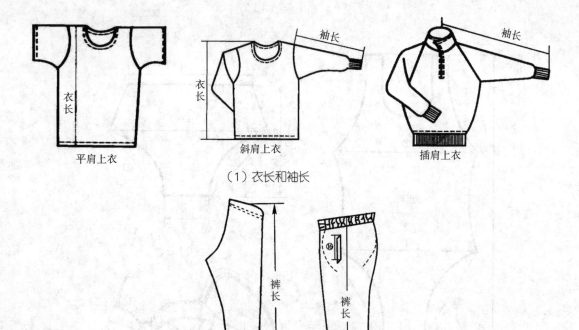

（1）衣长和袖长

（2）裤长

图4-6　款式不同测量部位的差异

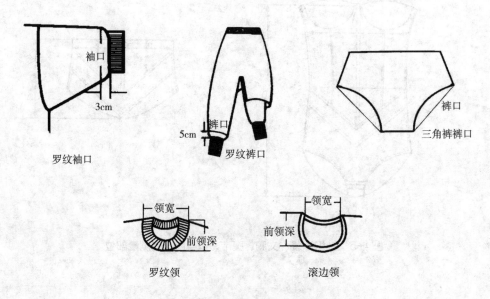

图4-7　边口不同测量部位的差异

[第五章]

针织服装结构设计

第一节　服装制图基本知识

服装制图是表达设计意图，沟通服装设计、生产和管理各部门的技术语言，因此，其制图规则和符号都有严格的规定，以保证制图格式的统一和规范。

一、制图规则

服装制图除应遵照一般制图规则外，还应注意：

1. 制图中的所有尺寸应以厘米为单位。

2. 零部件的制图位置应在服装结构图的左边，服装款式图和图纸标题栏在图纸的右下角。衣长、袖长、裤长、裙长等的取向应与图纸的长度或宽度方向一致，且前后衣片、前后裤片在高度方向应对齐。

3. 同一图纸上应采用相同的绘图比例，常用的比例有：1:2、1:4、1:5、1:10等。

二、服装制图中的线条、符号及部位代号

1. 服装制图的线条、符号及其含义

服装制图的线条、符号及其含义见表5-1。

表5-1　服装制图的线条、符号及其含义

序号	符号名称	图线形式	图线用途
1	粗实线	——	轮廓线，线宽0.9mm
2	细实线	——	基础线、尺寸线，线宽0.3mm
3	虚线	………	缝纫明线，线宽0.3mm；背面轮廓影视线，线宽0.9mm
4	点画线		对折线，线宽0.9mm
5	等分线		等分某线段
6	省道线	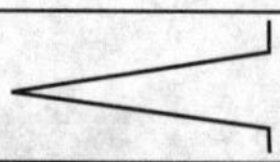	表示裁片需缝去的部位
7	裥位线	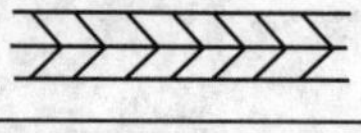	裁片需折叠进去的部位，斜线表示折叠方向
8	细褶线		裁片某部位需用缝线抽缩的标记
9	刀口线		对刀标记

（续表）

序号	符号名称	图线形式	图 线 用 途
10	连接符	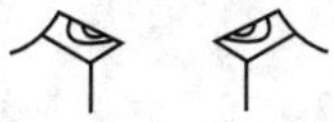	两裁片对应相连
11	眼 位		扣眼位置的标记
12	拉 链		拉链位置的标记
13	归缩号		裁片某部位熨烫归拢的标记
14	重叠号		表示相关裁片交叉重叠
15	经向线		服装材料布纹经向标记
16	倒顺号		服装材料毛绒顺向标记
17	拉伸号		裁片某部位熨烫拉伸的标记
18	等量号	 □ △ ○	用相同符号表示等长的两线段
19	斜料号		符号对应处表示采用斜丝

2. 服装制图的部位代号

在服装结构制图中，为了书写方便，通常用部位代号表示文字的含义。这些代号大部分都是以相应的英文名词首位字母表示的，如表5-2所示。

表5-2 服装制图的部位代号

部位名称	英 文 名	代号	部位名称	英 文 名	代号
胸 围	Bust Girth	B	领围线	Neck Line	NL
腰 围	Waist Girth	W	肘 线	Elbow Line	EL
臀 围	Hip Girth	H	胸 点	Bust Point	BP
领 围	Neck Girth	N	肩颈点	Side Neck Point	SNP
胸围线	Bust Line	BL	肩端点	Shoulder Point	SP
腰围线	Waist Line	WL	袖 窿	Arm Hole	AH
臀围线	Hip Line	HL	长 度	Line	L

三、服装结构制图中衣片的部位名称

服装结构制图中衣片的部位名称分别见图5-1~图5-3。

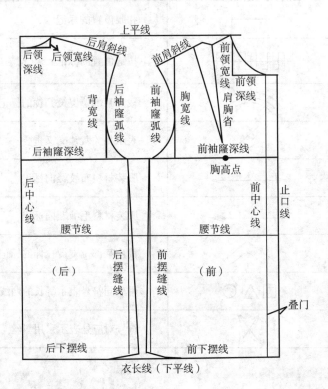

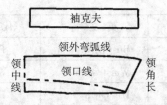

图5-1　上装结构制图中的部位名称

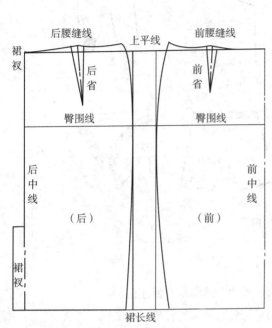

图5-2　裙子结构制图中的部位名称

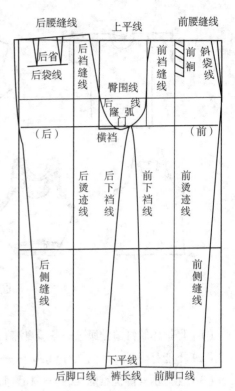

图5-3　裤子结构制图中的部位名称

第二节　针织内衣结构设计

一、针织内衣的分类

内衣是指穿着于外衣里面与肌肤比较接近的衣服。现代内衣，从使用目的上可分为三种：实用内衣、装饰内衣和基础内衣。

1. 实用内衣

实用内衣又叫普通内衣、贴身内衣，是指直接接触皮肤，以卫生保健为目的的内衣，主要有汗衫、背心、内裤等，如图5-4所示。它以保暖吸汗、保护人体为主要功能。根据季节的不同可有厚、中、薄之分，为使设计合理，在原料选择和款式设计方面有如下要求：

图5-4　实用内衣

（1）保护体肤舒适健康——冬暖夏凉、透气性、吸汗性好；

（2）不能有碍于人体的发育和活动——松紧适当、柔软舒适而富有弹性；

（3）能显示安静优雅的美感——朴素而雅静、切忌臃肿，使人有轻松安祥之感。

为此，实用内衣常由中、低特纯棉纱织制，也有高档内衣采用真丝、羊毛、天丝、莱卡、莫代尔、竹纤维等原料，组织以纬平针、罗纹、双罗纹为主，款式以H型、紧身造型为多，简洁大方，一般无领，色泽淡雅。

2. 基础内衣

基础内衣又叫补整内衣，起源于20世纪30年代初期。它一般紧裹人体，有协调皮肤运动和弥补体型缺陷、增强身体曲线美的作用，服务对象主要为女性，品种有文胸、束裤、束腰、裙撑、各种垫子等，如图5-5所示。

图5-5　基础内衣

基础内衣通常采用轻柔而富有弹性的针织面料，尤其是弹力网眼经编布，它富有弹性且透气性好，利用材料和裁剪使身体达到抬高、支撑和束紧功能，起到矫正体型的作用。基础内衣的颜色以浅色和深色为主，白色、肉色、黑色较多。

3. 装饰内衣

装饰内衣可以贴身或穿在基础内衣外面，它起源于中世纪的衬裙，在轻松舒适的基础上以美化和装饰形体为目的。

装饰内衣有白天穿着和夜晚穿着之分，主要有衬裙、睡衣、浴衣等，如图5-6所示。白天用装饰内衣称为"家用型装饰内衣"，一般款式上比较宽大而长，主要是在家里休息或娱乐时穿用。夜晚用装饰内衣只能在居室内使用，一般轻薄而透，款式上裸露较多。

图5-6　装饰内衣

装饰内衣的装饰性较强，常选用锦纶、醋酯丝、铜铵丝为原料的经编或纬编面料，也有用棉、真丝面料的。色泽艳丽，轻薄，光滑，面料悬垂性好，并配有花边、刺绣等加强装饰功能，款式采用宽松的H型或A型，以利穿脱。

二、针织内衣样板设计原则

1. 舒适性

舒适性是内衣设计的第一要素，不仅要选择柔软、舒适的针织面料，而且就样板结构设计而言，也要以舒适为目的。如内裤的裆结构，尽管在外观上它影响了服装的造型，但它穿着宽松、舒适，因此被广泛采用。

2. 合体性

内衣在强调舒适的同时，也要注意它对外衣穿着效果的影响。服装的合体性取决于放松度和结构处理。面料的弹性对放松度具有绝对的主导地位，如果面料弹性小，为了不影响人体的运动要求，放松度应较大，服装宽松；但如果面料弹性大，放松度可以减小，服装结构趋于合体。

现代内衣更强调服装的贴体性。近年来弹性面料的采用以及圆机成型内衣的兴起，从原料和组织结构方面使服装获得符合人体的效果，内衣的造型逐渐从宽松型向紧身、合体型转变。

3. 卫生性

服装的卫生性，一方面指污染，另一方面指外界因素对人体造成的伤害。如服装裤样板的裆结构既是为了穿着舒适，也是为了利用局部加固，使用双层材料的方式防止人体体液分泌形成的内部污染对外衣的影响。同时，内衣的紧罗纹边口形式，也是为了挡住外部环境，如尘土、风寒对人体的伤害。

4. 节约性

针织内衣的生产都是以低成本为原则的，为了减少裁剪损耗，节约原料，服装的规格与坯布的门幅形成了——对应的关系，服装的大身、袖片、领片采用分开排料。裤裆的结构也是为了充分利用面料而设计的。

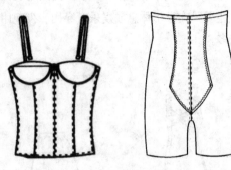

图5-7　美体与功能性内衣

5. 美体性与功能性

现代内衣不仅要具有一般内衣的功能，还应该具有调整人体体型和保健等功能，这使得内衣的设计要从材料和结构方面综合考虑，如在不同部位，根据需要采用不同性能的面料；在局部增加样片的层数来满足其力学性能等。由此带来样片结构、形状的改变，使服装出现结构功能分割线，如图5-7所示。

三、针织内衣样板设计方法与步骤

1. 规格演算法

针织内衣的设计一般采用规格演算法，即根据服装款式，以规格尺寸、衣片形状、丈量方法为主要依据，结合其他影响因素进行设计。这种方法能确保成品各部位的规格尺寸，操作简单，特别适合工厂使用，而且也适合各种针织面料。

针织内衣的样板设计采用这种方法主要是因为：

（1）内衣主要以卫生保健、舒适为目的，所以其样板形式与外衣有所不同，样板比较简单，样板的设计主要由服装结构中的基本线构成，大多是直线、斜线和简单的曲线，衣片数量少，一般不存在结构功能的分割线，便于用规格尺寸进行控制；

（2）内衣不像外衣那样要求严格，稍有一点变化可以由面料的弹性来弥补；

（3）内衣的面料一般柔软、易变形，需要用明确的规格尺寸来限定服装主要部位的规格。

2. 针织内衣样板设计步骤

针织内衣样板设计步骤为：服装款式设计（画出服装款式效果图）→ 规格设计（列出系列产品规格尺寸表，并在款式示意图上标明丈量方法）→ 确定缝制工艺（根据布料性质、缝制方法、缝纫设备等定缝制工艺损耗）→ 分解样板（画出样板草图）→ 确定工艺回缩（定坯布工艺回缩率）→ 计算样板尺寸 → 制作样板（毛板）→ 小批量试制 → 修改样板（定出最终样板）→ 缩放样板（制出整套样板）。

四、针织内衣样板规格计算

（一）样板计算应考虑的因素

1. 成品规格

成品规格是样板尺寸计算的主要依据，在服装规格设计时已经确定。

2. 服装款式及测量方法

服装款式及测量方法不同，样板尺寸的计算方法也不同。如罗纹下摆和挽边下摆产品样板衣长的计算是不同的，前者应该在成品衣长规格的基础上减去罗纹长度，后者则应在成品衣长规格的基础上加挽边宽度。插肩和斜肩、平肩产品的袖长测量方法不同，插肩袖袖长的测量是从后领窝中点开始的，所以其样板袖长应该在成品规格的基础上减去1/2领窝宽，而斜肩、平肩产品则不用。

3. 缝制工艺损耗

缝制工艺损耗是在缝制时产生的，简称缝耗，包括做缝和切条两部分。一般衣片在缝合时，为保证缝迹的牢度，线迹应该离开布边一定距离以防脱散，同时线迹本身也具有一定的宽度，这就是做缝。还有些线迹缝制时为了保证布边整齐，需要切边，这个切掉的部分就是切条。做缝和切条的大小与线迹种类、缝制工艺等有关，在计算样板时，要根据具体情况取值，表5-3为缝制工艺损耗的一般规定，供设计时参考。

表5-3　缝制工艺损耗的一般规定　　　　　　　　　　单位：cm

部 位 名 称	损 耗	部 位 名 称	损 耗
包缝缝边（单层）	0.75	平缝机折边（如背心三圈）	1.25~1.5
包缝底边	0.5~0.75	平缝机折边（绒布、袋等）	1
包缝合缝（双层）	0.75~1	平缝机领脚折边	0.75~1
包缝合缝（转弯部位）	1.5	松紧带折边（宽1.5cm，折边1cm）	2.5
双针、三针挽边	0.5	滚边（滚实）	扣减0.25
双针、三针合缝（拼缝）	0.5	厚绒布折边时因厚度造成损耗	0.125~0.25
平缝机折边（汗布、棉毛布、袋、襟等）	0.75~1		

4. 缝制工艺回缩

针织面料因为拉伸变形的特点，衣片在裁剪、缝制加工过程中，由于所受外力和内应力逐渐消失，衣片在长度和宽度方向会产生一定的回缩，这种回缩称缝制工艺回缩，也称坯布的自然回缩。回缩量的大小用回缩率来描述，计算公式如下：

$$坯布缝制回缩率 = \frac{缝制后的自然回缩量}{裁片长度 - 缝纫损耗} \times 100\%$$

坏布的缝制工艺回缩率与所用坏布的原料、组织、织物密度、染整工艺等有关，不同织物，甚至不同方向（纵向、横向）织物的工艺回缩率也不相同，在设计时要根据实际情况取值。对于常规产品，工厂经常是凭经验，在衣片横向（胸宽）取回缩量1cm,衣片纵向（衣长）取1.5~2cm，回缩量根据衣片尺寸而不同，衣片尺寸大，回缩量大。也可根据表5-4参考选用。对于新产品，在产品性能不是非常了解的情况下，则应该通过试制样衣，经实际测量获得。工厂有时也采用简易测量方法，即：在试制的坏布上剪下5块相当于衣片长和宽的试样，测量其长度，经缝制、熨烫、晾干，再测量其长度，然后用工艺回缩率公式计算。

表5-4　常用针织坏布的缝制工艺回缩率　　　　　　　　　　　　单位：%

坏布类别	回缩率	坏布类别	回缩率
精漂汗布	2.2~2.5	纬编提花布（包括吊机织物）	2.5左右
双纱布、汗布（包括多三角机织物）	2.5~3	绒布	2.3~2.6
深浅色棉毛布	2.5左右	经编布（一般织物）	2.2左右
本色棉毛布	6左右	经编布（网眼织物）	2.5左右
弹力布（罗纹）	3左右	印花布（在原基础上另加）	2~4

5. 针织物的延伸性

针织物都具有较大的弹性和延伸性，在缝制过程中，由于受缝纫机压脚、送布牙及人工辅助送布的综合作用，织物被拉长，使规格尺寸大于成品规格尺寸。织物被拉长的量与缝制部位以及缝制部位的长度有关，缝制部位的长度越长，被拉长的量也越大。一般衣服的挂肩部位都是斜丝，针织物斜向的拉伸性较大，在缝制过程中会产生一定的拉伸变形，所以以样板设计时应相应减小一些。

罗纹织物的横向也具有较大的弹性和延伸性，在缝制服装的领口、袖口、裤口以及下摆罗纹时，织物横向会受到拉伸扩张，使罗纹边口的横向尺寸变大，纵向尺寸变小。所以为了弥补横向扩张的影响，在进行罗纹边口的样板尺寸计算时，应在织物纵向适当增加一定数值进行修正，修正值一般为0.75~1.25cm；在织物横向适当减小一定数值，修正值约6~10cm（按罗纹的弹性选取，以罗纹拉伸率的15%左右计算）。

（二）样板规格计算方法

如果不考虑坏布的回缩，理论上样板规格计算的通用公式为：

理论样板规格=成品规格±款式及测量因素±缝耗

但实际上，由于坏布具有工艺回缩性，衣片缝制后会产生一定的回缩，所以为了确保成品规格的准确，实际样板规格应为：

实际样板规格=理论样板规格+回缩量

依据工艺回缩率的定义，得：

实际样板规格=理论样板规格÷（1-回缩率）

= （成品规格 ± 款式及测量因素 ± 缝耗）÷（1-回缩率）

式中 ± 号的选择，取决于因素对规格的影响，凡是会使规格尺寸变大的因素，就要在样板规格计算时减去；凡是会使规格尺寸变小的因素，就要在样板规格计算时加上。如当衣身下摆为罗纹时，下摆罗纹会使衣长变长，所以衣长样板规格计算时应减去下摆罗纹的长度；当下摆为挽边时，挽边会使衣长变短，所以衣长样板规格计算时应加上挽边的宽度。合肩缝耗会使衣长变短，衣长样板计算要加上；绱罗纹领缝耗会使领深、领宽尺寸变大，领深、领宽的样板计算要减去。

式中的缝耗为影响某部位规格的缝耗总和，缝耗值可根据缝制部位、缝制工艺（参考表5-3）选取。工艺回缩率可依据面料的性质（参考表5-4）选择，也可根据实际测量获得。成品规格根据国家标准、地方标准或客供标准等确定。

1. 衣长、袖长样板规格的计算

影响衣长、袖长样板规格的缝耗有两个，一个是合肩或绱袖缝耗；另一个是下摆或袖口处的缝耗。它们都使衣长或袖长的尺寸减小，因此样板计算时要加上。同时，衣长或袖长的样板计算还必须考虑服装款式的影响。针织内衣常见的边口形式有罗纹、滚边、折边，边口形式不同，衣长、袖长的样板计算方法也不同。

（1）边口为罗纹

由于罗纹边口会使衣长、袖长尺寸变长，所以样板计算时应减去罗纹边口的长度，其衣长、袖长样板的计算为：

衣（袖）长=〔成品规格 – 罗纹边口长度 + 合肩（绱袖）缝耗 + 绱罗纹边口缝耗〕÷（1-回缩率）

如，已知170/95圆领短袖斜肩男衫的衣长成品规格为65cm，下摆罗纹长10cm，合肩、绱下摆罗纹采用三线包缝机，查表5-3知缝耗为0.75cm，精漂汗布的工艺回缩由表5-4知为2.2%，因此，衣长的样板规格为：

衣长=（65cm – 10cm + 0.75cm + 0.75cm）÷（1-2.2%）=57.77cm

（2）边口为折边（挽边）

边口为折边的产品，由于折边会使衣长、袖长尺寸变短，所以样板计算时应加上折边的宽度，其衣长、袖长样板的计算为：

衣（袖）长=〔成品规格 + 折边宽度 + 合肩（绱袖）缝耗 + 折边缝耗〕÷（1 – 回缩率）

一般服装折边宽为2.5cm，采用双针机折边，缝耗为0.5cm，若折边下摆170/95圆领短袖斜肩男衫的成品衣长为68cm，则衣长的样板规格为：

衣长=（68cm + 2.5cm + 0.75cm + 0.5cm）÷（1 – 2.2%）=73.36cm

（3）边口为滚边

滚边分实滚和虚滚。

① 实滚：实滚时，滚边布紧贴裁片边缘，整个滚边布与裁片边缘几乎完全重合，两者之间没有间隙，如图5-8（1）所示。所以，一般实滚时裁片不产生缝耗，只有在滚边布较厚时，才需要减去滚边布的厚度。

②虚滚：虚滚时，滚边布不紧贴裁片边缘，裁片边缘与滚边布两者之间有较大间隙，该间隙称为虚滚部分，如图5-8（2）中的B部分。图5-8（2）中的A部分为裁片边缘与滚边布的缝合部分，两者重合，称为实滚部分。虚滚时的滚边规格为缝合后滚边布的宽度，一般2.5cm，实滚部分占1cm左右，虚滚使规格尺寸增加2.5 – 1=1.5cm，所以样板计算时要减去。

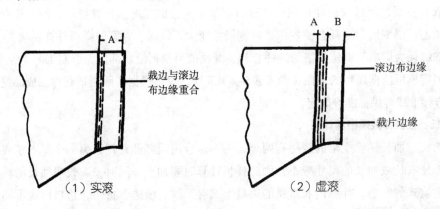

（1）实滚　　　　　　　　　　　（2）虚滚

图5-8　滚边示意图

实滚时衣长、袖长样板的计算为：

衣（袖）长=〔成品规格 + 合肩（绱袖）缝耗 – 滚边布厚度〕÷（1 – 回缩率）

虚滚时衣长、袖长样板的计算为：

衣（袖）长=〔成品规格 + 合肩（绱袖）缝耗 – 滚边成品规格 + 实滚缝耗〕÷（1 – 回缩率）

例，滚边下摆170/95圆领短袖斜肩男衫的成品衣长为68cm，滚边宽为2.5cm，则衣长的样板规格为：

（实滚）衣长=（68cm + 0.75cm）÷（1 – 2.2%）=70.30cm

（虚滚）衣长=（68cm + 0.75cm – 2.5cm + 1cm）÷（1 – 2.2%）=68.76cm

2. 挂肩样板规格的计算

（1）装袖大身挂肩规格

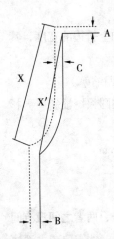

装袖服装影响衣身样板挂肩尺寸的缝耗有三个，如图5-9所示，合肩缝耗A、合腰缝耗B、绱袖缝耗C。图中X为成衣挂肩，X′为样板挂肩，由图可知，合腰缝耗使衣身挂肩尺寸减小，绱袖缝耗使衣身挂肩尺寸增加，综合考虑这两个缝耗，由经验得出约为0.5~0.75cm。一般短袖薄型易拉伸的面料取0.5cm；厚型面料长袖衫取0.75cm。由于挂肩处是斜丝，有适量伸长，但挂肩倾斜程度不大，所以斜丝的拉伸扩张也不会很大，拉伸扩张与工艺回缩基本抵消，因此，装袖服装衣身样板挂肩尺寸的计算公式为：

大身挂肩尺寸=成品规格 + 合肩缝耗 + 综合缝耗（0.5~0.75cm）

图5-9　缝耗对大身挂肩尺寸的影响

（2）背心类大身挂肩规格

背心类服装的挂肩有折边、滚边、罗纹边等式样，计算时应注意式样的区别与缝耗的差异。背心类服装的挂肩尺寸比较大，拉伸扩张量也比较大，因此可以不考虑工艺回缩，但要考虑拉伸扩张的影响，拉伸扩张量一般为0.5cm。背心类大身挂肩尺寸的计算公式为：

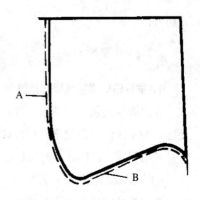

图5-10　缝耗对袖挂肩尺寸的影响

$$背心大身挂肩尺寸=成品规格 ± 式样要求 ± 缝耗 – 拉伸扩（0.5cm）$$

（3）袖挂肩样板规格（装袖）

影响袖挂肩样板尺寸的缝耗有两个，如图5-10所示，绱袖缝耗A和合袖缝耗B。以绱袖缝耗为主，另外，因挂肩处尺寸小，回缩量习惯取某一数值，根据经验，回缩量与合袖缝耗的影响结合考虑为0.5~0.75cm，一般产品取0.5cm，回缩率大的坯布取0.75cm。袖挂肩样板尺寸的计算公式为：

$$袖挂肩尺寸=成品规格 + 绱袖缝耗 + 回缩（0.5~0.75cm）$$

例：170/95圆领短袖合肩男衫的成品挂肩尺寸为24cm，合肩、绱袖用包缝机，缝耗为0.75cm，则大身和袖样板挂肩尺寸分别为：

$$大身挂肩尺寸=24 + 0.75 + 0.5=25.25cm$$
$$袖挂肩尺寸=24 + 0.75 + 0.5=25.25cm$$

3. 胸宽样板规格的计算

影响胸宽样板规格的因素有合腰缝耗和工艺回缩，所以胸宽样板规格的计算公式为：

$$胸宽=（成品规格 + 合腰缝耗）÷（1 – 回缩率）$$

由于胸宽尺寸是决定面料幅宽的主要依据，面料幅宽的选择正确与否，直接影响坯布的裁成率，进而影响产品的成本，所以胸宽尺寸应该根据定型后净坯布的幅宽选取确定。

针织内衣面料的幅宽一般以2.5cm为档差变化，为了节约原料，也为了方便生产，针织内衣样板设计时，幅宽的选用也常以2.5cm为档差变化。

（1）合腰产品

合腰产品有左右两个缝耗，合腰一般用包缝机，缝耗为0.75cm × 2=1.5cm。横向的回缩一般不像直向那样以回缩率来计算，而是按经验取值，胸宽部位的回缩大约为1cm。这样，两者合计为2.5cm，正好等于净坯布幅宽的档差。所以合腰产品胸宽样板尺寸的计算公式为：

$$胸宽=成品规格 + 缝耗与回缩（2.5cm）$$

（2）圆筒形产品

圆筒形产品是以圆筒形净坯布作胸围，不合腰缝，因此不存在缝耗。圆筒形产品计算样板时也不考虑回缩，回缩量可以在轧光时将门幅稍轧大些来解决。因此圆筒形产品的胸宽样板尺寸等于成品胸宽规格，即：

$$胸宽=成品规格$$

如，170/95圆领短袖男衫的成品胸宽为95cm ÷ 2=47.5cm，则合腰产品和圆筒产品的样板胸宽尺寸分别为：

$$合腰产品胸宽=47.5cm + 2.5cm=50cm$$
$$圆筒产品胸宽=47.5cm$$

4. 罗纹边口样板规格的计算

针织服装的领口、袖口、裤口、下摆常采用罗纹。罗纹组织弹性好，受拉伸后易横向扩张，纵向变短，为了保证产品规格，样板计算时要考虑横向扩张的影响。同时要注意，罗纹用在边口处，大多数是采用双层，长度计算时要加倍。

（1）罗纹长度的样板计算

罗纹长度的样板计算公式为：

$$罗纹样板长度=（成品规格 + 缊罗纹缝耗 + 缝制横向拉伸值）× 罗纹层数$$

缝制时的横向拉伸值一般为0.75~1.25cm，领口、袖口、裤口选小值，下摆选大值。缊罗纹采用包缝机，缝耗为0.75cm。领口、袖口、裤口、下摆罗纹长度的样板计算为：

$$领口、袖口、裤口罗纹长度=（成品规格+缝耗 + 0.75cm）× 罗纹层数（2）$$
$$下摆罗纹长度=（成品规格 + 缝耗 +1cm）× 罗纹层数（2）$$

（2）罗纹宽度的样板计算

罗纹宽度取决于罗纹口成衣尺寸及罗纹的弹性。根据经验，罗纹的样板宽度是其相应罗纹口成衣尺寸的2/3~4/5。

编织边口的罗纹机有两种，一种是大筒径罗纹机；另一种是筒径与边口部位规格相对应的小筒径罗纹机。前者依据罗纹边口尺寸裁剪，后者直接用筒状罗纹布做服装边口。小筒径罗纹机通常以罗纹机针筒的针数来表示幅宽的大小。编织边口的罗纹机依据针筒直径的大小分为大罗纹机、中罗纹机、小罗纹机。大罗纹机针筒针数在780~1280针之间，一般用于下摆罗纹的编织；中罗纹机针筒针数在200~580针之间，用于领口罗纹的编织；小罗纹机针筒针数在140~360针之间，用于袖口、裤口罗纹的编织。在进行边口罗纹的设计时，可以根据产品规格、面料组织、纱线线密度来选择罗纹机的针数。附录四为几种常用罗纹机的针筒针数，供设计时参考。

例：已知18tex精漂汗布165/90圆领短袖男衫的下摆罗纹长10cm，三线包缝缊罗纹，缝耗为0.75cm，则下摆罗纹样板尺寸计算为：

$$下摆罗纹长=（10cm + 0.75cm + 1cm）× 2=23.5cm$$

根据产品胸围90cm，由附录四查得下摆罗纹的编织针数为1050 ~ 1120针，取1050针。

五、针织内衣样板设计

针织内衣的样板设计一般按大身样板、袖样板、领样板、裤身样板、裆样板和背心样板等形式进行，下面分别介绍它们的设计与制图方法，在样板制图前必须先确定产品的款式、成品规格、缝制工艺和坯布类别等。

（一）大身样板的设计

1. 斜肩合腰产品大身样板的设计

（1）款式结构特点

斜肩产品的肩部呈倾斜状，前后片在肩部是分开的，需要缝合，下摆可以是罗纹、折边、滚边形式，该款产品两侧合腰，其款式示意图如图5-11所示。由于肩部的倾斜是从颈侧点开始的，所以大身样板与领的大小（领宽）有关，而领部的形状由负样板（领样板）决定。又因为衣身左右对称，所以大身样板只需取其1/2即可，如图5-12所示。

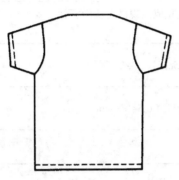

图5-11 斜肩产品款式示意图

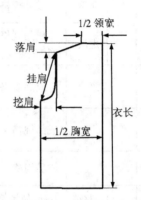

图5-12 斜肩产品大身样板草图

（2）样板尺寸计算

由大身样板图可知，样板制作需要衣长、1/2胸宽、挂肩、挖肩、肩斜、1/2领宽样板尺寸，计算方法如表5-5所示。

① 样板衣长、胸宽、挂肩的计算方法参见前面介绍的方法。

② 样板挖肩：挖肩是大身挂肩与衣袖连接处，为了适应人体而挖去的部分，其值为衣身凹进最深处与腰缝间的距离，如图5-13中的A部分。挖肩的大小和形状由款式决定，一般有两种形式，图5-13（1）是内衣常见形式，它的大小为胸宽与肩宽的差值，其样板尺寸受缎袖缝耗与合腰缝耗的影响，前者使挖肩尺寸增加，后者使挖肩尺寸减小，合腰与缎袖都采用包缝机，缝耗基本相等，所以综合考虑，其样板尺寸等于成品尺寸。图5-13（3）中虚线为样板形状，实线为成衣形状，A′是样板挖肩，A′=A，所以合腰产品样板挖肩为：

挖肩=成品规格

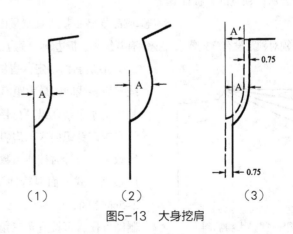

（1）　　　　　（2）　　　　　（3）

图5-13 大身挖肩

表5-5　斜肩合腰产品大身样板计算方法　　　　　　　　　　单位：cm

序号	部位	款式特征		计　算　方　法	备　注
1	衣长	下摆	罗纹	（成品规格 – 下摆罗纹长度 + 合肩缝耗 + 绱罗纹缝耗）÷（1 – 回缩率%）	
			折边	（成品规格 + 折边宽度 + 合肩缝耗 + 折边缝耗）÷（1 – 回缩率%）	
			实滚	（成品规格 + 合肩缝耗 – 滚边布厚度）÷（1 – 回缩率%）	
			虚滚	（成品规格 + 合肩缝耗 – 滚边宽成品规格 + 实滚缝耗）÷（1 – 回缩率%）	
2	1/2胸宽	合腰		［成品规格 + 缝耗与回缩（2.5cm）］÷2	
3	挂肩			成品规格 + 合肩缝耗 + 综合缝耗（0.5~0.75cm）	不考虑回缩
4	挖肩			成品规格	
5	1/2领宽	领口	罗纹	1/2成品规格 – 绱罗纹缝耗	不考虑回缩
			折边	1/2成品规格 – 折边宽 – 折边缝耗	
			滚边	1/2成品规格 + 滚边缝耗	
6	肩斜			2~5cm（以3~4cm居多）	肩斜角11°~16°

　　③ 1/2样板领宽：不管是添领还是挖领，都是在大身样板上挖出领窝的形状，因此无论哪类领型，一般都要设计出领窝的负样板。对于斜肩产品的大身样板来说，只需要领宽尺寸。领口一般不考虑回缩。所以领宽的样板计算为：

领宽=成品规格 ± 款式及测量因素 ± 领口处缝耗

添领对领宽没有款式要求。挖领有罗纹领、折边领、滚边领，边口形式不同，对领宽的影响也不同。

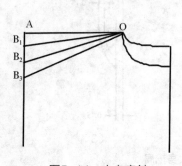

图5-14　大身肩斜

　　④ 肩斜的确定：肩斜的表示方法有两种，一种是以大身上水平线与肩斜线间的最大距离来表示，如图5-14中的AB₁ ~ AB₃；另一种是以上水平线OA与肩斜线OB之间夹角的度数来表示。国家标准中没有规定针织内衣的肩斜值，如果成品规格中给出了肩斜数值（或度数），设计时按所给数据作图；如果规格中没有给出，设计时就应根据款式、面料特性及经验来确定。针织产品的肩斜值一般在2~5cm之间，以3~4cm居多，此时相应的肩斜角度约为11°~16°。为制图方便，可按直角三角形两直角边比值15∶3~15∶4的坡度作图，

此时的肩斜角约为11.3°~14.9°。

（3）样板制图

图5-12的样板草图已表明，大身样板不考虑领子，裁剪时利用负样板（领样板）在大身衣片上挖出领窝即可，制图方法如图5-15所示，步骤如下。

① 分别以样板衣长、1/2胸宽为边长画一矩形OACD，其中OA=1/2胸宽，OD=衣长。

② 在线段OA上取AD=大身挖肩，OH=1/2领宽，并过D点作OA的垂线DI。

③ 在线段DI上量取DN=肩斜值（或用角度作图），连接HN。

④ 以N点为圆心、大身挂肩样板尺寸为半径作弧与线段AC交于E点。

⑤ 过E点作线段EI∥OA，I为两线交点。在线段DI上取IF=2/5NI，作弧线EF，并在F点与DI相切。

⑥ 连接OHNFECBO各点，则为所求斜肩产品大身样板。

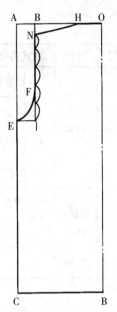

图5-15　斜肩产品大身样板制图

2. 连肩合腰产品大身样板的设计

（1）款式结构特点

该款产品的特点是肩部呈水平状，如图5-16所示，衣身的前后片在肩部连在一起，没有肩缝，两边合腰，下摆也可以是罗纹、折边、滚边。因为采用负样板（领样板），所以大身样板的设计与领的大小和形状无关，1/2大身样板草图如图5-17所示。

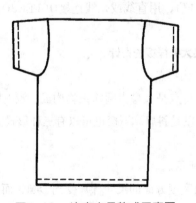

图5-16　连肩产品款式示意图

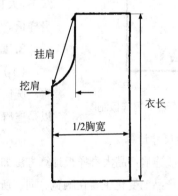

图5-17　连肩产品大身样板草图

（2）样板尺寸计算

由样板草图5-17可知，连肩产品的大身样板比斜肩产品要简单，样板计算只需计算出样板的衣长、1/2胸宽、挂肩、挖肩尺寸，计算方法如表5-6所示。

表5-6 连肩合腰产品大身样板计算方法 单位: cm

序号	部位	款式特征		计 算 方 法	备 注
1	衣长	下摆	罗纹	（成品规格 - 下摆罗纹长度+缝罗纹缝耗）÷（1 - 回缩率%）	没有合肩缝耗
			折边	（成品规格+折边宽度+折边缝耗）÷（1 - 回缩率%）	
			实滚	（成品规格 - 滚边布厚度）÷（1 - 回缩率%）	
			虚滚	（成品规格 - 滚边宽成品规格+实滚缝耗）÷（1 - 回缩率%）	
2	1/2 胸宽	合腰		［成品规格+缝耗与回缩（2.5cm）］÷2	
3	挂肩			成品规格+综合缝耗（0.5~0.75cm）	不考虑回缩
4	挖肩			成品规格	

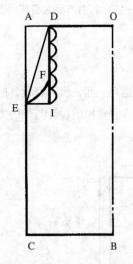

图5-18 连肩产品大身样板制图

连肩产品与斜肩产品的区别在肩部，前者没有合肩缝耗，后者有合肩缝耗，其他都相同，所以连肩产品的样板计算只要将斜肩产品样板计算中的合肩缝耗设为0即可。

（3）样板制图

连肩产品的样板制图方法也基本同斜肩产品，只是肩部为水平状，没有肩斜，制图方法如图5-18所示，制图关键尺寸为：OA=1/2样板胸宽，OB=样板衣长，AD=大身样板挖肩，DE（斜直线）=大身样板挂肩，用直线或弧线连接ODFECBO即为所求的大身样板。

3. 圆筒产品大身样板的设计

（1）款式结构特点

圆筒产品的特点是大身由圆筒织物构成，没有腰缝。肩部可以是连肩，也可以是斜肩。下摆也可以有三种形式。

（2）样板尺寸计算

圆筒斜肩或连肩产品大身样板计算方法如表5-7所示。

由于圆筒产品的变化主要在胸宽方向，所以样板宽度方向的尺寸计算受到影响，而长度方向的计算没有影响。样板计算时必须注意合腰缝耗为0的特征。

①圆筒产品样板胸宽一般不考虑回缩，回缩量在轧光时解决。

②样板挖肩：因为合腰缝耗等于零，影响此处样板尺寸的缝耗只有缝袖缝耗。缝袖缝耗使挖肩增加，所以样板计算应该减去。

表5-7 圆筒产品（斜肩或连肩）大身样板计算方法　　　　　　　　　　单位：cm

序号	部位	款式特征		计算方法	备　注
1	衣长	下摆	罗纹	［成品规格－下摆罗纹长度＋（合肩缝耗）+绱罗纹缝耗］÷（1－回缩率%）	连肩产品没有合肩缝耗
			折边	［成品规格＋折边宽度＋（合肩缝耗）＋折边缝耗］÷（1－回缩率%）	
			实滚	［成品规格＋（合肩缝耗）－滚边布厚度］÷（1－回缩率%）	
			虚滚	［成品规格＋（合肩缝耗）－滚边宽成品规格+实滚缝耗］÷（1－回缩率%）	
2	1/2 胸宽	圆筒		成品规格÷2	无缝耗与回缩
3	挂肩			成品规格＋（合肩缝耗）＋综合缝耗（0.5~0.75cm）	不考虑回缩
4	挖肩			成品规格-绱袖缝耗	
5	1/2领宽（斜肩）	领口	罗纹	1/2成品规格－绱罗纹缝耗	不考虑回缩
			折边	1/2成品规格－折边宽－折边缝耗	
			滚边	1/2成品规格＋滚边缝耗	
6	肩斜			2~5cm（以3~4cm居多）	肩斜角11°~16°

（3）样板制图

圆筒产品大身样板的制图方法与合腰产品相同。

4. 插肩袖产品大身样板的设计

（1）款式结构特点

插肩袖产品的特点是大身的肩部由衣袖构成，袖子与大身在衣领处缝合，袖子与衣领缝合的部位称为袖领口，或称袖领头。大身没有明显的肩袖点，没有明显的挂肩和袖窿弧线，款式示意图如图5-19所示。

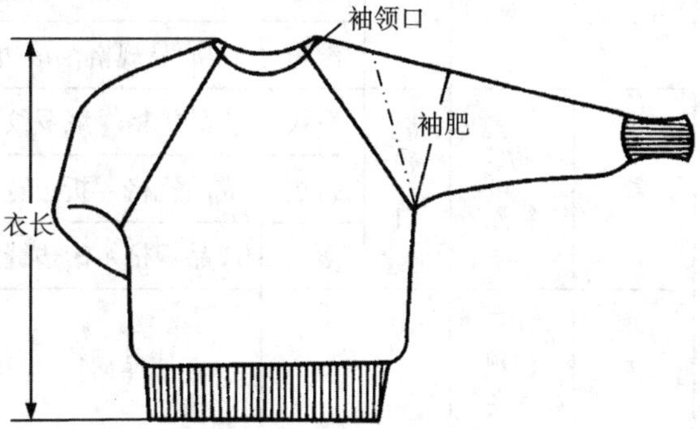

（2）样板尺寸计算

图5-19 插肩袖产品款式示意图

由款式示意图可以看出，插肩袖产品的衣长是由袖子的一部分与大身共同组成，在计算衣长时为了简化，仍把它看成一个整体，具体尺寸在作图时结合领型、袖领口尺寸共同决定作出，所以领的大小和形状以及袖领口的尺寸都对大身样板有影响，样板计算需要算出衣长、1/2胸宽、袖肥、肩斜值、领宽、领深、袖领口长度等尺寸。

同时由于前、后领窝的大小和形状一般是不同的，所以前、后身样板衣长也不相同，因此，前、后身样板要分别作出。通常情况是先设计好后身样板，然后在后身样板基础上，再结合前领样板，求得前身样板。

插肩袖产品大身样板计算方法如表5-8所示。

表5-8　插肩袖产品（圆筒或合腰）大身样板计算方法

单位：cm

序号	部位	款式特征		计 算 方 法	备 注
1	衣长	下摆	罗纹	（成品规格－下摆罗纹长度＋缅下摆罗纹缝耗）÷（1－回缩率%）	同连肩产品
			折边	（成品规格＋折边宽度＋折边缝耗）÷（1－回缩率%）	
			实滚	（成品规格－滚边布厚度）÷（1－回缩率%）	
			虚滚	（成品规格－滚边宽成品规格＋实滚缝耗）÷（1－回缩率%）	
2	1/2胸宽	合腰		［成品规格＋缝耗与回缩（2.5cm）］÷2	无缝耗与回缩
		圆筒		成品规格÷2	
3	袖肥			成品规格－缅袖缝耗	
4	挖肩			参考同规格装袖产品	
5	1/2领宽	领口	罗纹	1/2成品规格－缅罗纹缝耗	不考虑回缩
			折边	1/2成品规格－折边宽－折边缝耗	
			滚边	1/2成品规格＋滚边缝耗	
6	前/后领深	领口	罗纹	成品规格－缅罗纹缝耗	不考虑回缩，同连肩产品
			折边	成品规格－折边宽－折边缝耗	
			滚边	成品规格＋滚边缝耗	
7	前/后袖领口长			成品规格－缅袖缝耗	
8	肩斜			2~5cm（以3~4cm居多）	肩斜角11°~16°

① 样板衣长、领宽：因为将衣身与袖领口作为一个整体，因此样板衣长的计算方法同连肩产品，样板领宽的计算方法同斜肩产品。

② 样板前（后）领深：领深一般不考虑回缩，所以领深的样板计算为：

领深＝成品规格±款式及测量因素±领口处缝耗

③样板前（后）领弧线长度的确定：因为衣身样板上的前（后）领弧线长度等于前（后）领弧线总长减去前（后）袖领口部分，考虑缝耗，该部分应为：

前（后）袖领口长=前（后）袖领口成品规格－缲袖缝耗

袖领口成品规格一般在2~5cm左右，号型大的可以取大值，也可以根据具体款式确定。

④样板袖肥：插肩袖中无明显的肩袖点，挂肩用袖肥表示，即由袖底角到袖中线的垂直距离，如图5-19所示。此处有缲袖缝耗，因为缲袖缝耗使大身袖肥尺寸增加，所以样板计算要减去。

袖肥值有时候成品规格中没有给出，从袖肥的丈量方法可以了解到，它与挂肩的区别在于，一个是直角边（袖肥），另一个是斜边（挂肩），如图5-19中双点划线所示，因此袖肥值可以参考同号型的装袖产品挂肩规格确定，袖肥应该小于挂肩约0.3~3cm，插肩袖肩斜值大的取大值。如170/90cm男衫装袖挂肩规格为24cm，插肩袖袖肥取23cm。

⑤肩斜值：插肩袖产品的肩斜同装袖产品，根据款式、面料特性及经验确定。

⑥挖肩值：插肩袖产品衣身样板肩斜线的确定方法也同装袖产品一样，有两种方法，一种方法是利用肩斜线与上平线之间的夹角来确定肩斜线，此种方法只要定好夹角的度数，用量角器就可以作图；另一种方法是根据肩斜值来确定肩斜线，这种方法就要计算挖肩值。因为插肩袖没有明显的肩袖点，也没有挖肩，所以需要参考相同规格的装袖产品的挖肩值。

（3）样板制图

大身样板制图方法如图5-20所示，制图步骤如下。

①以样板衣长、1/2胸宽为边长画一矩形OACB，其中OA=1/2胸宽，OB=衣长。

②在线段OA上取OH=1/2领宽，AA′=参考挖肩，并过A′点作OA的垂线A′D，取A′D=肩斜值，连接HD，HD即为肩斜线。将该线延长即为袖中线。

③作袖中线的平行线，并使两线之间的距离等于样板袖肥，该线与胸宽线段AC交于E点。

④在线段OB上取OG=后领深，画后领弧线HG，在HG弧线上取HF=后袖领口成品规格-缝耗。

⑤连接GFECBG各点，则为后片大身样板。

前身样板可在后身样板基础上结合前领样板求得。

（二）袖样板的设计

针织内衣常用装袖和插肩袖，现介绍这两类袖子的设计方法。

1. 装袖

（1）款式结构特点

装袖具有明显的肩袖点和挂肩，袖口可以是罗纹、滚边、折边形式，袖子也有长、中、短之分，其款式示意图如

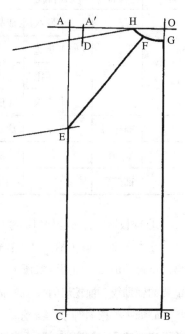

图5-20　插肩袖产品大身样板制图

图5-21所示。图5-22为装袖的样板草图，图5-22（1）为内衣常用样板形式，袖山曲线为简单的外凸弧线；图5-22（2）为外衣常用样板形式。

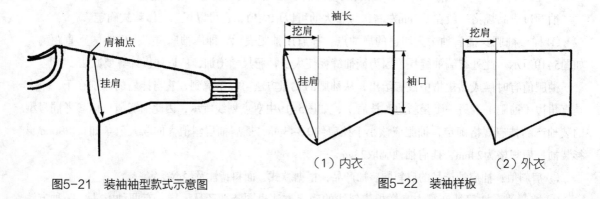

图5-21　装袖袖型款式示意图　　　　　　　　　　　图5-22　装袖样板

（2）样板尺寸计算

由图5-22可以看出，内衣的袖样板比较简单，袖山曲线为简单的外凸线，影响样板计算的缝耗有绱袖缝耗、合袖缝耗、袖口处的缝耗，为了制作样板，必须计算样板的袖长、挂肩、袖口、挖肩（袖山高）尺寸，样板计算方法如表5-9所示。

表5-9　装袖袖样板计算方法　　　　　　　　　　　　　　　　　单位：cm

序号	部位	款式特征		计 算 方 法
1	袖长	袖口	罗纹	成品规格 - 袖口罗纹长度+绱袖缝耗+绱袖口罗纹缝耗）÷（1 - 回缩率%）
			折边	（成品规格+折边宽+绱袖缝耗+折边缝耗）÷（1 - 回缩率%）
			实滚	（成品规格+绱袖缝耗 - 滚边布厚度）÷（1 - 回缩率%）
			虚滚	（成品规格+绱袖缝耗 - 滚边宽成品规格+实滚缝耗）÷（1 - 回缩率%）
2	袖挂肩			成品规格+绱袖缝耗+回缩量（0.5~0.75cm）
3	袖　口			成品规格+合袖缝耗+回缩量（0.25cm）
4	袖挖肩			袖中线倾斜度数÷2.5° /cm+挖肩成品规格+绱袖缝耗

①样板袖口：影响袖口的缝耗为合袖缝耗，因为袖口尺寸小，回缩量取0.25cm。

②样板袖挖肩（袖山高）：袖挖肩是指袖挂肩底角点向袖中线所作的垂线与袖挂肩上端点的距离，也称袖山高，如图5-22所示。袖挖肩在成品规格中一般不反映，但是在画袖子样板图时，是一条重要的辅助线。袖挖肩的大小对袖子形状、服装造型有较明显的影响。

a. 如果袖挖肩等于大身挖肩，则袖中线呈水平状，如图5-23（1）所示，这种袖型一般用在连肩（平肩）产品上，穿着时腋下有较多的余量，影响美观。

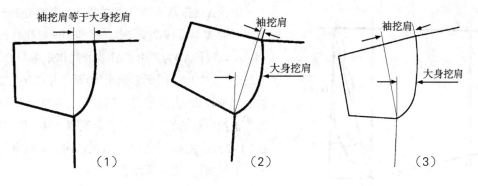

图5-23 袖挖肩对服装款式的影响

b. 如果袖挖肩小于大身挖肩，则袖中线向上翘起，如图5-23（2）所示，这种袖型很少使用。

c. 如果袖挖肩大于大身挖肩，则袖中线向下倾斜，如图5-23（3）所示，这种袖型使用较多，穿着舒适。但袖挖肩不可过大，过大会影响手臂的活动，使手臂上举困难。

图5-24为袖挖肩大小与袖子倾斜关系的示意图，O为肩袖点，$AB \sim A_5B$为袖中线的垂线，$OA \sim OA_5$为不同的袖挖肩值。由实验测试得知，当袖挖肩等于大身挖肩时，袖中线呈水平状，袖挖肩相对大身挖肩每增加1cm，袖中线与过肩袖点水平线的夹角增加2.5°。所以如果确定了袖中线的倾斜角度，就可以计算出样板的袖挖肩值。

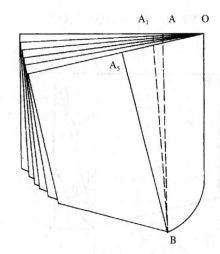

图5-24 袖挖肩与袖子倾斜的关系

袖挖肩=袖中线倾斜度数÷2.5°/cm

    ＋大身样板挖肩

=袖中线倾斜度数÷2.5°/cm

    ＋挖肩成品规格+绱袖缝耗

（3）样板制图

由于袖口形式不同，袖口部位的测量方法也不同，所以样板制图在袖口部位也有差异，制图方法分述如下。

①折边短袖

折边短袖的样板制图方法如图5-25所示。

a. 作水平线①，取OE=袖长，OA=袖挖肩。

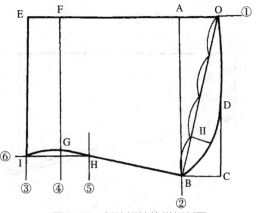

图5-25 折边短袖的样板制图

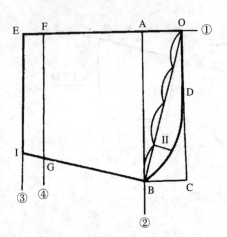

图5-26 罗口短袖的样板制图

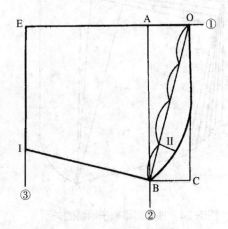

图5-27 滚边短袖的样板制图

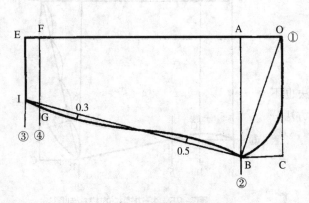

图5-28 罗口长袖的样板制图

b. 由A点作垂直线②，并以O点为圆心、袖挂肩长为半径画弧与直线②交于B点，即OB=袖挂肩长。

c. 以线段AO为短边、AB为长边作矩形ABCO，在OC上取CD=1/3OC，圆顺地画出BD弧，并在D点与OC线相切。当袖挖肩=大身挖肩+缝耗时，CD约位于1/3OC处，随着袖挖肩数的增加，D点将会逐渐上移。图中II值一般在2.1~2.5cm中选取，袖挖肩大的趋向于取高值。

d. 过E作直线③垂直于直线①。

e. 在直线①上取EF=挽边宽+缝耗，过F点作直线①的垂线④，在垂线④上取FG=袖口样板尺寸，连接BG线。

f. 作直线⑤平行于直线③，并使直线⑤与直线④之间的距离等于EF，直线⑤与BG交于H点。

g. 过H点作直线⑥平行于直线①，与直线③交于I点，连接IGH，并使其成为以G点为中心的对称弧线。

h. 用直线或弧线连接OEIGHBDO各点，即为折边短袖的袖子样板。

② 罗口短袖

罗口短袖的样板制图方法如图5-26所示。

a ~ d. 同折边袖。

e. 在直线①上取EF=3cm（测量部位）+缝耗，过F点作直线①的垂线④，在垂线④上取FG=袖口样板尺寸，连接BG并延长与直线③交于I点。

f. 用直线或弧线连接OEIGBDO等点，即为罗口短袖的袖子样板。

③ 滚边短袖

滚边短袖的样板制图方法如图5-27所示。

a ~ d. 同折边袖。

e. 在直线③上取EI=袖口样板尺寸，连接BI。

f. 则OEIBO为滚边短袖的袖子样板。

长袖的样板制图方法与短袖类似，袖口形式的样板处理同短袖是一样的，只是样板尺寸要按长袖的量取，且为了使袖子更自然舒适，袖底线一般为弧线，图5-28为罗口长袖的样板制图方法。

2. 插肩袖

（1）款式结构特点

插肩袖没有挂肩，常用袖肥代替，袖口可以有多种形式，其款式示意图如图5-29所示。

（2）样板尺寸计算

由于插肩袖袖子的上部与衣领相接，衣领的大小和形状以及袖领口的尺寸影响袖样板，所以样板计算包括袖长、袖肥、肩斜值、袖口、袖领口长度等尺寸，样板计算方法如表5-10所示。

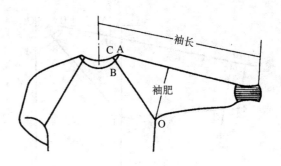

图5-29　插肩袖款式示意图

表5-10　插肩袖袖样板计算方法　　　　　　　　　　　　　　　　　单位：cm

序号	部位	款式特征		计 算 方 法	备 注
1	袖长	袖口	罗纹	（成品规格 – 1/2领宽 – 袖口罗纹长度 + 绱领缝耗 + 绱袖口罗纹缝耗）÷（1 – 回缩率%）	注意成品规格要减去1/2领宽尺寸
			折边	（成品规格 – 1/2领宽 + 折边宽 + 绱领缝耗 + 折边缝耗）÷（1 – 回缩率%）	
			实滚	（成品规格 – 1/2领宽 + 绱领缝耗 – 滚边布厚度）÷（1 – 回缩率%）	
			虚滚	（成品规格 – 1/2领宽 + 绱领缝耗 – 滚边宽成品规格 + 实滚缝耗）÷（1 – 回缩率%）	
2	袖肥			成品规格 + 绱袖缝耗 + 回缩量（0.5~0.75cm）	
3	袖口			成品规格 + 合袖缝耗 + 回缩量（0.25cm）	
4	袖肩斜			与大身肩斜角度相同	
5	前/后袖领口宽			成品规格 + 绱袖缝耗	

①样板袖长：插肩袖袖长是从后领窝中点开始测量的，因此样板袖长应该减去1/2领宽。

②样板袖肥：袖肥成品规格的确定方法与大身样板设计中的确定方法相同。

③袖肩斜：袖中线的倾斜角度与插肩袖大身的肩斜角度相同。

④样板袖领口宽：由于前、后领窝大小、形状不同，所以前、后袖领口样板不同，袖领口宽约2~5cm。

（3）样板制图

插肩袖的样板是在大身样板的基础上制作的，假设大身样板已经制作完毕，即上平线①、中线

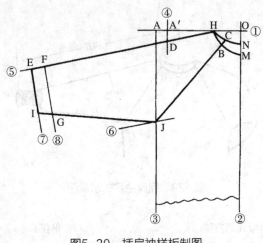

图5-30　插肩袖样板制图

②、侧缝线③、挖肩线④、肩斜线⑤已经作出，如图5-30所示，下面介绍在此基础上，袖口为罗纹的插肩袖样板的制图方法。

　　a. 延长肩斜线⑤，使HE=样板袖长，过E作直线⑦垂直于直线⑤。

　　b. 在袖中线上量取EF=3cm + 缝耗，过F点作直线⑧平行于直线⑦；在直线⑧上取FG=袖口样板尺寸。

　　c. 作直线⑥平行于直线⑤，并使两线之间的距离为袖肥样板尺寸，直线⑥与直线③交于J点，连接JG线并延长与直线⑦交于I点。

　　d. 分别用前、后领窝样板在大身样板上作出前、后领窝弧线HM和HN。

　　e. 在后领窝弧线上取HC=后袖领口样板尺寸，连接JC则为袖斜线，袖斜线与前领弧线HM交于B点，则HB为前袖领口长。

　　f. 连接HEIJCH各点为后袖片样板，连接HEIJBH各点为前袖片样板。

（三）领样板的设计

1. 挖领

　　挖领是在衣身上沿脖颈部位挖出各种形状的领窝，然后在领窝周边镶绣上花边或滚镶上各种领条布。由于领窝是在大身样板上挖掉的部分，因此领窝常采用负样板，且因为人体左右对称，所以领样板一般只取1/2进行设计（非对称领型除外）。

　　（1）圆领

　　① 款式结构特点：圆领领口为圆形，根据领深、领宽的变化可以有各种圆领，如长圆领、扁圆领；大圆领、小圆领。领口有多种边口形式。边口形式不同，样板计算方法也有差异。

　　② 样板尺寸计算：样板尺寸计算主要是领深和领宽尺寸的计算，连肩与合肩产品的区别在领深，连肩产品领深的样板计算中没有合肩缝耗，计算方法如表5-11所示。

表5-11　圆领（连肩或合肩产品）领样板计算方法　　　　　　　　单位：cm

序号	部位	款式特征	计　算　方　法	备注
1	前/后领深	罗纹领	前（后）领深成品规格 - 绱罗纹缝耗+（合肩缝耗）	连肩产品合肩缝耗等于0
		折边领	前（后）领深成品规格 - 折边宽 - 折边缝耗+（合肩缝耗）	
		滚边领	前（后）领深成品规格+（合肩缝耗）	
2	1/2领宽	罗纹领	1/2成品规格 - 绱罗纹缝耗	连肩与合肩产品相同
		折边领	1/2成品规格 - 折边宽 - 折边缝耗	
		滚边领	1/2成品规格	

滚边领的样板计算一般不考虑缝耗，除非滚边布较厚（此时要加上0.25cm）。折边领的折边宽一般为0.8~1cm，平缝机挽领缝耗为0.75cm。罗纹领采用包缝机绱领，缝耗为0.75cm。

③样板制图

A. 连肩滚边领的样板制图方法如图5-31所示。

a. 作水平线①（肩平线）、垂直线②（领中线），两线交于O点。

b. 在水平线①上取OC=1/2领宽样板尺寸，在直线②上分别量取OA=后领深样板尺寸，OB=前领深样板尺寸。

c. 将AB线段三等分，取BD=1/3AB，过D点作水平线③，过C点作垂线④，两线交于E点，将DE线延长至F，并取EF=1/4ED。

d. 如图所示连接ACFB各点为光滑的弧线，则OACO为后领窝样板，OBFCO为前领窝样板。为保证整个领窝的圆顺，弧AC与弧FB的凸出处应对应于它们弦的中点，A、B点处应有1cm左右的线段与领中线垂直。

B. 合肩滚边领的样板制图方法如图5-32所示。

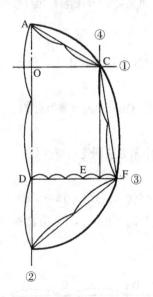

图5-31　连肩滚边领样板制图

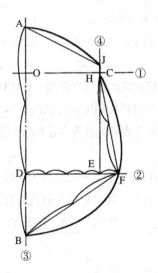

图5-32　合肩滚边领样板制图

合肩滚边领与连肩产品的区别在于要加合肩缝耗，即在肩颈点C处向上和向下各有0.75cm（合肩缝耗）的线段应垂直于肩平线①（图5-32中的JH线段），其他作图方法与连肩产品相同。

C. 折边领作图方法参见滚边领。

D. 连肩罗纹领的样板制图方法如图5-33所示。

罗纹领因为领窝有罗纹，弹性好，其领型相对滚边领和折边领有所变化，一般领型比较圆，因此制图方法也有差异。

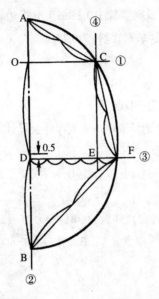

图5-33　连肩罗纹领样板制图

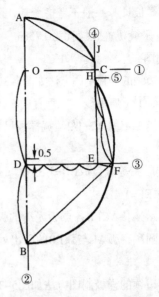

图5-34　合肩罗纹领样板制图

a~b. 与连肩滚边领相同。

c. 在OB线上取BD=1/2OB-0.5cm，过D点作水平线③，过C点作垂直线④，两线交于E点，取EF=1/4DE。

d. 与连肩滚领相同作出领窝弧线，OACO为后领窝样板，OBFCO为前领窝样板。

E. 合肩罗纹领的样板制图方法如图5-34所示。

合肩罗纹领的合肩缝耗处理方法同合肩滚边领，其他作图方法同连肩罗纹领。

（2）一字领

① 款式结构特点：领宽较大，前领深较浅，领形呈一字状，款式如图5-35所示。

② 样板尺寸计算：领口形式及缝耗对样板计算的影响与圆领相同，计算方法参见圆领产品。

③ 样板制图：以合肩产品为例，作图方法如图5-36所示。

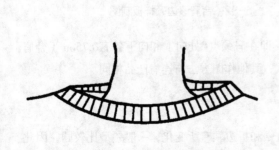

图5-35　一字领示意图

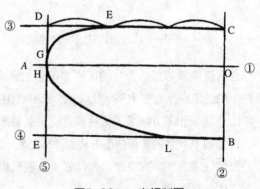

图5-36　一字领制图

a. 作水平线①（肩平线）、垂直线②（领中线），两线交于O点。

b. 在水平线①上取OA=1/2领宽样板尺寸，在直线②上分别量取OC=后领深样板尺寸，OB=前领深样板尺寸。

c. 过C和B点分别作水平线③和④，它们与过A的垂直线⑤交于D和E点。

d. 取DF=1/3DC，BL=1/3BE（视前领弧线情况可作适当调整）。

e. 在线段⑤上量取AG=AH=0.75cm（合肩缝耗），作弧GF和弧HL，它们分别在G点和H点与DE线相切，同时，弧GF在F点与DC线相切，弧HL在L点与BE线相切。则OAGFCO为后领窝样板，OAHLBO为前领窝样板。

（3）V领

① 款式结构特点：前领较深，一般约在挂肩上3cm左右，领形似V字状，款式如图5-37所示。

② 样板尺寸计算：计算方法同圆领。

③ 样板制图：以合肩产品为例，作图方法如图5-38所示。

a~c. 与一字领相同。

d. 取DF=1/3DC，AG=0.75cm（合肩缝耗），连接FG弧，使它在F点与CD相切，在G点与AD相切，则OAGFCO为后领窝样板。

e. 在线⑤上取AH=0.75cm（合肩缝耗），用弧线连接HB，弧线在HB的中点处外凸1.5cm左右（可视前领弧线情况作适当的调整），则OAHJBO为前领窝样板。

2. 添领

添领也跟挖领一样，需要在衣身上设计出领窝，所以，添领的样板包括领窝样板、领子样板，有时还有门襟样板。对称领型的设计取1/2进行。

（1）三扣翻领

① 款式结构特点：三扣翻领是针织服装常用领型，领子可以是同色或异色布制成，也常采用横机领，门襟处钉有三粒钮扣。成品规格中常给出领宽、前/后领深、门襟长和宽以及领子长和宽尺寸。三扣翻领的款式和丈量部位如图5-39所示。

② 样板尺寸计算：三扣翻领一般为合肩产品，其样板

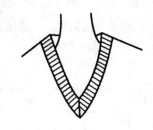

图5-37 V领示意图

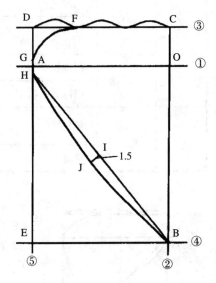

图5-38 V领制图

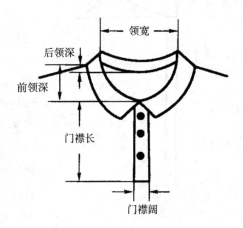

图5-39 三扣翻领示意图

设计包括领窝、门襟、领子三部分。常采用包缝机合肩缝，缝耗0.75cm；平缝机绱门襟、绱领，缝耗1cm；门襟底端防脱散，三线包缝光边及平缝缝合，缝耗1.5~2.5cm（常取2cm）。计算方法如表5-12所示。

表5-12　三扣翻领领样板计算方法　　　　　　　　　　　　　单位：cm

序号	部 位		计 算 方 法	备 注
1	领窝	前/后领深	前（后）领深成品规格 – 绱领缝耗 + 合肩缝耗	同挖领
		1/2领宽	1/2领宽成品规格 – 绱领缝耗	
2	门襟孔	门襟孔长	门襟长成品规格 – 绱门襟底缝耗 + 绱领缝耗	
		1/2门襟孔宽	1/2门襟宽成品规格 – 绱门襟缝耗	
3	门襟	门襟长	门襟长成品规格 + 绱领缝耗 + 绱门襟底缝耗	
		门襟宽	门襟宽成品规格 + 绱门襟缝耗	
4	领子	领长	领长成品规格 + 领子两端合领边缝耗	横机领无缝耗
		领宽	领宽成品规格 + 绱领缝耗	

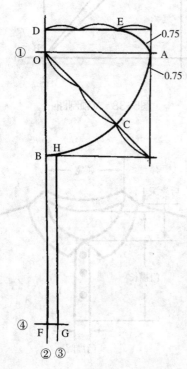

图5-40　三扣翻领领窝制图

三扣翻领领窝样板的计算同挖领，没有款式要求。领子的缝耗主要是领子两端的缝合和绱领。横机领的领长是按成品规格织造，领子两端不需缝合，所以成品规格即样板领长。

③ 样板制图

A.领窝的作图方法如图5-40所示。

a.作肩平线①、领中线②，两线交于O点。

b.取OA=1/2领宽样板尺寸，OD=后领深样板尺寸，OB=前领深样板尺寸。

c.按图示要求作出DEA弧和ACB弧，其中E点为切点。因为是合肩产品，在肩缝处有合肩缝耗，因此，肩颈点A处上下应各有0.75cm线段垂直于肩平线①。同时，为了保证前领窝圆顺，B点处有1cm线段垂直于领中线②。

d.在领中线②上取BF=门襟孔样板长，过F点作线④垂直于线②；在线④上取FG=1/2门襟孔样板宽，过G点作垂直线③与BC弧交于H点。则OAEDO为后领窝样板，OACHGFBO为前领窝和门襟孔样板。

B.门襟的作图方法如图5-41所示。

门襟样板是在前领窝样板的基础上作出的。

a.画出前领窝，如图5-41中的OACKBO。

b.在领中线②上取BF=门襟样板长，过F点作线③垂直于线②；在线③上取FG=1/2门襟宽成品规格，取FH=1/2门襟宽成品规格+缃门襟缝耗，并分别过G、H点作垂直线④和⑤；在线④上取GD=BF，线⑤与领窝弧线CB交于K点。则DBKHFGD为门襟样板。注意DG应为点划线，因为门襟是双层的，此处不应裁开。

C.领子的样板如图5-42所示，如领子为双层，则一侧应为点划线。

（2）交叉领

① 款式结构特点：交叉领款式及丈量方法如图5-43所示，领子与三扣翻领类似，区别是两片门襟以一定的角度呈交叉状分别位于衣身中垂线的两侧，领口仍在前颈中点相会。如果将门襟的倾斜角度加大，使领子的领口不在前颈中点相会，而是拉开一定距离，如图5-44所示，则领子变化为青年领。

② 样板尺寸计算：交叉领的缝制工艺与三扣翻领是一样的，因此其缝耗对样板尺寸的影响也是一样的。它们款式相近，样板计算也有许多相同之处，计算方法如表5-13所示。

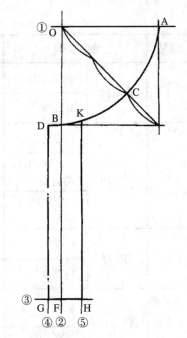

图5-41 三扣翻领门襟的制图

图5-42 三扣翻领领子的制图

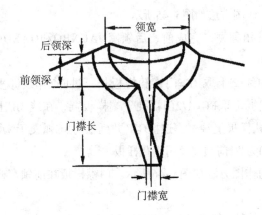

图5-43 交叉领示意图

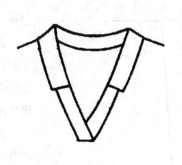

图5-44 青年领示意图

表5-13　交叉领领样板计算方法　　　　　　　　　　　　　　单位：cm

序号	部　位		计　算　方　法	备　注
1	领窝	前/后领深	前（后）领深成品规格－绱领缝耗＋合肩缝耗	同三扣翻领
		1/2领宽	1/2领宽成品规格－绱领缝耗	
2	门襟孔	门襟孔长	门襟长成品规格－绱门襟底缝耗＋绱领缝耗	
		1/2门襟孔上端宽	门襟宽成品规格－绱门襟缝耗	
		1/2门襟孔下端宽	1/2门襟宽成品规格－绱门襟缝耗	
3	门襟	门襟长	门襟长成品规格＋绱领缝耗＋绱门襟底缝耗	同三扣翻领
		门襟宽	门襟宽成品规格＋绱门襟缝耗	
4	领子	领长	领长成品规格＋领子两端合领边缝耗	横机领无缝耗
		领宽	领宽成品规格＋绱领缝耗	

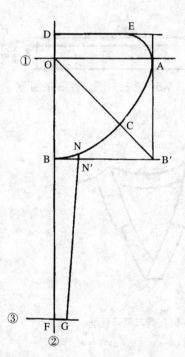

图5-45　交叉领领窝制图

a. 领窝样板、门襟样板、领子样板：同三扣翻领。

b. 门襟孔样板：因为门襟上端向两边分开，所以门襟孔上端大，下端小。

③ 样板制图

作图方法相对三扣翻领来说，主要变化在门襟孔和门襟。

A. 领窝的作图方法如图5-45所示。

a～c. 同三扣翻领，完成前、后领窝OACNBO和OAEDO的制图。

d. 在领中线②上取BF＝门襟孔样板长，过F点作线③垂直于线②；在线③上取FG＝1/2门襟孔下端样板宽，在线BB′上取BN′＝1/2门襟孔样板上端宽，连接GN′并延长与BC弧交于N点，则OACNGFBO为1/2前领窝及门襟孔样板。

B. 门襟的作图方法如图5-46所示。门襟样板在前领窝样板的基础上作出。

a. 画出前领窝，如图5-46中的OACNBO。

b. 在线②上取BF＝门襟样板长，过F点作线③垂直于线②；在线③上取FH＝1/2门襟宽成品规格，取FG＝1/2门襟宽成品规格＋

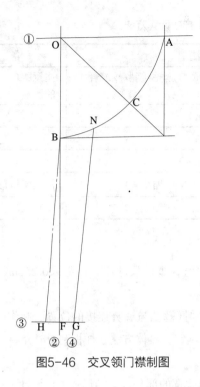

图5-46　交叉领门襟制图

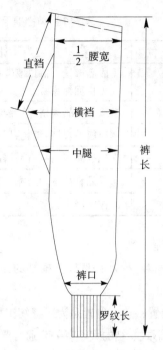

图5-47　单裆棉毛裤款式图

绱门襟缝耗，连接BH；过G点作线④平行于BH，并与BC弧交于N点，则BNGFHB为门襟样板，门襟上端BN弧线应与领窝一致，门襟是双层，BH应为点画线。

C.领子的作图方法同三扣翻领。

（四）裤样板的设计

1.单裆棉毛裤

（1）款式结构特点

针织拼裆裤的款式很多，主要变化在裆和裤口的形式，常用的裆型可见图3-37，常用的裤口有罗纹口、松紧口、折边口、滚边口。单裆棉毛裤只有一块裆片，其构成为裤身、裆、裤口，款式如图5-47所示。

（2）样板尺寸计算

拼裆裤的裤裆尺寸成品规格中经常不给出，一般通过作图获得。样板计算主要计算裤长、1/2腰宽、横裆、直裆、裤口尺寸，计算方法如表5-14所示。

①样板裤长：裤长的计算方法与衣长、袖长的计算相似，和边口形式有关。

腰口的形式有罗纹腰口和折边腰口，罗纹腰口计算裤长时要减去腰边宽；折边腰口计算裤长时要加上腰边宽。

②样板裤腰宽：裤腰宽的计算与衣身胸宽的计算相似，合腰产品的缝耗与回缩之和取2.5cm，与

表5-14 单裆棉毛裤（罗口裤）样板计算方法　　　　　　　单位：cm

序号	部　位	计　算　方　法	备　注
1	裤长	（成品裤长－裤口罗纹长±腰边宽+腰口缝耗+绱罗纹缝耗）÷（1−回缩率%）	注意腰口、裤口形式的影响
2	裤腰宽	裤腰身成品规格+缝耗与回缩（2.5cm）	
3	裤口	裤口成品规格+缝耗+回缩量（0.25cm）	
4	横裆	横裆成品规格+合裆缝耗+回缩量（1cm）	
5	直裆	（成品直裆±腰边宽+腰口缝耗）÷（1−回缩率%）	注意腰口形式的影响
6	剪口位置	由作图确定	

净坯布幅宽档差一致。

③样板裤口、横裆：裤口、横裆的回缩按经验取值，裤口尺寸小，回缩取0.25cm，横裆尺寸大，回缩取1cm。

④剪口位置：剪口位置是为了缝纫工操作时正确掌握裤裆与裤身连接的位置而制作的标记。剪口位置与拼裆形式、裆的大小有关，通常要通过作图来确定，具体方法在样板制图时介绍。

（3）样板制图

拼裆裤的坯布幅宽一般等于裤腰宽，裤样板中大于腰宽的部分以拼裆形式进行设计。拼裆裤常用的裆型为菱形和伞形，下面介绍这两种裆型罗纹口棉毛裤的制作方法。

①菱形裆棉毛裤：菱形裆棉毛裤的作图方法如图5-48所示，步骤如下。

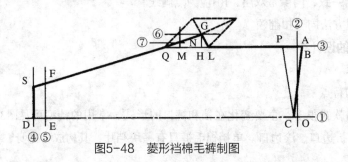

图5-48　菱形裆棉毛裤制图

a. 作水平线①、垂直线②，两线交于O点。

b. 在直线②上取OA=1/2裤腰身样板尺寸，过A点作直线③平行于直线①。

c. 在直线①和③上分别取C、B点，使AB=OC=1/4腰差，直线BC即为后裤腰线；在线③上取BP=腰差，则直线CP为前裤腰线。

d. 作垂线④与直线①交于D点，使OD=样板裤长；作垂线⑤，使它与直线④的距离，即DE=5cm（测量部位）+绱罗纹缝耗；在线⑤上取EF=裤口样板尺寸。

e. 作水平线⑥，使它与直线①的距离等于横裆样板尺寸；以B点为圆心，直裆样板尺寸为半径画弧，与直线⑥交于G点。

f. 作水平线⑦，使它与直线①的距离等于中腿样板尺寸；过G作垂线GH；在直线③上取MH=10cm（中腿丈量部位，儿童取8cm），过M点作垂线与直线⑦交于N点。

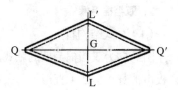

图5-49 菱形裆样板

g. 连接GN并延长，与直线③交于Q点；过G点作GQ的垂线，垂线与线③交于L点，GQL即为1/4菱形裆净样板。菱形裆实际样板如图5-49中实线所示。

h. 连接QF并延长，与线④交于S点，则BLQFSDCB为后裤片裤身样板，PLQFSDCP为前裤片裤身样板，Q、L为剪口位置，图5-50为裤身样板展开图。

② 伞形裆棉毛裤：伞形裆棉毛裤的制图方法如图5-51所示，其裤身样板的制图与菱形裆棉毛裤的裤身样板相同，所以图中的G、N、Q、F、S等点的确定方法与图5-48是一样的，只是裤裆的制图不同，裤裆的制图方法如下：

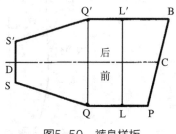

图5-50 裤身样板

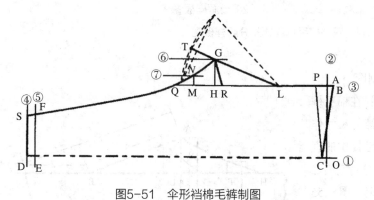

图5-51 伞形裆棉毛裤制图

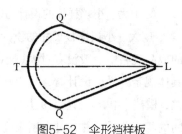

图5-52 伞形裆样板

a. 确定后裤片直裆长（图中GL的长度）：根据人体特点及制图经验，一般GL约为直裆的60%，所以以G为圆心，以直裆×60%为半径画弧，与直线③交于L点。

b. 连接GL并延长至T；作直线GR（R在直线③上），使∠TGQ=∠RGQ，且使TG=RG；过T、Q作弧，则TQL为1/2伞形裆净样板。伞形裆实际样板如图5-52中实线所示。

c. 裤身剪口位置也因为裆形不同而有所变化，如图5-53所示，Q、L为后裤片剪口，Q、T为前裤片剪口（QT长度等于裆底弧线QT的长度）。

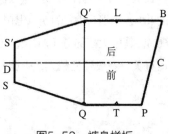

图5-53 裤身样板

2. 双档棉毛裤

（1）款式结构特点

图5-54为双档棉毛裤的款式及分解样板图，由图可以看出，该款有两个裤档，即大档和小档，其样板由裤身、小档（直档）、大档（横档）、裤口罗纹四个部分组成，因而样板设计要分别设计这四个部分的样板。

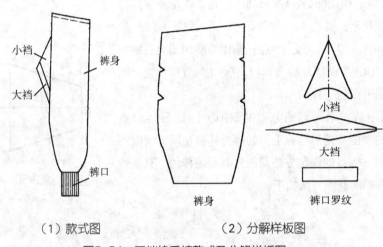

（1）款式图   （2）分解样板图

图5-54　双档棉毛裤款式及分解样板图

（2）大、小档样板的设计与制图

① 大、小档样板尺寸的设计：在棉毛裤的成品规格中一般没有对大、小档的尺寸作具体规定，样板设计时，可以从已提供的直档、横档、中腿、裤腰身的尺寸中分析它们之间的相互关系，并通过作图来确定。图5-55为档部分的放大图，图中水平线①为裤身与档的连接缝，垂直线②为裤横档线，由图可以看出，直档由三个部分组成，即裤身2、小档中线长3、大档翻折部分4。一般裤身部分占直档的40%，小档与大档部分（图中3 + 4部分）占

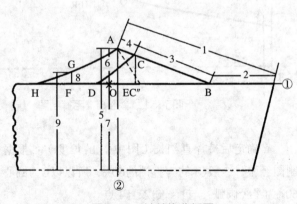

图5-55　档结构分析图

60%，其中大档部分（AC长）占的长度较小，约2~5cm。AC值的选取与号型数、中腿与裤腰身之间的差值有关。一般号型越大，中腿与裤腰身之间的差值也大，因此AC应取大值。则小档中线长为：

$$BC= \frac{直档}{1-回缩率} \times 60\% - AC$$

由于OA等于横裆与裤身的差数，因而A点的位置可以确定，连接AB线，在AB线上取得C点，作CE平行于OA，因此CE值可用作图法确定。

又因DE近似等于1/2BE，故而CBED小裆的形状即可求出。

在图5-55中，C″为大裆与裤前片中点相连的位置，C″H为大裆与前裤片相连的线，是大裆的一个菱形边；AC为大裆翻折的长度；CD为大裆与小裆的连接部分，CDH线应与HC″线相等，它们均为大裆的一个菱形边。因此，根据OA、GF、AC的数值，可以用作图的方法求出大裆。

在计算小裆与大裆尺寸时应注意使用规格的一致性。在分析横裆、中腿、直裆尺寸时，依据是给出的成品规格，所以在计算求差值时，裤腰身的尺寸也应该是成品规格。当差值求出后，由差值求出的小裆与大裆样板为净样板。

② 大、小裆样板的制图：大、小裆样板的制图如图5-56所示，步骤如下：

a. 作水平线①（裤身与裆的连接线）、垂直线②（横裆线），两线交于O点。

b. 在直线②上取OA=横裆成品规格－1/2裤腰身的成品规格，以A为圆心、直裆长规格×60%÷（1－回缩率）为半径画弧与直线①交于B点。

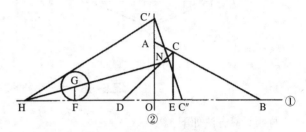

图5-56 大、小裆的制图

c. 在AB线上取AC值，过C点作CE线垂直于直线①，并在直线①上取DE=1/2BE，则BCD形成的三角形为1/2小裆的净样板图，其中BC为小裆的中心线。将该样板加上缝耗即成为图5-57（1）所示的小裆样板，图中虚线为制图所得的净样板，实线为考虑缝耗后的毛板，在制作样板时应注意在C点处作弧线处理，以便于缝制。

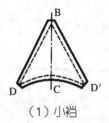

（1）小裆

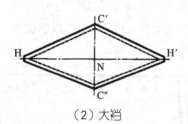

（2）大裆

图5-57 大、小裆样板

d. 在直线①上取OF=10cm（中腿丈量位置），过F点作GF线垂直于直线①，并使GF=中腿规格－1/2裤腰身净尺寸，以G为圆心、GF为半径作圆。

e. 在直线②上取AC′=AC，由C′点作圆的切线与直线①交于H点。

f. 在直线①上取HC″=HC′，则C′HC″组成的三角形为1/2大裆净样板，HN为大裆的中心线。同样，将该样板加上缝耗即成为图5-57（2）所示的大裆样板，实线为考虑缝耗后的毛板。

用此法求得的大裆，严格地说只是一个近似值，菱形的长度（HH′）略大于要求值，所以，在此方向上可以不考虑或少考虑缝耗。

（3）裤身样板的设计与制图

① 裤身样板尺寸的计算：裤身的样板尺寸计算包括裤长、裤腰身、裤口、裤身剪口位置。双裆棉毛裤裤身样板上有四个剪口标记，即裤身后片与小裆顶点的连接位置B、裤身后片与大裆缝合的终点位置H、裤身前片与大裆缝合的终点位置H′、裤身前片中心线上与大裆缝合的位置C″，如图5-58所示。

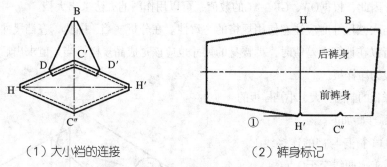

（1）大小裆的连接　　　　　　　（2）裤身标记

图5-58　大、小裆的连接与裤身标记

样板计算方法如下：

样板裤长、裤腰宽、裤口的计算同单裆棉毛裤，但注意裤口的计算要乘以2。

B点距裤腰边样板长=（直裆长×0.4+腰边宽+挽边缝耗）÷（1−回缩率）

H点是后裤身上大裆与裤身连接的终点，如图5-58所示，它与B点的距离为BD+DH，BD是小裆的斜边，DH是大裆与小裆连接后所余的长度，可用作图方法求得。

H′点是前裤身上裤身与大裆的连接点，它与后裤身上的H点缝在一起，因而H′点、H点应位于同一位置线上，H点与H′点平齐，由H点作一线段垂直于前裤身的中线①并与其交于一点，即为H′点。

C″点是前裤身中线缲大裆的起点，C″H′为大裆的一个菱形边长。

② 裤身样板的制图：裤身样板（以罗纹裤口为例）的制图如图5-59所示，步骤如下。

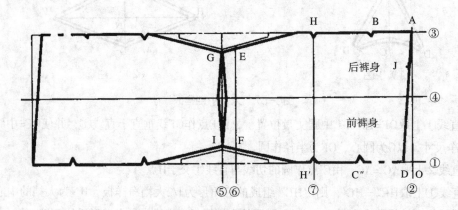

图5-59　裤身样板的制图

a.作水平线①、垂直线②，两线交于O点。

b.在直线②上取OA=裤腰身样板尺寸，过A点作直线③平行于直线①，作水平线④垂直平分AO线，则直线④的上部为后裤身，下部为前裤身，直线③为后裤身中线，直线①为前裤身中线。

c.在直线①上取OD=前后腰差，连接AD，在AD上取AJ=1/4AD，作直线⑤平行于直线②，并使直线⑤与J点（裤长的丈量部位）的距离为裤长样板尺寸。

d.作直线⑥平行于直线⑤并使两直线间的距离为5cm（裤口丈量部位）+绱裤口罗纹缝耗，在直线⑥上取EF=裤口样板尺寸，并使其平均分配在直线④的两侧。

e.在直线③上取AB=B点的样板长度，BH=小裆与大裆样板缝合后的折线长（图5-58（1）中的BD+DH），过H点作直线⑦平行于直线②与前裤身中线交于H′点，在前裤身中线上取C″H′=大裆样板的一个菱形边长。

f.连接HE并延长与直线⑤交于G点，连接H′F并延长与直线⑤交于I点，则ADC″H′FIGEHBA各点组成的图形为裤身样板。为使裤子穿着合体，裤口处沿裤边线④上提0.75~1.5cm左右。

图5-59也同时表示了裤子套裁时的排料情况，B、H、H′、C″点为剪口位置，裁剪时，后裤身ABHEG线应裁开，前裤身C″H′FI折线应裁开，而C″D线为前中，不裁开，图中用点划线表示。

3．三角裤

（1）款式结构特点

三角裤的裤长很短，其裆部的设计非常灵活，裤身与裤裆结构的组合可有多种方法，以罗纹边女三角裤为例，图5-60是其中的一种。该款是左右对称型，样板取其1/2。

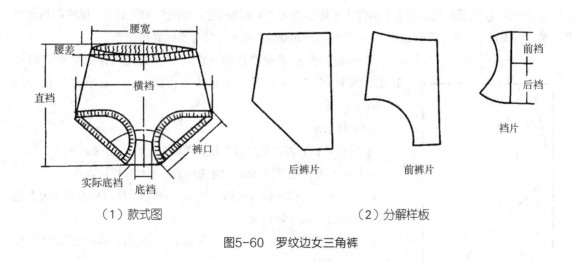

（1）款式图   （2）分解样板

图5-60　罗纹边女三角裤

（2）样板尺寸计算

该款为挽腰，腰口内夹松紧带，用包缝机合腰缝、合底裆、绱裤口罗纹，缝耗均为0.75cm；内衬前后裆夹层用双针机缝制，缝耗0.5cm，样板计算方法如表5-15所示。

表5-15　罗纹边女三角裤样板计算方法　　　　　　　　　　　　单位：cm

序号	部　位		计　算　方　法	备　注
1	后裤片	直裆	（成品规格＋腰边宽＋挽腰缝耗＋合裆缝耗）÷（1－回缩率%）	
		1/2横裆	1/2［成品规格＋缝耗与回缩（2.5cm）］	
		裤口	成品规格＋合腰缝耗＋合裆缝耗－绱罗纹缝耗－拉伸扩张（0.5cm）	裤口斜丝易拉伸，不考虑回缩，要考虑拉伸扩张影响
		1/2底裆	1/2（成品规格＋2cm）＋绱罗纹缝耗	
2	前裤片	直裆	后片直裆－前后腰差（3cm）	丈量部位
		1/2底裆	1/2成品规格＋绱罗纹缝耗	
		1/2样板实际底裆	1/2后片样板底裆	
3	裆片	前/后裆片长	前（后）裆片长成品规格＋绱裆缝耗	
		1/2底裆	1/2前片样板底裆	
		1/2样板实际底裆	1/2前片样板实际底裆	

　　① 底裆：底裆成品规格的丈量部位为实际底裆向上3cm处横量，如图5-60所示，实际底裆约比底裆规格宽2~3cm（本款计算取2cm）。由于在底裆处缝合，故前、后片实际底裆相等。

　　② 前后裆片：前后裆片的长度可根据款式与穿着要求等因素确定，约长12~15cm，其中前裆片长大约4~6cm；后裆片长大约8~10cm。

　　（3）样板制图

　　① 后裤片：后裤片的样板制作如图5-61所示，步骤如下。

　　a. 作一矩形，使其宽OA=1/2样板横裆，长OB=样板直裆。

　　b. 取BD=1/2后裤片样板底裆，并以D为圆心、裤口样板尺寸为半径作弧与矩形的一条边交于E点。

　　c. 为套料方便，腰口处可适当撇进1.5cm左右，因此在线OA上取AF=1.5cm，连接FE。

　　d. 考虑到合腰缝和合底裆的需要，在E、D两点处应各有0.75cm的线段为水平和垂直线段，即EE′∥OA，DD′∥OB，EE′=DD′=0.75cm，则FOBDD′E′EF为1/2后裤片样板。

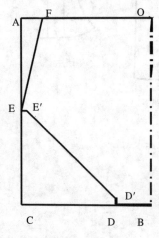

图5-61　女三角裤后裤片的制图

② 前裤片：前裤片样板的制作是在后裤片样板的基础上进行的，如图5-62所示，步骤如下。

a. 以后裤片样板为基础，在线段OB上量取OG=3cm（腰差），过G点作直线①平行于线段OF。在后裤片底裆线BD上取BH=1/2前底裆宽样板，过H点作直线②平行于线段OB；作直线③平行于线段BD，两线交于K点，并使HK=3cm（底裆丈量部位）+合裆缝耗。

b. 过E点作直线④平行于线段OF，与直线②交于I点；作∠I的平分线IP，取IP=2.5~3cm。

c. 按图示要求画出前裤片裤口弧线，弧线在接近E点的一段应沿直线④画出，过1/2EI距离后开始向P点过渡，下端弧线在距K点1cm左右与直线②相切，并保持1cm左右的重合状态后向D点过渡，整条弧线应光滑连接。在D点处也应有0.75cm的线段与线段BD垂直，以便缝合，则FGBDKPEF为1/2前裤片样板。

③ 前后裆片：前后裆片的样板应在前、后裤片的基础上作出，如图5-63所示，步骤如下。

a. 在前后裤片的样板上，作直线⑤平行于线段BD，两直线间的距离为0.75cm（合裆缝耗），该线与线段OB交于L点。同时在直线⑤上取J点，使LJ=1/3底裆成品规格，并过J点作直线⑥垂直于直线⑤。

b. 在线段OB上取LN=前裆片长样板，LR=后裆片长样板。

c. 以J点为圆心、LN和LR长为半径分别作弧，它们与前、后裤口线交于M点和Q点，然后用光滑的弧线连接MN和QR。则MNLD′M为1/2前裆片样板，QRLD′Q为1/2后裆片样板。

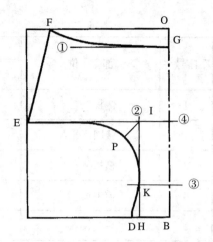

图5-62　女三角裤前裤片的制图

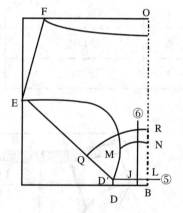

图5-63　女三角裤裆片的制图

六、样板设计实例

（一）男三角裤

1. 款式与规格

该款为裆不开口男三角裤，腰边及前中均有缝，后中连裁，前片拼裆，且裆为双层，款式及测量部位如图5-64所示。产品的裤腰和裤口为挽边，内置松紧带。面料采用丝光棉汗布，克重约150g/m²。成品规格见表5-16，表中序号与图5-64中测量部位序号一一对应。

表5-16　男三角裤成品规格　　　　　　　　单位：cm

序号	部　位	成　品　规　格				
		90	95	100	105	110
1	侧长	9	10	11	12	13
2	腰围	28	30	32	34	36
3	横裆	38	40	42	44	46
4	前中长	29	30.5	32.5	34	36
5	后中长	33	34	35	36	37
6	裤口大	24	25	26	27	28
7	底裆宽（合缝处）	10.5	10.5	10.5	10.5	10.5
8	裤口边	0.9	0.9	0.9	0.9	0.9
9	腰边宽	1.8	1.8	1.8	1.8	1.8

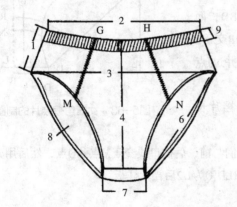

图5-64　男三角裤款式图

2. 缝制工艺与坯布回缩

裤腰和裤口用平双针机挽边、钉松紧带，缝耗为0.5cm；包缝机合缝、绱裆，缝耗为0.75cm。丝光棉汗布的自然回缩率为2.2%。

3. 分解样板

该款有前中缝和侧缝，且采用拼裆形式，所以产品样板可分解为前片、后片、裆片，如图5-65所示。

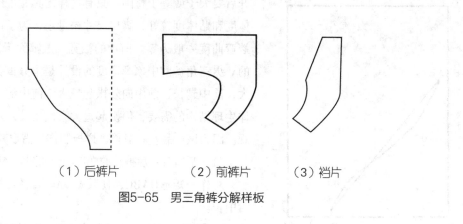

（1）后裤片　　　　（2）前裤片　　　（3）裆片

图5-65　男三角裤分解样板

4. 样板计算

以175/100规格为例进行样板设计。

（1）后裤片

样板后中长=（成品规格+腰边宽+挽腰缝耗+合裆缝耗）÷（1−回缩率）

= （35cm+1.8cm+0.5cm+0.75cm ）÷（1−2.2%）=38.91cm

样板侧长=（成品规格+腰边宽+挽腰缝耗+裤口边+挽裤口缝耗）÷（1−回缩率）

= （11cm+1.8cm+0.5cm+0.9cm+0.5cm ）÷（1−2.2%）=15.03cm

1/2样板横裆=1/2（成品规格+缝耗与回缩2.5cm）

= （42cm+2.5cm）/2=22.25cm

1/2样板底裆=1/2成品规格+裤口边+挽裤口缝耗

=10.5cm/2+0.9cm+0.5cm=6.65cm

样板裤口=成品规格+合腰缝耗+合裆缝耗−裤口边−挽裤口缝耗−拉伸扩张（0.5cm）

=26cm+0.75cm+0.75cm−0.9cm−0.5cm−0.5cm=25.6cm

（2）前裤片

样板前中长=（成品规格+腰边宽+挽腰缝耗+合裆缝耗）÷（1−回缩率）

= （32.5cm+1.8cm+0.5cm+0.75cm ）÷（1−2.2%）=36.35cm

样板侧长=后片侧长=15.03cm

1/2样板横裆=1/2后裤片横裆+合中缝缝耗=22.25cm+0.75cm=23cm

1/2样板底裆=1/2后裤片样板底裆+合中缝缝耗=6.65cm+0.75cm=7.4cm

（3）裆片：裆片的尺寸在规格中没有给出，可以根据款式及穿着要求设计确定。一般前片拼裆部分上端宽（图5-64中GH的距离）约6～10cm，中间与裤口弧线交点的距离（图5-64中MN的距离）约14~20cm，本款前者取6cm，后者取20cm。

5. 样板制图

三角裤为侧缝较短的内裤，一般侧缝在臀围线或臀围线以上。腰围尺寸暗含着臀围尺寸，腰围拉

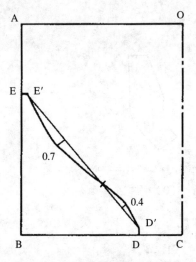

图5-66 男三角裤后裤片的制图

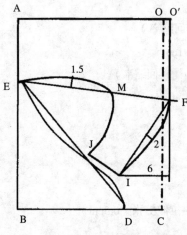

图5-67 男三角裤前裤片的制图

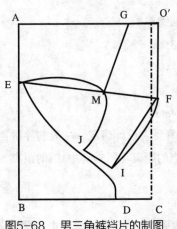

图5-68 男三角裤裆片的制图

开后要大于或等于臀围，只有这样才具有可穿性。三角裤的合体度和贴体度较好，脚口尺寸松量小，为了达到包臀的效果，裆弯曲度一般为零。前片的裆宽一般都大于7cm，以达遮羞目的。男三角裤前中象鼻弯度的设计是十分重要的，象鼻弯度越大，前中越长，前中向外拱起越大。前中的拱起虽然可适应人体生理结构的需要，但拱起过大会使服装外观不平整，有碍美观。因为该产品左右对称，样板制作只需取其1/2。

（1）后裤片：后裤片的样板制图如图5-66所示，步骤如下。

a. 作一矩形OABC，使其宽OA=1/2样板横裆，长OC=样板后中长。

b. 取CD=1/2后片样板底裆，AE=样板侧长，按图示要求画出后片裤口弧线。弧线在E、D点处应各有0.75cm长的线段为水平或近似垂直线段，以便合腰缝和底裆；在ED上部1/3处向外凸出约0.7~1cm；在下部1/6处向内凹0.4~0.6cm，整个裤口为一条光滑的曲线。则OAEDCO为1/2后裤片样板。因为此款后片连裁，无中缝，所以OC应为点划线。

（2）前裤片：在后裤片样板的基础上制作前裤片，方法如图5-67所示，步骤如下。

a. 延长腰线OA，并取OO'=0.75cm（合前中缝缝耗）。过O'作OC的平行线O'F，取O'F=13~15cm。

b. 由F作弧线FI，弧线在F点与直线O'F相切。象鼻FI的弯度约为5~9cm，并在其1/2处凸出1.3~2cm左右，要求弧线O'FI=样板前中长。

c. 以I为圆心，1/2样板实际底裆为半径画弧；以E为圆心，样板裤口×2-ED尺寸（因为ED + EJ=样板裤口×2）为半径画弧，两弧交于J点，连接IJ。IJ即为前片底裆。

d. 连接EF，使MF=MN/2=10cm（MN为前裆片宽），如图作出前裤口弧线EMJ，弧线在EM的1/2处凸出1.5~2cm。则O'FIJMEAO'为前片样板。

（3）裆片：裆片是在前片的基础上作出的，如图5-68所示，步骤如下。

a. 在前片腰线上取O'G=1/2前裆片上端宽度+绲裆、拼裆缝耗=3cm + 0.75cm × 2=4.5cm

b. 连接GM，则O'FIJMGO'为前裆片样板。

6. 结构变化形式

三角裤的种类很多，一般侧缝较短，侧缝长度在0~臀围线位置变化，所以往往没有实际的臀围线存在。侧缝较短的三角裤，由于脚口侧缝点上抬，其前、后裤片的宽度应该相应减小，否则穿着时会有不适感。

三角裤的裆长可分为三部分：前中长、后中长、底裆长。男三角裤的底裆一般分开与前、后裤片连在一起，女三角裤的底裆既可分开，也可单独构成一片，其长度约为13.5cm。后中长因为臀部的翘起要大于前中长，前、后中长相差约2~3cm，对于腹部较大的，前后中长差值应取小值。无论裆长如何取舍，前、后片臀围线下的尺寸至少应达24cm，这样穿着后裆底才不会感到紧绷。

（二）男平角裤

1. 款式与规格

图5-69为男平角裤的基本款式，前片拼裆、双层，后中连裁，有侧缝。裤腰采用3cm宽松紧带，裤口挽边。面料为155g/m²丝光棉汗布。成品规格见表5-17，表中序号与图5-69中测量部位序号一一对应。

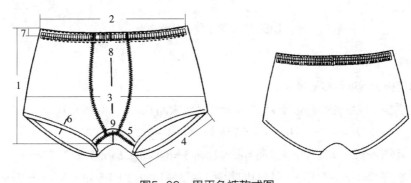

图5-69　男平角裤款式图

表5-17　男平角裤成品规格　　　　　　　　　　　　单位：cm

序号	部　　位	成　品　规　格				
		90	95	100	105	110
1	直裆	24	25.5	27	28.5	30
2	腰围	30	32	34	36	38
3	臀围	41	43	45	47	49
4	裤口大	20	21	22	23	24
5	裆宽	13	14	14	15	15
6	裤口边	1.8	1.8	1.8	1.8	1.8
7	腰边宽	3	3	3	3	3
8	前片拼裆上端宽	11	11	12	12	13
9	前片拼裆下端宽	5	5	6	6	7

2. 缝制工艺与坯布回缩

裤腰和裤口用平双针机挽边、钉松紧带，缝耗为0.5cm；包缝机合缝、绱裆，缝耗为0.75cm。丝光棉汗布的自然回缩率为2.2%。

3. 分解样板

产品样板可分解为前片、后片、裆片，如图5-70所示。

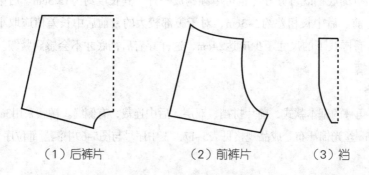

（1）后裤片　　　　　　（2）前裤片　　　　　　（3）裆

图5-70　男平角裤分解样板

4. 样板计算

以175/100规格为例进行样板设计。

（1）样板直裆=（成品规格–腰边宽+绱松紧缝耗+合底裆缝耗）÷（1–回缩率）

$$=（27cm – 3cm + 0.5cm + 0.75cm）÷（1 – 2.2\%）=25.8cm$$

（2）1/2样板臀围=1/2（成品规格+缝耗与回缩2.5cm）=（45cm+2.5cm）/2=23.75cm

（3）1/2样板底裆=1/2成品规格 + 裤口边+挽裤口缝耗=14cm/2 + 1.8cm + 0.5cm=9.3cm

（4）样板裤口=成品规格 + 合腰缝耗 + 合底裆缝耗+回缩0.5cm

$$=22cm + 0.75cm + 0.75cm + 0.5cm=24cm$$

（5）1/2样板前裆上端宽=1/2成品规格+拼裆缝耗=12cm/2 + 0.75cm=6.75cm

（6）1/2样板前裆下端宽=1/2成品规格+拼裆缝耗=6cm/2 + 0.75cm=3.75cm

（7）1/2样板腰围：由于成品规格中给出的腰围尺寸为紧腰围尺寸，松腰围可以在紧腰围的基础上按每15cm加放2cm的比例计算，本产品取4cm，所以样板腰围为：

$$1/2样板腰围=1/2（紧腰围成品规格 + 4cm + 2.5cm）=（34cm + 6.5cm）/2=20.25cm$$

5. 样板制图

平角裤相对三角裤而言，侧缝较长，侧缝通常在臀围线以下，侧缝约等于直裆，或大于直裆，因此依据侧缝长度，平角裤可分为短型和长型两种。由于平角裤侧缝较长，所以裆弯不能等于零。裆弯的取舍是平角裤设计的关键。

该款产品要求前片裤脚口处有一定褶量，所以制图时前裤口尺寸应大于后裤口，此处取6cm。即后裤口样板尺寸=样板裤口 – 3cm；前裤口样板尺寸=样板裤口 + 3cm。

（1）后裤片样板：后裤片的样板制作如图5-71所示，步骤如下。

a. 作十字线OA、OB，两线交于O点，取OA=1/2样板腰围，OB=样板直裆。

b. 作臀围线CD，臀围线一般位于腰口下15cm左右，并使CD=1/2样板臀围，连接AD并延长。

c. 如图所示画出裆弯弧线BE，BE=1/2样板底裆宽；以E为圆心，后裤口样板尺寸为半径画弧交AD延长线于F点，则OADFEBCO为后裤片样板，因为后中连裁，所以OB为点划线。注意裆弯线BE的下部因为挽边需要应该近似对称，即PQ与PE以直线①为轴近似对称，直线①、直线②平行于直线EF，三直线之间的距离为挽边宽+缝耗。

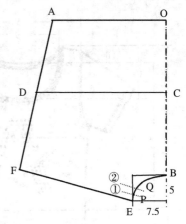

图5-71　男平角裤后裤片的样板制图

（2）裆片：裆片是在后裤片的基础上作出的，如图5-72所示，步骤如下。

a. 在OB线上量取OO′=前后腰差3cm，以弧线连接前裤片腰围线O′A。

b. 在前裤腰线O′A上量取O′M=前裆样板上端宽；在裆弯线BE上量取BN=前裆样板下端宽，用线连接MN，在线MN的1/2处向外凸出约1cm，则O′MNBO′为前裆样板。

（3）前裤片：前裤片在上面的制作基础上进行，由于前片裤口尺寸大于后片裤口，所以前裤片样板应该在原有基本样片的基础上对裤口作伸展变形，具体方法如图5-73所示。

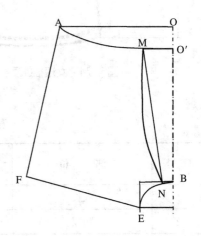

图5-72　男平角裤裆片的样板制图

a. 取O′M′=前裆上端成品规格−拼裆缝耗0.75cm，BN′=前裆下端成品规格−拼裆缝耗0.75cm，并用弧线连接M′N′。

b. 对基片AM′N′EFA作伸展变形处理，得AM′N″E′FA即为前片样板。要求FE′=前裤口样板尺寸，E′N″=EN′，M′N′=M′N″。

6. 结构变化形式

平脚裤是针织内衣中设计难度较大的产品，款式不同，其设计方法也不同。有的平角裤，如许多女式平角裤，设计方法接近三角裤；有的接近外裤的设计方法。平角裤的设计一定要根据款式来进行。

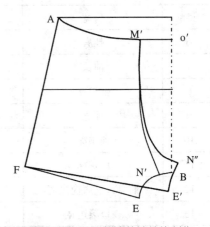

图5-73　男平角裤前裤片的制作

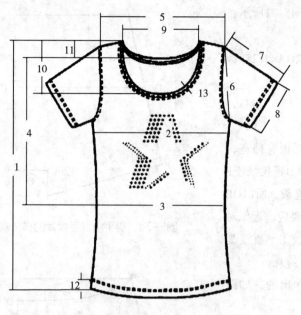

图5-74　女短袖U领衫款式图

（三）女短袖衫

1. 款式与规格

女短袖衫的款式如图5-74所示，领型为U领，领宽和前领深较大，领边采用本身布滚边，宽1cm，袖口、下摆为挽边，合肩、收腰。面料为棉加氨纶棉毛布，克重为185g/m²。由于面料弹性较好，所以成品胸围小于国家标准。成品规格见表5-18，表中序号与款式图中测量部位一一对应。

2. 缝制工艺与坯布回缩

领口双针机滚边，实滚，无缝耗；合肩、合肋采用四线包缝，缝耗为0.75cm；袖口、下摆平双针机挽边，缝耗为0.5cm。棉加氨纶棉毛布，回缩率为3%。

表5-18　女短袖U领衫成品规格　　　　　　　　　　单位：cm

序号	部　位	成　品　规　格			
		155/80	160/85	165/90	170/95
1	衣长	51.5	53.5	55.5	57.5
2	胸围	75	80	85	90
3	腰围	68	72	76	80
4	腰节高（后中量）	34	35	36	37
5	肩宽	36	37	38	39
6	挂肩	16	17	18	19
7	袖长	12	13	14	15
8	袖口宽	13	13.5	14	14.5
9	领宽	18.2	18.6	19	19.4
10	前领深	13.1	13.3	13.5	13.7
11	后领深	2.5	2.5	2.5	2.5
12	袖口、下摆挽边宽	2.2	2.2	2.2	2.2
13	领口滚边宽	1	1	1	1

3. 分解样板

该产品的样板可分解为前衣身、后衣身、袖片，如图5-75所示。

4. 样板计算

以160/85规格为例进行样板设计。

（1）衣身

样板衣长＝（成品规格+挽边宽+挽底边缝耗

　　　　　+合肩缝耗）÷（1-回缩率）

　　　　＝（53.5cm + 2.2cm + 0.5cm + 0.75cm）

　　　　÷（1 - 3%）=58.71cm

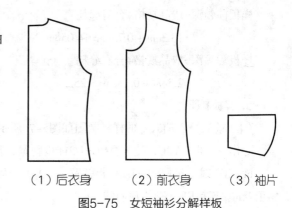

（1）后衣身　　（2）前衣身　　（3）袖片

图5-75　女短袖衫分解样板

样板腰节高=成品规格÷（1-回缩率）

　　　　　=35cm÷（1 - 3%）=36.08cm

1/2样板胸宽=（1/2成品规格+回缩与缝耗2.5cm）÷2

　　　　　=（40cm + 2.5cm）÷2=21.25cm

1/2样板腰宽=（1/2成品规格+回缩与缝耗2.5cm）÷2

　　　　　=（36cm + 2.5cm）÷2=19.25cm

1/2样板肩宽=（成品规格+回缩与缝耗2.5cm）÷2

　　　　　=（37cm + 2.5cm）÷2=19.75cm

样板挂肩=成品规格+合肩缝耗+综合缝耗0.5cm

　　　　=17cm + 0.75cm+0.5cm=18.25cm

（2）袖

样板袖长=（成品规格+挽边宽+挽袖口缝耗+绱袖缝耗）÷（1 - 回缩率）

　　　　=（13cm +2.2cm + 0.5cm + 0.75cm）÷（1-3%）=16.96cm

样板袖挂肩=成品规格 + 绱袖缝耗 + 回缩0.5cm

　　　　　=17cm + 0.75cm + 0.5cm=18.25cm

样板袖口宽=成品规格 + 合袖缝耗 + 回缩0.25cm

　　　　　=13.5cm + 0.75cm + 0.25cm=14.5cm

袖山高尺寸在规格中没有给定，可根据款式确定袖中线的倾斜角度，然后依据袖山高的计算公式算得。该款为合体型，肩斜值取为4cm，此时袖中线倾角约为15°，则：

样板袖山高=袖中线倾角度数÷2.5°/cm+衣身挖肩值+绱袖缝耗

　　　　　=15°÷2.5°/cm + 1/2胸宽−1/2肩宽 + 0.75cm

　　　　　=15°÷2.5°/cm + 40cm/2−37cm/2 + 0.75cm=8.25cm

（3）领

1/2样板领宽=1/2成品规格=18.6cm/2=9.3cm

样板前领深=成品规格+合肩缝耗

=13.3cm + 0.75cm=14.05cm

样板后领深=成品规格+合肩缝耗

=2.5cm + 0.75cm=3.25cm

5. 样板制图

（1）前衣身：前衣身的样板制图如图5-76所示，步骤如下。

a. 作一矩形OABC，使其宽OC=1/2样板胸宽，长OA=样板衣长。

b. 在OC线上量取OE=1/2样板领宽，OD=1/2样板肩宽，并过D作线段DF平行于线段OA，取DF=肩斜值4cm。连接EF，EF为肩斜线。

c. 以F为圆心，样板挂肩尺寸为半径画弧与线段CB交于G点，如图示作出袖窿弧线FG。

d. 在线段OA上量取OH=样板前领深，过H、E点分别作线段OA和OC的平行线，两线交于I点；作∠I的角平分线IK，并使IK=1/3HI，过E、K、H点画出前领弧线，弧线在J点与线段HI相切，HJ=1/3HI，弧线的上部近似垂直，使领口类似U字状。

e. 量取OL=腰节高（后中量）+后领深样板尺寸，作线段LM平行于线段OC，LM=1/2样板腰宽，然后用光滑的弧线连接GMB为侧缝线。则EFGMBAHKE为前衣身样板。

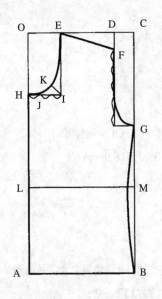
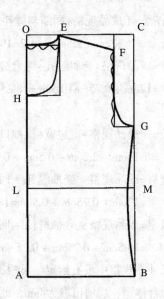

图5-76　女短袖衫前衣身样板的制图　　　　图5-77　女短袖衫后衣身的制图

（2）后衣身：后衣身可在前衣身样板的基础上制作，如图5-77所示。

a. 作出前衣身样板EFGMBAHE。

b. 量取ON=样板后领深，以图示方法作出后领弧线EN。则EFGMBANE为后衣身样板。

（3）袖：袖样板的作图可参见本节图5-25介绍的折边袖的作图方法，此处不再重述。

6. 结构变化形式

内衣的款式变化主要在领型上，针织内衣常采用无领领型，复杂的无领领型的设计可在衣片领圈部位采用几何设计方法。有些新型内衣前后片采用胸宽不相等设计。为了使服装穿着后视觉上显瘦，打板时前片胸宽可以比后片胸宽小1~2cm（每边0.5~1cm）。

（四）男背心

1. 款式分析与规格

男背心款式如图5-78所示，产品无领、无袖，前、后领深、挂肩均大于一般产品，领口及两个挂肩（俗称"三圈"）、下摆为挽边，胸部尺寸除胸围规格外还有前胸宽规格，所以样板制图应结合胸宽部位进行。成品规格见表5-19，表中序号与款式图中测量部位一一对应。

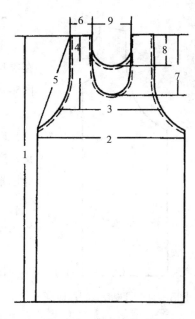

图5-78 男背心款式图

2. 缝制工艺与坯布回缩

合肩、合腰采用四线包缝，缝耗为0.75cm；平缝机挽三圈，缝耗1.5cm（挽边宽0.8cm，折进部分宽0.75cm，两项合并缝耗取1.5cm）；包缝机挽下摆，缝耗0.5cm。18tex棉汗布的自然回缩率为2.2%。

表5-19 男背心成品规格　　　　　　　　　　　　　　　　　　　　单位：cm

序号	部 位	成 品 规 格				
		160/85	165/90	170/95	175/100	180/105
1	衣长	62	64	66	68	70
2	胸围	40	42.5	45	47.5	50
3	前胸宽	25	26	27	28	29
4	前胸部位	17	18	19	20	21
5	挂肩	25	26	27	28	29
6	肩带宽	4	4	4	4	4
7	前领深	16.5	17	17.5	18	18.5
8	后领深	8	8	8.5	9	9
9	领宽	10.5	10.5	11	11	11.5
10	底边宽	2.5	2.5	2.5	2.5	2.5

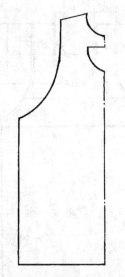

图5-79 男背心分解样板

3. 分解样板

由于该产品前、后领深都大，样板只是在领深部位不同，所以可以在衣身样板上制作出前、后领，整个背心只需设计一块1/2衣身样板，如图5-79所示。

4. 样板计算

以170/95产品为例进行设计，该产品因为领口、挂肩处为斜丝，受拉易产生伸长变形，所以设计时要考虑拉伸扩张损耗，挂肩、前领深拉伸扩张损耗为0.5cm，后领深为0.25cm。

（1）衣身：

样板衣长=（成品规格+挽边宽+挽下摆缝耗+合肩缝耗）÷（1-回缩率）

= （66cm + 2.5cm + 0.5cm+0.75cm）÷（1－2.2%）=71.32cm

1/2样板胸宽=（成品规格 + 回缩与缝耗2.5cm）÷2

=（45cm + 2.5cm）÷2=23.75cm

1/2样板前胸宽=（成品规格+挽边缝耗1.5cm×2）÷2

=（27cm+3cm）÷2=15cm

样板胸宽部位=（成品规格 + 合肩缝耗0.75cm）÷（1－回缩率）

=（19cm + 0.75cm）÷（1－2.2%）= 20.19cm

样板挂肩=成品规格+合肩缝耗+合腰缝耗－挽边缝耗－拉伸扩张0.5cm

=27cm + 0.75cm+0.75cm－1.5cm－0.5cm=26.5cm

肩带宽=成品规格+挽边缝耗1.5cm×2=4cm+1.5cm×2=7cm

（2）领：

1/2样板领宽=1/2成品规格 － 挽边缝耗 = 11cm/2 － 1.5cm = 4cm

样板前领深=成品规格+合肩缝耗 － 挽边缝耗 － 拉伸扩张0.5cm

=17.5cm + 0.75cm－1.5cm － 0.5cm=16.25cm

样板后领深=成品规格+合肩缝耗 － 挽边缝耗 － 拉伸扩张0.25cm

=8.5cm+0.75cm－1.5cm－0.25cm=7.5cm

5. 样板制图

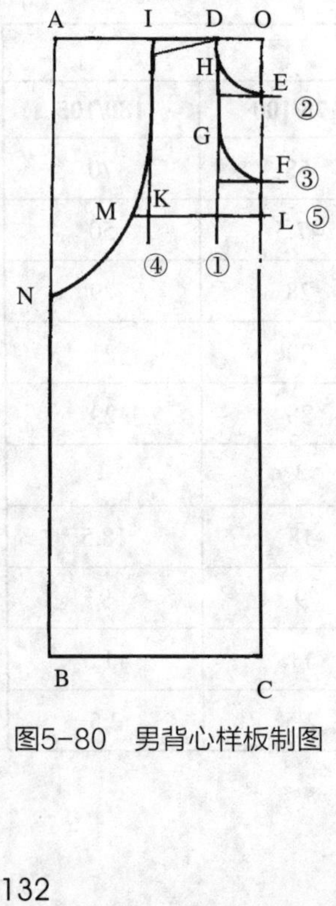

背心样板制图如图5-80所示，步骤如下。

a. 作一矩形OABC，使其宽OA=1/2样板胸宽，长OC=样板衣长。

b. 在线段OA上取OD=1/2样板领宽，过D作直线①平行于线段OC；在线段OC上取OE=后领深样板，OF=前领深样板，并过E、F点分别做直线②和③平行于线段OA。

c. 取前领深的1/4等分点G作弧GF，G为弧与直线①的切点，弧在F点左侧0.5~ 0.75cm处与直线③相切并重合；同样，取后领深的1/2等分点H

图5-80 男背心样板制图

作弧HE，H为弧与直线①的切点，弧在E点左侧0.5~0.75cm处与直线②相切并重合，则DGF为1/2前领弧线，DHE为1/2后领弧线。

d. 在线段OA上量取DI=样板肩带宽，过I作直线④平行于线段OC，在直线④上取肩斜值IJ=0.8cm，连接DJ为肩斜线。

e. 在直线④上取IK=前胸宽部位样板尺寸，并过K点作直线⑤平行于线段OA，L为直线⑤与线段OC的交点，量取LM=1/2样板前胸宽。

f. 以J为圆心，样板挂肩尺寸为半径作弧，与线段AB交于N点，连接J、M、N为挂肩弧线，弧线在N点应有1.5~2cm长的线段与线段AB垂直。则DHECBNMJD为1/2后衣身样板，DGFCBNMJD为1/2前衣身样板，OC为点划线，此处连裁。

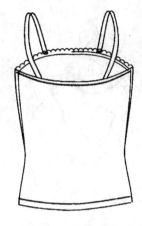

图5-81　吊带背心

6. 结构变化形式

男式背心的款式变化较少，女式背心款式较丰富，吊带式背心是女式们钟爱的品种之一。吊带背心由于领深、领宽较大，所以袖窿部位的结构较简单，如图5-81所示。这类背心的设计要注意前领口的深度一般不低于上胸围线，后领口的深度可至胸围线；胸围线与腰围线之间的距离为16.5cm。而对于有罩杯的吊带背心，则要注意下胸围线与腰围线之间的距离为11.5cm。

第三节　针织外衣结构设计

近年来，随着纺织新原料的不断涌现、针织花色产品的不断开发以及新型整理技术的广泛应用，针织服装已由单一的内衣产品逐渐向外衣市场扩展，以舒适、休闲、运动为主题的针织服装越来越受到消费者的青睐，针织服装已成为具有一定特色的大类产品，其在成衣中的比例由过去的30%增长到如今的50%左右，占据了运动服装等特定市场，并在个性化服装中显示出其巨大的魅力和无限的设计空间。

一、针织外衣的分类

由于针织面料良好的弹性、延伸性以及抗折皱性、易护理性，使得针织外衣更适合作为休闲和运动场合穿用。随着针织服装品种的日益增多以及人们着装方式的改变，内衣外穿的流行使得针织内外衣的界线也逐渐淡化，针织服装成为人们日常生活中不可或缺的衣着种类。

按用途来分，针织外衣可分为休闲服装、运动服装和针织时装，如图5-82所示。

（一）休闲服装

休闲服装原指上下衣不正规配套的着装，目前多指人们工作时间以外、闲暇时的着装，即人们休

（1）休闲针织服装

（2）运动针织服装

（3）针织时装

图5-82　针织外衣种类

息、度假、旅游、购物时所穿着的轻便型日常服，如夏日常见的T恤、广告衫以及春秋季针织衫等。休闲服装主要包括家居休闲服和户外休闲服两类。

1. 家居休闲服

家居休闲服是在家庭范围内穿着的服装。家居生活轻松、惬意，要求其服装具备宽松、舒适、温馨的特点，使人们在繁忙的工作之余身心得到放松。家居休闲服通常只限于人们在室内穿用。

2. 户外休闲服

户外休闲服装则主要指户外休闲活动时的着装，如旅游、购物、会友、垂钓、登山等，相比家居休闲服来讲，其设计空间更灵活、更广阔。户外休闲服是日常生活便装，其服装风格宽松舒适、方便穿脱，轻松、随意，表现服装本身所具备的休闲元素。休闲服已触及到生活中的各个角落，是不可忽视的服装类别。

休闲服装常由中、低特纯棉纱织制，也可采用混纺或交织，组织以纬平针、珠地网眼、双罗纹、绒布以及各类变化组织为主，休闲服装讲究简单的结构设计，造型圆顺流畅，款式以合体和宽松造型为多，套头类产品占多数，圆领是常见的形式，穿着方便，简洁大方。带帽的休闲服装是童装和青年装中较多采用的款式。

休闲服装可采用印花、压条、刺绣、贴绣、植绒等方法，在服装的前胸、袖边、后背及领口等部位进行适当的装饰，以增加服装的活泼性，使服装获得整体美的艺术效果。

（二）运动服装

根据运动服的功能和着装环境，运动服装可分为专业运动服和运动便服两大类。

1. 专业运动服

专业运动服是人们从事各类体育活动时穿用的服装。专业运动服按其用途又可分为入场服、裁判服、训练服和比赛服四类。不同的体育项目都有其相应的运动服装。

专业运动服一般结构简洁流畅，穿着合体轻便，并且满足特定的运动要求，具有良好的延伸性和弹性。面料多采用氨纶含量较高、弹性好的针织面料，原料以化纤为主，如吸湿排汗涤纶，在大量出汗的情况下具有良好的服用性能。运动服装面料的组织可采用各种基本组织以及单双面复合组织，如与人体点接触的网眼类织物。专业运动服面料应易洗快干，色牢度高。冷环境运动的穿着服装还要求具有一定的保暖性，此时可选用克重较大的双面针织物和绒类织物。

在配色上，专业运动服装常利用色彩的对比作用，达到衬托、易于辨认的目的，并营造一个使运动员为之振奋的气氛和色彩环境。不同颜色、不同面料的组合和镶拼可增加服装的活泼性和舒适性。

专业运动服装设计时除满足色彩及造型美观等条件外，还要求穿着时适宜运动项目的竞技发挥。近年来有学者从人体—服装—环境微气候以及动力学等方面，对服装热湿舒适性、服装压力等服装性能方面进行研究，促进了运动服装学科的发展。

2. 运动便服

运动便服是指人们从事体育锻炼或休闲时穿着的服装。运动便装是从专业运动服演变而来的服装，两者都便于运动、护肢体、易穿脱，且通透性好、吸汗能力强，但运动便服与体育运动服有所不同，运动便服主要在日常生活中穿着，色彩和款式已变得更加活泼、自由，不受限制。同时，运动便服吸收了专业运动服面料和结构上的一些功能和特点，更加突出个性。近年来，许多国内外知名运动服装品牌如阿迪达斯、耐克、李宁、双星等都越来越多地受到中青年及白领阶层的喜爱，成为人们休闲时穿着的主打服装。

21世纪的运动服装朝着高级化、多元化、个性化等方向发展，以热湿舒适性、皮肤触感以及安全舒适性研究为主体，重点体现透气、防水、吸湿、排汗、保暖等功能，特别是由抗紫外线、抗静电纤维、抗菌防臭纤维、蓄热保温纤维、多孔吸水纤维等各种新型纤维开发的针织面料越来越多地运用到运动服装，提高了服装的功能，促进了运动服装的健康发展。

运动服和休闲服都是根据其特定的功能和穿着目的而设计的服装，两者虽有差异但也有相同之处，造型简洁、轻便，便于人体运动，是现代人们运动和居家休闲不可缺少的理想服装。

（三）针织时装

针织时装包含的服装范围较广，通常是指以针织面料为基础的各种职业装、社交服以及各种流行的服装等。就针织时装而言，其风格也是多种多样的，有以典雅、实用为主，符合流行的针织套装，讲究上下装的配套呼应，既舒适自然又切合时尚；也有讲究个人风格品味、突出飘逸、粗犷、活泼等独特设计的针织时装礼服。

针织时装一般可分为职业装和社交服两大类。一般来说，职业装是指上班穿着的服装，庄重典雅，衬托穿着者的优美体型和严肃庄严的工作环境，同时也反映个人审美情趣，并能作为上司、同事和客户判断你工作能力及为人依据的服装，过于夸张或时髦的款式在工作的环境下往往会给人轻佻和不可信的印象。社交服为一般社交场合如出席餐会、观看演出等的着装，居于正式礼服与办公室着装之间。在女装设计中，可合理运用分割、褶裥、抽带、绣花等细节元素作为服装亮点，色彩则多为稳重的单色调服装，不同风格的饰件可使着装增添色彩。

针织时装面料的选择空间很大，如果要设计紧身适体、充满动感的针织时装，可选择弹性好的面料；而当设计制服类针织正装时，要求面料挺括、不易变形，并在设计时应采取一定的措施，如加衬、分割、缉明线、镶拼等来克服面料易变形的缺点。在现代设计中，当今高新技术的发展给针织服装的面料设计增添了许多新的元素，不仅使面料的表现能力更加丰富、新奇，也使服装的外观效果有了更多的选择性，塑造的服装风格更是多姿多彩、各领风骚。因此，从轻薄镂空的网眼类针织物到厚重的绒类针织物都可成为针织时装设计时的理想面料，色彩的搭配更是随心所欲、各显春秋。

针织外衣还有一些其他分类方法，如按针织服装面料的原料分类，有天然纤维针织服装、化学纤维针织服装以及混纺或交织针织服装等；按针织服装的服用对象可以分成男式针织服装、女式针织服装和儿童针织服装等。

二、针织外衣设计原则及方法

（一）针织外衣设计原则

1. 美观实用性

外衣是人们穿着在最外面的服装，因此就要以表现和美化人体为第一要旨，服装的美必须是服装与人体和谐统一的整体形象美。此外，由于针织面料易变形的特点，在针织外衣设计时也对服装的耐久性和整体保型性提出了一定的要求，适当的分割、省道、压条、褶皱等设计以及加衬、贴肩条等均可弥补针织面料易变形的缺点。

2. 舒适功能性

着装舒适是服装设计的基本要素。服装面料及服装造型都将影响服装的舒适性及人体的活动空间，因此，服装设计中采用的造型、分割以及服装放松量大小的选取均需等同考虑。同时，针织外衣还应对人体具有一定的防护性能和保护作用。选用特殊性能的面料如抗紫外线面料、各种纳米面料会增强服装的内在质量和外在功能。

3. 风格多样性

风格决定一切。在当今社会，多样化的服装装扮着我们的生活，一件个性的服装会突出穿着者的审美观和吸引人们的视线，成功的设计师更是把标新立异作为自己的设计风格。时代的进步，新科技、新材料的发明和运用，大众消费观念的提高，审美情趣和社会文化意识的增强，都直接影响着服装设计的多样性，也对服装设计工作者提出了更高的要求。

（二）针织外衣的设计方法

针织外衣的样板制图可分为直接制图法与间接制图法两种。

直接制图法是按服装各细部尺寸或运用基本部位与细部之间的关系式进行直接制图。此类方法具有制图直接、尺寸具实的特点，但在根据造型风格估算计算公式的常数值时需一定的经验，有比例制图法、实寸法和规格演算法等。

间接制图法是在原型或基型等基础纸样的基础上根据服装具体尺寸及款式造型进行加放、缩减以及剪切、折叠、拉伸等技术手段所作出的服装结构图。基础纸样的种类主要有原型和基样两种。

针织外衣的样板制作可采用规格演算法、比例法、原型法、基样法以及立体裁剪等方法。一般情况下，企业常沿用传统的设计流程，但有的设计师也根据自身特长选择不同的制板方法。由于外衣类产品款式较复杂，曲线较多，所以在设计和制作样板时，设计师要根据服装款式和规格尺寸，综合利用设计知识，灵活掌握打板方法，最终得到满足设计要求的服装，并能方便推板及排板。

在服装平面结构设计中，样板设计图有毛样和净样两种。毛样指衣片的外形轮廓线，包括缝耗和贴边在内，在剪裁衣片和制作样板时不需另加缝耗和贴边。净样是指按照服装成品的尺寸制图，样板不包括缝耗和贴边，在剪裁时需另加缝耗和贴边。对于针织外衣的结构设计，净样设计更优于毛样设计，通常在针织外衣的净样设计时已将工艺回缩量考虑在内。

随着计算机技术的飞速发展，计算机服装设计系统（CAD）、计算机服装制造系统（CAM）以及各种电脑生产管理系统得到不断的开发和完善，并逐渐投入到针织服装生产中，为针织服装生产降低成本、减轻工人劳动强度，提高产品质量、增加花色品种，缩短生产周期、提高经济效益等方面都发挥出巨大的作用。未来的服装生产将全面实现电脑快速反应机制化"QRT"（Quick Response Technology），QRT的迅速发展也将成为21世纪服装业发展的重要标志。

三、针织外衣结构设计原理

（一）针织服装原型设计原理

原型制图法是根据人体的尺寸，考虑呼吸、运动和舒适性的要求，绘出人体的基本衣片结构，这种基本的结构形式就是原型。原型通过旋转、剪切、缩放等变形即可形成各种复杂、实用的结构图。这种方法相当于把结构设计分成了两步：第一步是考虑人体的形态，得到一个合适的基本衣片；第二步是考虑款式造型的变化，对基本衣片进行变形，得到实用的结构图。

用原型法确定基本结构时，可以剔除款式变化的影响，在进行款式变化时又有了最基本的合体衣片作基础，因此用原型法进行结构设计，既可做到直观、简便，又可适应变化丰富的款式，是一种常用的结构设计方法。

原型的种类很多，可以依据性别、年龄、服装种类以及各国制图方法的不同而划分，如男装原型、女装原型、童装原型；依据制图方法的不同可分为文化式原型和登丽美式原型等；依据人体部位的不同又可分为衣身原型、袖原型、裙原型等等。由于日本文化式原型符合亚洲人体型，且量体部位少，制图方便，在我国推广面最大。本节主要以文化式原型为例介绍。

1. 日本文化式原型

（1）女装衣身原型

衣身原型的制作方法是以人体的净胸围尺寸为基础来推算的，胸围B、背长是制图的必要尺寸，制图采用右半身设计方式，步骤如下。

1）绘制基础线（图5–83（1））

①作一矩形，纵向=背长，横向=B/2+5cm（放松量），其中左边线为后中线，右边线为前中线。

②定袖窿深线：从上平线向下取 B/6 +7cm作水平线BL，即为袖窿深度。

③定胸宽线、背宽线：在袖窿深线上，分别从前、后中线量取 B/6 +3cm 和 B/6 +4.5cm向上作垂线交于上平线。

④定前、后片分界线：从袖窿深线的中点向下作垂线交于下平线。

2）绘制轮廓线（图5–83（2））

①作后领口弧线：在后中点取后横开领=B/20+2.9cm，后直开领为它的1/3，作平滑的曲线连接后中点和后侧颈点。

②作后肩线：在背宽线上，由上平线向下量取后直开领深作长2cm的水平线段，确定后肩点，然后连接后侧颈点和后肩点。

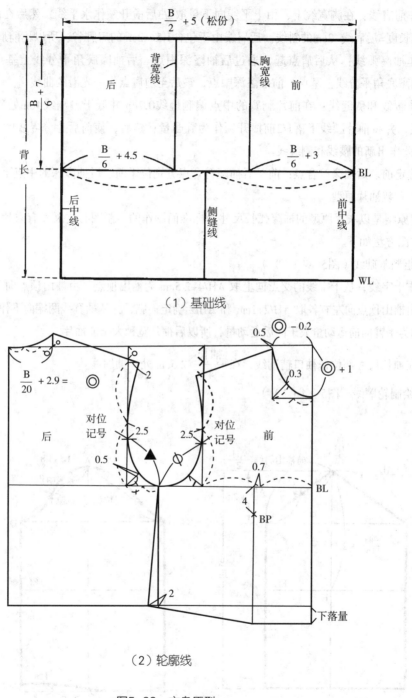

（1）基础线

（2）轮廓线

图5-83　衣身原型

③作前领口弧线：在前中心线顶点，取前横开领=后横开领-0.2cm，前直开领=后横开领+1cm，作平滑的曲线连接前中点和前侧颈点。因为人的头部稍向前倾斜，故前侧颈点应低于上平线0.5cm。

④作前肩线：在胸宽线上，由上平线向下量取2/3后横开领作水平线，然后在前侧颈点与该水平线之间作长度=后肩线−2cm的斜线。后肩线由于包含1.5～2cm的肩胛省，所以比前肩线长。

⑤作袖窿弧线：从后肩点起，通过后袖窿深中点、后袖窿底角平分线上基点、前后袖窿分界点、前袖窿底角平分线上基点、前袖窿深中点，最后至前肩点作一光滑的曲线。

⑥作腰线和侧缝线：在前片胸宽的中点偏侧缝线0.7cm并低于胸围线4cm处确定胸点BP；过胸点作垂线，并将前片腰线下落1/2前横开领作为乳凸量；然后，使前后片分界线的下端向后片方向移2cm，由此作出新的腰线和侧缝线。

⑦确定前、后袖窿符合点：前、后袖窿符合点分别位于前、后袖窿深的中点下移2.5cm的位置。

（2）女装袖片原型

袖片原型是以衣片原型的袖窿弧长尺寸为标准而制作的。制图必要尺寸有衣片原型的袖窿弧长和袖长，作图方法如下。

1）绘制基础线（图5-84（1））

①作十字线，从十字线的交点向上取 AH/4+2.5cm 为袖山顶点，由袖山顶点向下量取袖长尺寸。

②由袖山顶点向左右各取 AH/2+1cm 和 AH/2 确定袖肥，并从袖宽线两端向下作垂线即为前、后袖缝线。因为手臂向前运动量大于向后运动量，所以后袖片宽稍大于前袖片。

③在袖长尺寸部位作袖口辅助线，在 $\frac{袖长}{4}$+2.5cm 处作袖肘线。

2）绘制轮廓线（图5-84（2））

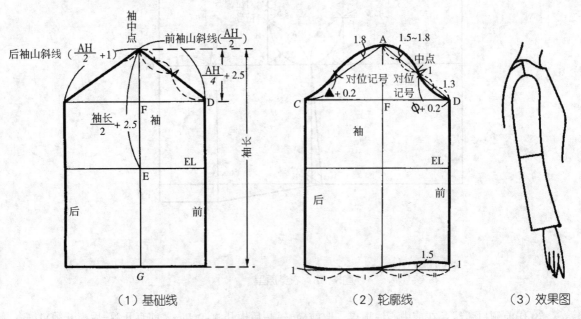

（1）基础线　　　　　　　　（2）轮廓线　　　　　（3）效果图

图5-84　袖片原型

①作袖山弧线：四等分前袖山斜线，在斜线上端的1/4等分点处外凸1.5~1.8cm，2/4等分点下移1cm处为袖山曲线转折点，在转折点以下的斜线的中点处凹进1.3cm。在后袖山斜线靠近袖顶点的1/4等分点处曲线外凸1.8cm，靠近后袖缝线的1/4等分点处作为切点。然后如图示画出前、后袖山弧线。

②作袖口线：将袖口两端翘起1cm，前袖口中点凹进1.5cm，后袖口中点为曲线切点，用光滑曲线连接各点即成袖口线。由于人的手臂在自然下垂时，手臂稍向前倾，因此手腕的最前端要凹进，后端要放出，这样做成的袖口线看上去十分自然，如图5-84（3）所示。

③确定袖符合点：后袖符合点取衣身原型后符合点至前后分界点间的弧长▲+0.2cm；前袖符合点取衣身原型前符合点至前后分界点间的弧长φ+0.2cm。

袖片原型完成后要检查衣身原型与袖片原型的配合程度，并对不吻合的部位进行修正。一般袖山弧线要比衣片的袖窿弧线长，其长出的量即作为缝合的容量。

（3）裙片原型

裙片原型制图的必要尺寸为腰围W、臀围H、臀长、裙长，作图方法如下。

1）绘制基础线（图5-85（1））

①作宽为 H/2+2~3cm（放松量）、长为裙长的长方形。长方形的右边线为前中线，左边线为后中线。

②定臀围线：从上水平线向下量取臀长做水平分割，即得到臀围线。

③作前、后裙片的分界线：在臀围线的中间向后1cm处作垂线即为前、后分界线。

2）绘制轮廓线（图5-85（2））

①作腰围线：在腰围辅助线上分别量取前、后腰围尺寸 W/4+1cm（放松量）+1cm（前后差数）和

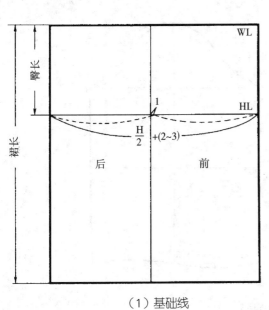

（1）基础线

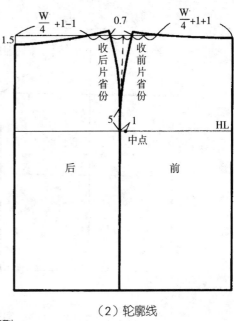

（2）轮廓线

图5-85 裙片原型

141

W/4+1cm（放松量）–1cm（前后差数），把剩余部分各三等分，取其2/3为省道，1/3为腰部收去的量。将前、后腰围侧缝线翘起0.7cm，后腰中部下落1.5cm，连接各点作出腰围轮廓线。

②作侧缝线：在前、后裙片分界线与臀围线交点向上5cm处起弧，分别与前、后侧腰点连接，即为前、后裙片侧缝线。

（4）男装原型

男装原型制图采用左半身设计方式，上衣原型的制图尺寸是胸围、领围、肩宽、背长，袖原型的制图尺寸为袖长、袖窿弧线长。制图要领与女装相同，方法如图5-86所示。

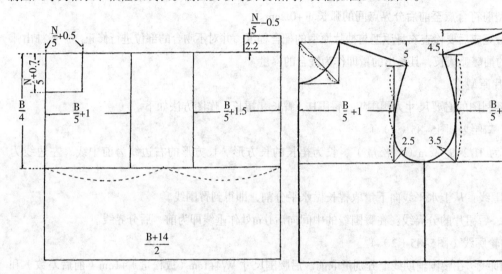

（1）上衣

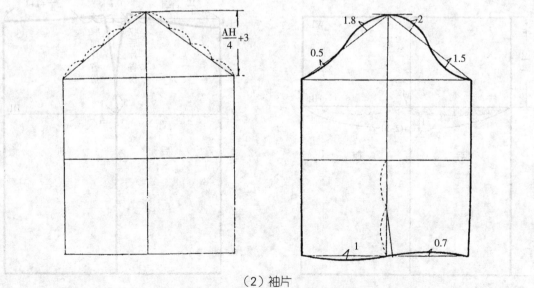

（2）袖片

图5-86　男装原型

（5）裤类原型

裤类原型的制图尺寸为臀围H和裤长，制图方法如图5-87所示。

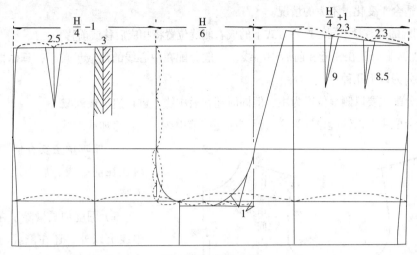

图5-87　裤类原型

2. 针织服装原型的变化原则

针织服装原型常以日本文化式原型为主要形式变化得到。针织服装由于面料的特性，在应用原型设计时较梭织服装复杂、难度也更大。作为针织服装设计人员，要应用好原型，就必须熟练掌握针织面料原型应用的基本原则，才能在设计时得心应手。

（1）衣身围度放松量的设计

服装的围度是由人体的净体围度加上放松量来确定的。围度的确定主要是放松量的确定。放松量的确定要考虑多方面的因素，如服装的宽松度、面料的性能、着装对象以及流行趋势等。

针织服装在进行放松量设计时，首先要根据服装的类型和款式风格目测其服装的宽松度，判断出服装是紧身、合体、较宽松还是宽松等形式；其次，要对所选面料的弹性、厚度等性能进行评估，判断其弹性回复率的大小。因为针织面料弹性不同，放松量有很大差异，需综合各种因素设计服装围度的放松量。

（2）围度加减量的分配原则

原型制作时胸围是按净胸围尺寸加10cm放松量制作的，当针织服装的放松量确定后，我们会得到相对原型尺寸的围度加减量，也就是相比原型放松量以外增加或缩减的放松量，等于将服装的放松量减去原型本身10cm的放松量所得到的差值。

在根据原型进行样板设计时，围度加减量的分配虽然不存在特定公式或定寸等条件的限制，但仍然有一定的规律可循。围度加减量通常设置在前侧缝、后侧缝、前中心、后中心以及侧缝与前后中心线之间这几个部位，如图5-88所示。各部位配比的方式及大小不尽相同，在实际应用中要根据服装款式造型灵活运用。

1）围度加减量集中在侧缝

① 前后侧缝加减量相同，均为1/4变化量。这种方式成衣的侧缝仍然处于人体厚度的中部，与原型效果相同，适合于变化量不大的情况。

② 前后侧缝的加减量不同。这种方式下的成衣侧缝位置将相应后移或前移。

2）围度加减量分配在侧缝和前后中心线，一般分配在中心线的加减量较小，具体根据服装效果的不同，又细分为以下几种：

a. 加减量分配主要以侧缝位置为主，但同时还在后中线上进行追加或缩减。

b. 加减量分配主要以侧缝位置为主，但同时还在前中线上进行追加或缩减。

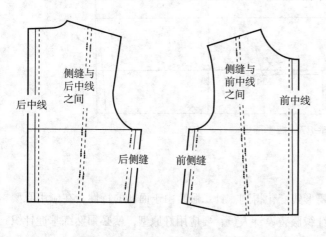

图5-88 围度加减量的分配部位

c. 加减量主要在侧缝位置，但同时还在前中线、后中线上进行追加或缩减。

3）围度加减量除了在侧缝、前后中线上以外，还在侧缝与前后中心线之间进行追加或缩减。这种方式特别适合于用弹性针织面料制作的紧身合体服装。

综上所述，围度加减量在衣身各部位的分配是非常灵活的，在具体操作中，可以根据服装造型和功能的需要灵活掌握，强调哪个部位就向哪个部位倾斜。如后侧缝分配量大于前侧缝，则意味着成衣的侧缝向前侧缝倾斜，服装后身有较多的活动量，而前身则趋于平整；后中缝中心线分配量若大于前中心线分配量，则说明向后中缝倾斜，这适合于后背凸起的体型或需要加大后身运动量的款式。对于开门襟的服装，一般前中心线的分配量要大于后中心线，这是基于考虑衬布、表布和贴边布的厚度以及搭门相重所需要的松量。值得注意的是，当胸围变化量很小时，为方便操作，并使服装趋于简单化，常常将变化量直接分配给前后侧缝，可以根据造型的实际需要，集中分配给前侧缝或后侧缝，或前后侧缝各占一半。

（3）衣身及袖片结构的调整处理

服装围度的变化对衣片原型会造成很大的影响，其中影响最大的是袖窿部位。为此在原型应用中，要根据围度的变化适当调整袖窿深度、肩端点和颈侧点等细节部位，以使服装结构与原型呈一定比例的"相似形"，整体结构处于平衡状态。

袖窿深点的调整与服装造型及面料弹性有关，胸围的变化将导致袖窿深点的改变，变化的规律随服装袖型、胸围的增减量等而不同。

袖子的调整要与袖窿弧线的调节相对应，主要调节部位是袖山高和袖山弧线。袖山高、袖山弧线长以及袖肥是相互制约的。一般来说，袖型要求外观性、合体性好，袖山就要适当抬高；而袖型要求运动性好的，则袖山高要稍低一些。变化后的袖山曲线长度要与大身袖窿的曲线长度相对应。

1）宽松型服装

① 袖窿深点：由于不考虑袖子合体性的问题，袖窿深点的设计主要服从轻便、飘逸的造型效果。通常情况下，胸围放松量与袖窿加深量的关系为3:1，即以原型为基准，胸围放松量每增加3cm，袖窿深点增加1cm，加深量通常先放在后片上。具体做法是：先将原型腰线正确定位，然后确定后片袖窿深点，并向右画一条水平线与前片侧缝相交，定出前片袖窿深点，如图5-89所示。宽松袖袖窿造型比较随意，容易满足实用功能，袖窿加深量可在上述原则下进行调整，也可大于上述计算值，甚至可达腰线部位。

② 肩线：宽松类服装往往采用自然垂肩的造型，即衣服的肩线比人体肩点向外延伸并自然下垂。因此，肩线要做适当加宽及上抬，即肩宽增大，肩斜度减小，同时领窝追加一定的尺寸。对于厚重布料，各部位的追加量要适当加大，若领型为添领或使用围巾时，应在肩部侧颈点追加一定量，以放大领窝。另外，厚重面料需要把前肩端放低约1cm，以形成胸部造型。

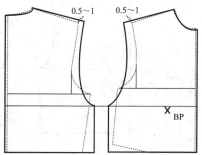

图5-89 宽松型服装袖窿深点的调整

肩点抬高量一般为0.5~1cm，而肩线延长量的经验公式为：

后肩延长量=侧缝放量-1cm±0.5cm（调节量）

③ 袖山：低袖山的服装由于胳膊上抬没有被拉拽的感觉，有较多的活动自由度，休闲装、运动装等通常采用低袖山和宽袖肥。此时，在原型的基础上应使袖山顶点和落山线相向位移，减少袖山高，并增加袖肥尺寸，得到宽松型袖片。其中，袖山顶点下移尺寸以衣身前肩线延长量来参照设计，落山线上移尺寸以衣身袖窿开深尺寸的一半来参照设计，如图5-90所示。袖肥的增加需满足袖窿弧线与袖山曲线相等的条件。

④ 侧缝线：服装前后片的侧缝应为等长，当侧缝松量较大时，由于侧缝的倾斜较大，易造成侧缝不稳定，所以应调整。调整的方法是将腋下点向外挪出0.5cm，并重新绘制前后片的袖窿线，如图5-91所示。

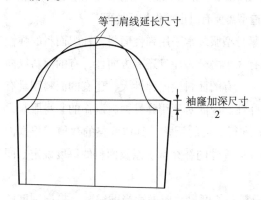

图5-90 宽松型服装的袖山变化

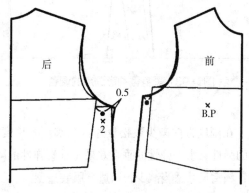

图5-91 侧缝线的调整

2）合体型服装

对胸围变化不是很大的服装，袖窿深点可以保持不变。合体型服装的袖窿深点与胸围之间的关系比较严谨，调整值小，胸围加放量与袖窿加深量比例为4∶1，即在原型袖窿的基础之上，胸围加放量每增加4cm，袖窿深加深1cm。但有些窄袖服装的胸围不增加，为了提高袖子的舒适性，可把袖窿深度加深1~1.5cm。

对外套、各种茄克以及合体的服装，袖山通常设计得较高。由于针织面料的放松量较普通梭织面料为小，因此合体服装的袖肥可在原型的基础上作与胸围侧缝相同量的缩减，如图5-92所示。

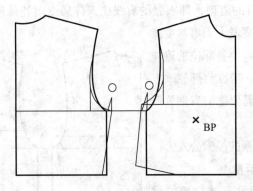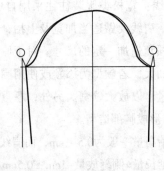

图5-92　合体型袖肥的调整

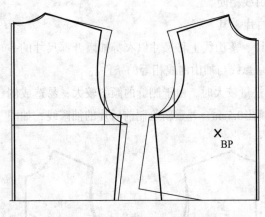

图5-93　紧身型袖窿深点的调整

3）紧身型服装

紧身类服装的原型尺寸基本接近人体的静态净体尺寸，因此，由于围度变窄，所以通常将袖窿深点上抬1~2cm。该类服装由于放松量的减少，除了在袖窿深度上作适度抬高处理外，通常要作肩端点缩窄、肩线降低的处理，使肩部更加贴体，如图5-93所示。若是无袖服装，袖窿深点可上抬1~2cm，但个别服装由于造型需要有时也可作相反处理。

紧身型服装常采用弹性面料，针织面料的弹性不仅有大小之分，而且还有方向性，有的面料纵向弹性大，有的面料横向弹性大，还有的面料则具有双向弹性。因此对于用弹性面料制作的紧身服装，除了在围度方向减少放松量外，在衣片的长度方向也需进行适当的调整。具体调整的数值需根据面料的弹性、水平弹性的垂直效果（垂直弹性的减少量和双向弹性的补充量）以及面料的厚度确定。同时，领窝尺寸适当减少，以适合服装造型。

①纵向伸缩性较大的面料：对纵向伸缩性较大的面料，长度尺寸应做适当的缩减，横向围度的

放松量不能删减过多，其他部位尺寸适当变化，如图5-94（1）所示，腰节长尺寸要减去伸缩量。如在设计泳装肩带的长度、吊带背心的带长时均应做适当的缩短处理，肩宽减缩，领圈减小。

② 横向伸缩性较大的面料：对横向伸缩性较大的面料的原型处理见图5-94（2）所示。由于横向

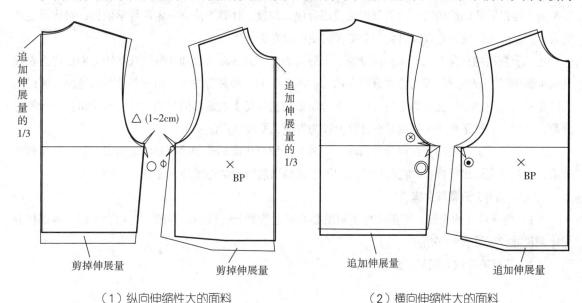

（1）纵向伸缩性大的面料　　　　　　　　　　（2）横向伸缩性大的面料

图5-94　弹性面料衣身的调整

拉伸会造成长度方向的收缩，因此在纸样长度方向应进行相应的加长处理。一般可按围度尺寸减少5%，长度尺寸就应增加2%左右。因此，成品的围度删减量增加，肩宽、领宽减小，领深不变，受宽度减少的影响，背长需适当追加。

采用弹性针织面料制作紧身贴体服装时，袖子的袖山高要适当降低，以适应上抬后较小的袖窿深度。调整方法是将落山线向上平移，平移量为衣身袖窿深点上移的量，如图5-95所示，袖子在袖肥处减小衣身胸围删减量的1/2左右，在袖口处减少约1/3，但袖长基本不变。若袖口设计得较为肥大，则可适当减短袖长。

对纵横向伸缩均较大的面料，要综合考虑上述两种情况。

上述介绍的是利用衣身原型进行设计时需重点注意的几个问题，在原型的实际应用中，还需根据服装的造型、面料的具体性能对腰部及下摆等细部尺寸进行调整。

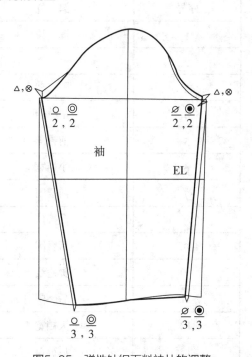

图5-95　弹性针织面料袖片的调整

（二）针织服装比例法设计原理

比例分配法是一种直接制图的方法，它通过测量人体并根据款式设计出服装各控制部位的尺寸（即成品规格），再根据控制部位的尺寸，采用比例分配的方法推算出各细部规格的尺寸，然后直接在平面上绘出服装的结构图。比例分配法使用方便、快速，计算方法有一定的科学依据，对成批生产的大众产品较为适宜，是我国服装行业中普遍使用的方法。

比例分配法的种类有三分法、八分法、十分法等。三分法裁剪法和八分法裁剪法分别是将上衣成品的半胸围尺寸分成三份或八份并分配在前、后衣片中的一种裁剪方法，由于英寸是八进位，所以用英寸裁剪时采用八分法在计算上较方便。十分法裁剪法是将上衣成品的胸围尺寸分为十份进行计算与分配，该方法对于采用厘米制图时在计算上较为方便，所以被广泛使用。

十分法裤子裁剪制图方法可分为两种，一种是分别画出前裤片和后裤片的结构图；另一种又称摆裁法，也就是先画出前裤片，在前裤片结构图上再画出后裤片结构图的方法。

1. 前、后片分开裁剪女裤

（1）规格尺寸的确定：比例法裤子制图必要尺寸为裤长、腰围、臀围、上裆、裤口。各部位分配比例尺寸计算见表5-20所示。

（2）前后裤片的制图如图5-96所示。

表5-20　女裤细部规格　　　　　　　　　　　　　　　　　　　单位：cm

序号	部　位	分　配　比　例
1	裤　长	裤长 – 腰头宽（4）
2	上　裆	上裆 – 腰头宽（4）
3	臀　高	上裆/3
4	中　裆	臀高线至裤口1/2往上5
5	前臀围	H/4 – 1
6	小裆宽	H/20 – 1
7	前腰围	W/4 – 1+省（4.5）
8	前裤口	裤口尺寸/2 – 2
9	后臀围	H/4 + 1
10	烫迹线	H/5 – 1
11	后腰围	W/4 + 1 + 4
12	大裆宽	H/10
13	后裤口	裤口尺寸/2 + 2

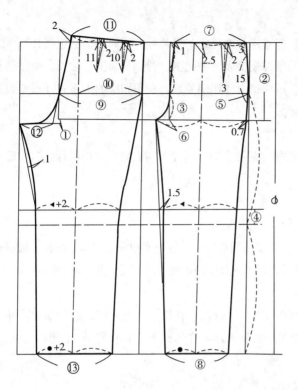

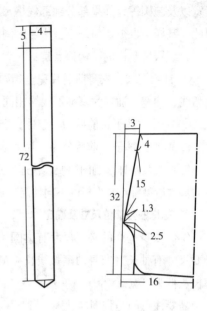

图5-96　前后裤片分开制图

2. 用摆裁法裁剪女裤

摆裁法与普通裁剪方法的区别主要在于先画好一个基础前裤片，在这个前裤片的基础上直接画出后裤片，如图5-97所示。

按规格尺寸画好前裤片，使后裤片的烫迹线、臀高线、横裆线、中裆线、下平线与前裤片的上述各线重合。然后按后裤片的各部位分配比例尺寸依次序定出以下各点：①臀围外侧缝点；②臀围后裆缝点；③大裆宽点；④后腰起翘点；⑤腰围宽点；⑥中裆宽点；⑦下口宽点。⑥、⑦两点处均比前裤片外放2cm。连接上述各点即为后裤片。

（三）针织服装基样法设计原理

针织服装基样是以针织服装的"基本型"为依据，兼顾服装款式造型和针织面料性能而得到的。在采用基样设计时，可通过对基样适当部位进行调整而绘制服装样板。该方法是依据针织服装特点、日本文化式原型以及国外针织服装基样而创立的设计方法。

针织服装基样设计与原型一样，属于平面型服装结构制图方法。服装的基样有很多种类，如衣身基样、裤子基样以及裙身基样等。基样根据服装的视觉效果还可分为合体基样、紧身基样和

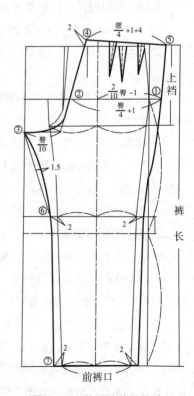

图5-97　前后裤片摆裁法

宽松基样等，裤子基样根据结构形式可分为一片式基样和两片式基样两种。不同造型的服装其基样形状可有很大的变化。与原型相比，基样法所需的细部规格多，如胸围、背长、领围、袖长、袖窿深、背宽以及腕围等，如果部分细部规格尺寸未知，可根据人体比例关系，利用相应的关系式计算得到。因此，基样法也被认为是原型法与比例法的结合。

针织服装基样的结构特点是：

① 针织上衣：衣身前后片完全相同，只是在领窝弧线上前、后片不同，袖片采用一片式，前后袖山弧线、袖宽、袖口大、袖下线均相同。

② 一片式裤子：前后为一整体，造型简洁，剪裁方便。

③ 两片式裤子：前后分为两片，造型符合人体，外形美观。

针织服装基样法制图简便、快速，适应面广，只要使用与所制样板松度相符合的基础样板，根据服装的款式造型特点及面料的不同性能，通过对基样进行不同程度的调整，即可完成服装的结构制图。

1. 基样的各部位尺寸及确定

绘制衣身基样的必要尺寸有胸围（B）、领围（N）、背长、衣长、总肩宽等，绘制袖片基样的必要尺寸有袖长、衣身袖窿弧线长（AH）、腕围。绘制裤片基样的必要尺寸有臀围、腰围、上裆、裤长、裤脚口宽等。

需要注意的是胸围、领围、背长、总肩宽、腕围等尺寸均为人体净尺寸。

基样各部位的尺寸是随着服装规格尺寸的变化而变化的，通常在设置上采用以下三种方法：

① 尺寸随规格尺寸的变化而变化，如袖长的变化与袖长规格成正比。

② 尺寸是净尺寸的比例数，如袖窿深度=1/6 B+X，B是服装的净胸围，而X随规格尺寸的变化而变化。

③ 尺寸为定寸，常在一些曲线的画法中应用，其大小与服装造型及规格尺寸的变化关系不大，为简化计算过程，因此采用定寸。

不同部位的尺寸设定主要依据人体各部位比例关系、人们的设计习惯以及计算的简化性考虑，其中常用十分法和四分法，因为以十为分母的计算容易口算、心算，而四分法将人体四等分计算也符合一般设计方法。在计算中各种分法的比例均有应用，不同比例分配预示着服装结构的分割形式不同，同样，不同的计算公式存在一定的差异。

2. 几种针织服装基样

针织女装基样是建立在女装基本纸样的基础上，按照不收胸省、肩省的针织服装要求得到的。图5-98~图5-100分别绘制了合体型、贴体型和宽松型针织上衣的基样，三者的主要差异在于胸围的放松量，对应样板的其他尺寸也有相应的变化。

一般来说，为设计及制作方便，针织服装的衣身基样前后片的前胸宽与后背宽相同。然而，在某些基样的设计中，需对前后衣片的上部及下部做适当变形处理，如将前胸宽设置成小于后背宽，得到不同的前后衣片的袖窿弧线；有时设置前后片的肩点高度起始点不在同一水平线，导致肩线移位到前片或后片；还有些服装为造型需要，下摆弧形侧缝起翘或开衩，有时还设置前后片的衣长不等长等形

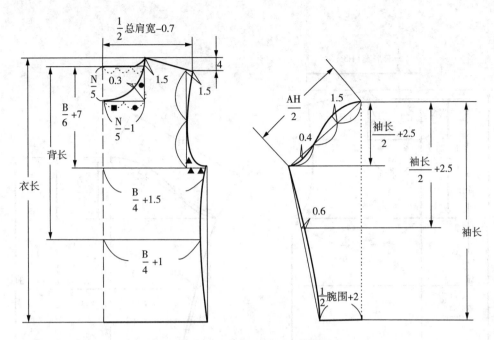

图5-98　合体型针织上装基样

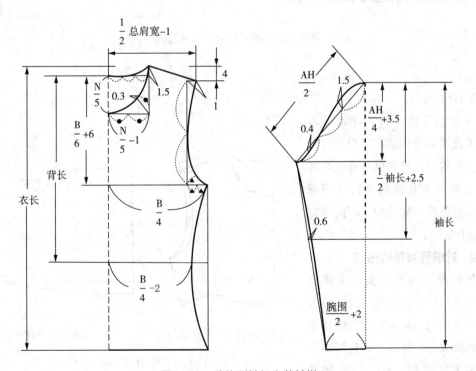

图5-99　贴体型针织上装基样

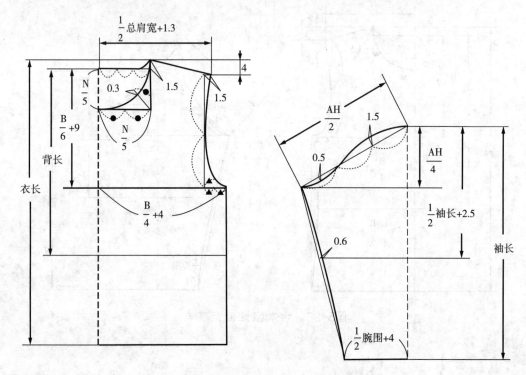

图5-100　宽松型针织上装基样

式，如图5-101所示。

　　关于裙以及裤片的基样设计可参考原型及比例法的基本结构进行设计，且它们的变化形式也可参照前述的上衣基样的变化原则进行适当调整，以满足各种不同造型、不同性能面料的设计需要。

（四）针织服装领的构成

　　衣领的设计造型很多，主要有挖领和添领两种。领的结构设计可采用领圈尺寸作图法和用衣片领圈作图法。无领领圈的设计可在衣片领圈的基础上采用几何设计方法，如方形领的设计见图5-102所示。

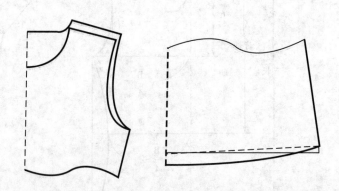

（1）前后衣片上部的变化　　　　（2）前后衣片下部的变化

图5-101　针织上衣基样的变化形式

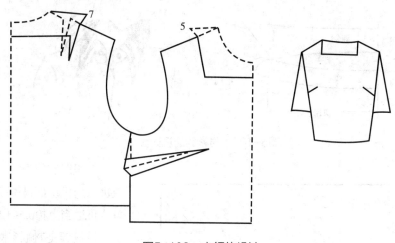

图5-102　方领的设计

1. 立领

立领无翻领部分，只有领座，是单独直立状的领型。立领的基本形状是直条形，其长度等于领圈的围度，宽度是领子的高度。一般情况下，立领的上口线与下口线长度之差为2.5~3cm，图5-103为采用领圈尺寸制作普通立领的方法。

针织服装的翻领一般没有领座，或可用机织面料做的领座，翻领的下口线可适当上台0.5~1.5cm。

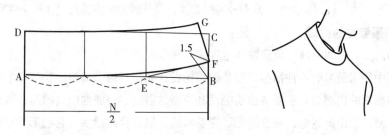

图5-103　立领的设计

针织服装的立领一般采用直丝排料，其结构一般不强调立起状态，属软体结构，由于针织面料柔软，所以针织服装的立领高度可以较高，甚至可以高2/3颈长，如二翻套头领，此时由于领子的高度较高，领口应适当开大，使领口保持头部的活动容量。另外，针织面料的延弹性较好，其领口的上口线与下口线长度之差较小，起翘量较小，一般为1cm，甚至可以为零。

2. 翻领

翻领有多种形式，常见的是衬衫领、横机领和坦领等。

衬衫领由领座和翻领两部分组成，制图方法如图5-104所示。领座的制图与立领相似，采用领口线长度加0.5cm容量作领口下线，并在其1/3处向上抬起约2cm。延长下口线2cm做门襟宽。后领座中心处取高3.5cm，画出领座上口线。翻领制图在后中心处必须要提高一定尺寸，约在后中心线领座高向上3cm处开始，该值的大小与领座高低有关。一般领座高，该值偏小；领座低，该值偏大。然后在后中心线处取领面宽尺寸，领角线可依据造型设计。需注意翻领的下口线要等于或稍大于领座的上口线，一般为0.3cm左右。

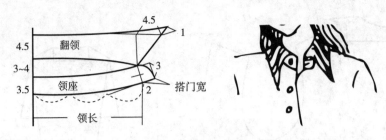

图5-104　衬衫领的设计

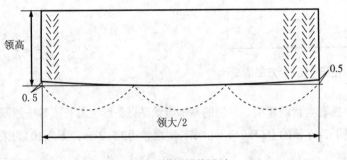

图5-105　横机领的设计

针织服装的翻领一般没有领座，或可以用机织面料做领座，翻领的下口线可适当上抬0.5~1.5cm。

横机领是T恤衫常见的领型，一般计件编织形成光边的长方形，领高为编织方向，由于领子的长度方向处在面料的横向，外口线由于面料的横向弹性，因此穿着时成为翻领。为使造型更好看，可对领底线进行适当处理，如图5-105所示。由于针织面料横向具有较好的弹性，设计时通常将领长尺寸小于领窝尺寸0.5~1cm。

（五）针织服装袖的构成

针织服装的袖型多为圆装袖、插肩袖和连肩袖三种形式。

装袖是服装中使用最多的一种袖型，装袖的结构设计要注意袖山弧线的长度和形状应与袖窿弧线匹配，袖山高与袖宽的比例要合乎服装的功能性和造型的需要。一般袖山高越高，袖根越瘦，穿着合体，但运动不方便；袖山高越低，袖根越肥，穿着舒适，但衣身纹褶多。它们都具有各自的特点，适应不同款式的需要，如图5-106所示。

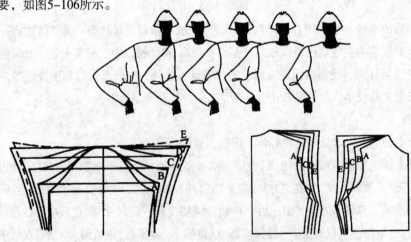

图5-106　袖山与袖肥及服装款式的关系

1. 普通合体一片袖

普通合体一片袖的袖片要和衣身袖窿缝合，因此前后袖窿长和袖长构成了袖片制图的必要尺寸。在用原型法制作普通合体袖时，要将原型袖的袖山高追加2cm，袖中线在袖口处向前移动2cm，前后内袖缝线在袖肘线处内凹1cm，如图5-107所示。

针织合体服装的袖山高在基本袖山高以下，一般控制在 $\frac{AH}{4} \sim \frac{AH}{3}$ 左右，即8~12cm。针织服装的袖型通常为平袖，袖片与衣身缝合时不需要容量，因而针织服装一片袖在作前后袖山斜线时可根据量取的袖窿长度预减一个量，以使袖山曲线的长度等于袖窿长度。

2. 喇叭袖

喇叭袖的结构特点是上小下大，可用切展法设计。将袖身按图5-108所示方法定出切展线位置，然后根据袖口尺寸沿辅助线展开。袖山形成特殊的曲线，同时袖山高降低。

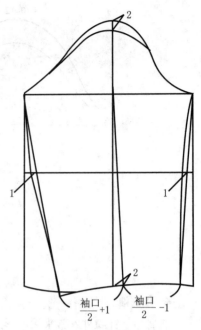

图5-107　普通合体袖的设计

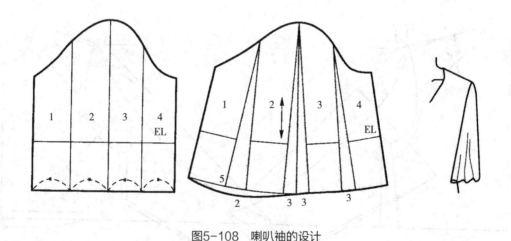

图5-108　喇叭袖的设计

3. 泡泡袖

将一片袖原型中心部分剪开至袖山高线后，分别向左右转动，在袖山拉开10~12cm的缩褶量，形成泡泡袖袖山，如图5-109所示。

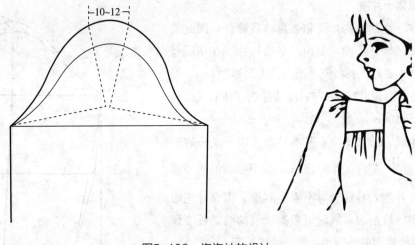

图5-109　泡泡袖的设计

4．插肩袖

插肩袖是针织外衣常采用的形式，袖型别具一格，袖山与袖窿的变化丰富。插肩袖的设计见图5-110所示。

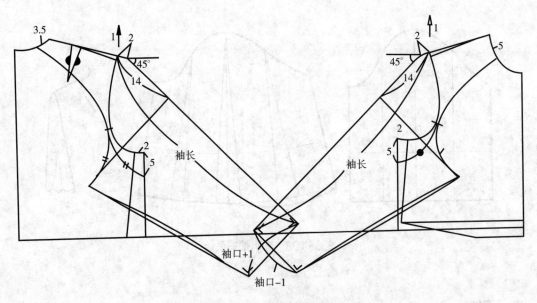

图5-110　插肩袖的设计

插肩袖的结构设计要注意以下几点：

① 插肩袖的肩端点要在原型纸样的肩端点上抬1cm，再延长2cm，以补足肩部的容量。

② 插肩袖的袖山高一般取13~15cm，而且前后袖片的袖山高一致。袖山高的设计与上袖的袖子有所不同，它受袖窿深的限制。袖窿深较大时，为避免形成的袖肥过大，所以选择的袖山高也相应增大。

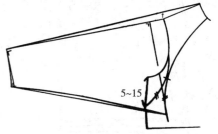

③ 插肩袖由于是一种较宽松的结构，因此，其袖窿深的变化范围很大。袖窿深一般要在原型袖窿深的基础上再挖大5~15cm。由于插肩袖的袖子部分是在衣身袖窿的基础上设计的，所以袖窿设计的随意性较大。插肩袖衣片袖窿弧线的长度要与袖子袖山弧线的长度保持一致。

针织服装的插肩袖由于面料弹性的原因，结构简洁，常采用一片袖形式，将肩点抬高，使肩线和袖中线重合为一直线，如图5-111所示。

图5-111 针织服装插肩袖的结构变化

5. 连袖

连袖的结构特点是袖子和衣片在袖窿处无拼接缝，穿着比较休闲。在进行连袖的结构设计时，一般服装的放松量要适量的增加，肩部的斜度需比原型的肩斜度略小，如图5-112所示，领口尺寸有时也须适当调整。

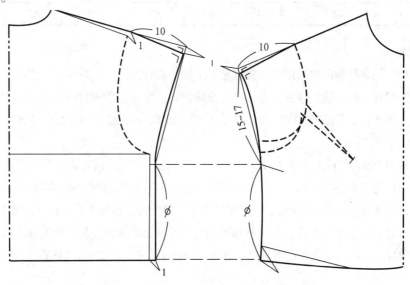

图5-112 连袖的设计

四、针织外衣设计实例

（一）规格演算法样板设计实例

由于大多数针织厂的设计人员采用规格演算法设计样板，因此，对于休闲类及运动类服装,通常采用规格演算法来计算其样板尺寸，此时的样板设计及绘制方法与内衣样板相同，但外衣设计多采用净样

图5-113 横机领短袖男T恤款式效果图

法，即样板主要尺寸计算只考虑工艺回缩而未计入缝耗和折边等，裁剪时直接在样板上加上即可。

1. 横机领短袖男T恤

（1）款式及规格

横机领短袖男T恤为暗襟短袖衫，其款式如图5-113所示。此款服装属于合体直身款型，大身及袖用全棉纯色平纹或网眼集圈针织布，领和袖口采用横机编织。该产品门襟处有三粒钮扣，后领圈用原身布作后领衬布（龟背），前后下摆不等长，侧缝开衩。

男装合体T恤的放松度一般控制在10~16cm，以175/92A为例，其规格尺寸见表5-21。

表5-21 横机领短袖男T恤成品规格　　　　单位：cm

部位	衣长	胸宽	下摆宽	肩宽	挂肩	袖长	袖口	前/后领深
尺寸	75	54	53	48	23	24	20	8/2
部位	领宽	领角长	后领高	领长	门襟长	门襟宽	底边	袖罗纹
尺寸	17	6.5	7.5	40	17	3.5	2.5	2.5

（2）缝制要求

门襟贴衬布，缉领及缉门襟采用平缝机缝制，下摆平双针挽边，其余部位采用四线包缝机合缝。缉门襟之前将门襟底边用四线包缝机包边，以防止脱散。四线拷光后领衬布，双针绷于大身反面。四线拷光左右下摆边缝，平车做衩，内衬本色纱带。单针加固左右肩缝、袖缝及袖口缝。

（3）样板设计及制图

横机领短袖男T恤的样板主要由大身、袖片、门襟、领片、后领衬布以及袖罗纹组成，由于该款为暗襟，正面门襟与衣身连在一起，所以不需要开门襟孔，只是在缝制时将门襟处剪开与反面贴布缝合在一起即可，样板制图如图5-114所示，坯布的自然回缩率与面料种类有关，本例为2%。

采用净样设计，主要部位尺寸，如衣长和各围度尺寸均已加入回缩量，故其样板尺寸略大于规格尺寸。另外，放样时，除考虑各处的缝耗外，还要注意将下摆折边的2.5cm考虑进去。

① 前片

a. 以衣长及胸宽作基础线，画长方形。其中，衣长=衣长规格−前后衣长差值2cm＋自然回缩量=（75−2）÷（1−2%）=74.5cm；胸宽=胸宽规格＋自然回缩量=54÷（1−2%）=55.1cm。

b. 以领宽及领深的规格尺寸为基础，画顺领窝线。

c. 以肩宽及落肩尺寸，画出肩线。由于在缝制过程中肩部易受到拉伸，一般不考虑回缩，故肩宽尺寸=规格尺寸，落肩采用4cm。一般落肩可采用$\dfrac{肩宽}{10}$数值。

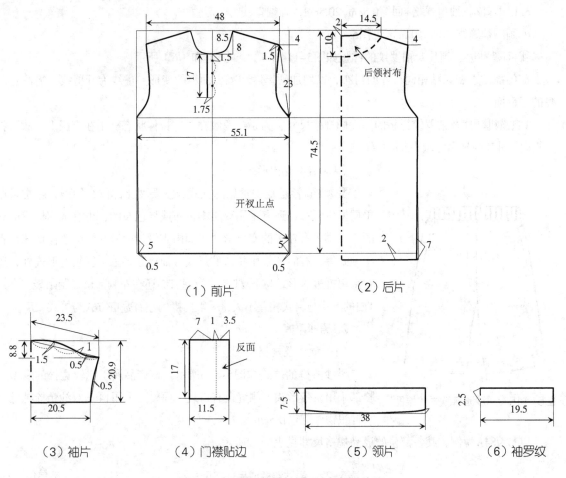

（1）前片　　　　　　　　（2）后片

（3）袖片　　　（4）门襟贴边　　　　（5）领片　　　　（6）袖罗纹

图5-114　横机领短袖男T恤样板结构图

d. 以挂肩尺寸画出袖窿底点，冲肩尺寸采用1.5cm，画顺袖窿线。

e. 下摆较胸围收缩1cm，分别置于两侧边缝，同时作开衩止点标识5cm。

f. 门襟及纽孔标识见图5-114（1）。

② 后片

在前片的基础上，绘制半个样板。

a. 衣长增加2cm，胸宽采用半胸宽。

b. 领深尺寸同规格尺寸。

c. 以后领衬布规格尺寸，画顺边缘线，见图5-114（2）。

③ 袖片

a. 袖长=袖长规格-边口+自然回缩量=（23-2.5）÷（1-2%）=20.9cm

b. 以袖山高=$\dfrac{胸围}{10}$-2cm=8.8cm，挂肩=23.5cm，画袖山弧线。

c. 以袖口宽=袖口规格+回缩0.5cm=20.5cm，画袖口线。

d. 画顺袖缝线，凹势0.5cm,见图5-114（3）。

④门襟贴边、领片及袖罗纹的样板如图5-114（4）、（5）和（6）所示。

前门襟贴边需黏贴相同尺寸的衬布，以增加硬挺度和减少面料的变形。虚线为开剪线，需注意门襟的正反面。

T恤横机领片及袖罗纹样板的高度同规格尺寸，为了使罗纹在一定拉伸状态缝制在衣服上，故可将其横向尺寸比规格尺寸减小2cm左右。

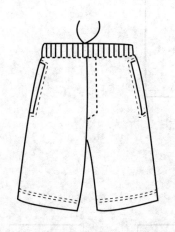

图5-115　男沙滩裤款式效果图

（4）结构变化形式

翻领T恤衫是夏季常见的款式，主要变化部位在领型，除常采用单层横机领外，还有采用双层本色布或异色布的，也有采用梭织面料的。门襟也有较多的变化形式，如内衣设计中所介绍的明襟形式、青年领式等，有时还采用拉链的形式。袖口除多采用罗纹边形式外，还常采用折边的形式与下摆呼应。有些T恤还在左胸部位缝制贴袋。女式T恤的形式与男式相差不大，一般门襟的左右叠搭方式与男式相反。

2. 男沙滩裤

（1）款式及规格

男沙滩裤的款式如图5-115所示。该产品属于比较宽松的款型，腰部采用束带形式，侧缝设有口袋。面料可采用14tex双纱精梳纯棉纬平针织物，克重185g/m²。

以175/84A为例，其各部位的成品规格尺寸见表5-22所示。

表5-22　男沙滩裤成品规格尺寸　　　　　　　单位：cm

部位	裤长	腰　围	臀围	臀高	前裆（连腰量）	后裆（连腰量）
尺寸	53	104	110	22	32	39
部位	腰高	横裆（裆下2.5cm）	裤口	裤口折边	袋位（距腰口）	袋口长
尺寸	4	65	59	2.5	8	16.5

（2）缝制要求

侧缝及裆缝采用包缝缝制，平缝挖袋并缉0.15cm单明线，袋口两端及裆底打结加固。前腰内中开两个相距5cm的长直纽孔。双针绷缝绱腰、挽裤口，腰头内夹橡筋。

（3）样板设计及制图

采用净样设计，主要部位尺寸均已加入回缩量，放样时，除考虑各处的缝耗外，还要注意将腰头折边4cm和裤口折边2.5cm考虑进去。男沙滩裤样板结构如图5-116所示。

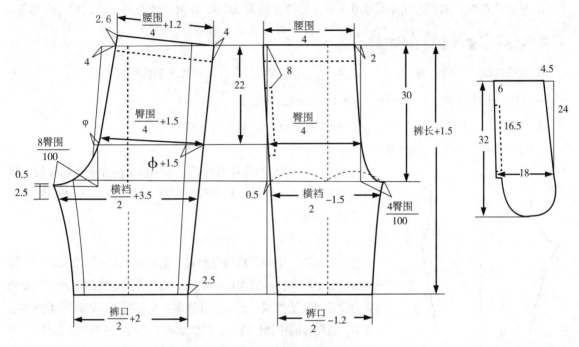

图5-116 男沙滩裤样板结构图

① 前裤片

a. 作基础线：腰口线、裤口线和臀围线。其中，臀围线与上平线距离为臀高规格，臀高大小通常约等于2/3上裆；裤长在裤长规格的基础上加入1.5cm的回缩量。

b. 画前裆宽线：前片的臀围取为1/4臀围。考虑到上裆的弯曲，取上裆值=前裆规格=30cm，画横裆线。取前裆宽=4臀围/100，定前裆端点，并以$\dfrac{横裆}{2}$-1.5cm臀围尺寸定横裆点，同时取其中点作为前片中心线。

c. 定裤口大：取1/2裤口-1.2cm为前裤口大，以中心线为基准两侧均分定裤口，并画顺下裆线。

d. 作上裆曲线：腰口撇进2cm，作前上裆线，并验证上裆曲线弧长为32cm。作腰围线，前片腰大为$\dfrac{腰围}{4}$。

e. 以腰围点、臀围点、横裆点以及裤口点为定点，画顺侧缝轮廓线，并确定口袋位置。

② 后裤片

在前片的基础上，利用摆裁法绘制后裤片。

a. 画基础线：以前片为基准，画出腰口线、臀围线、横裆线、裤口线和中心线。

b. 定后臀围大：在臀围线上由前片侧缝线向右量φ+1.5cm定侧缝边点（φ可取1cm），以$\dfrac{臀围}{4}$+

1.5cm为后片臀围大，得到后片臀围两个定点，此时样板的臀围尺寸已加入1.5cm×2的回缩量。

c. 画后裆宽线：取后片落裆量为0.5cm，后裆值为 8/100 臀围，画后裆宽线，后片横裆值=

$$\frac{横裆}{2}+3.5cm，横裆加入的回缩量为2cm×2。$$

d. 画后腰线：后裆起翘2.6cm，撇进4cm，画上裆线，并验证后片上裆弧线长为39cm。作尺寸为

$$\frac{腰围}{4}+1.2cm的腰围线，同样腰围也加入1.2cm×2的回缩量。$$

e. 画裤口线：在前片裤口线上，两边分别向外1.6cm，确定后片裤口大。

f. 用弧线画顺下裆线、侧缝线。

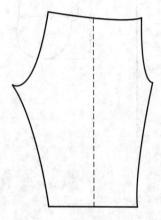

图5-117　一片式裤样板结构图

③ 袋布：为前片和后片两片式，图中描出前片袋布的样板，裁剪时四边各放出1cm缝耗，后片仅需在袋口侧缝处放出1.5cm缝耗，其他同前片袋布。

（4）结构变化形式

裤子有长裤、中裤、短裤等形式。宽松休闲式针织外衣裤，在臀围的放松度上较大，一般为16cm以上。由于臀围松度的加大，后翘和裆宽的设计可以适当减小，后裆缝线斜度也可减小。针织休闲裤和运动裤不存在明显的中裆位造型，侧缝线和下裆缝线可简化为斜线。

针织宽松裤的裤片也可采用类似于针织内裤的一片式结构，前后片一体，只需一块样板，侧缝为直线，与面料纵向对齐。但由于针织外裤无拼裆，故其结构简单，样板简图见图5-117。

针织外衣男裤与女裤的设计方法基本是相同的，但也有以下区别：

① 男裤可设一个或左右两个后口袋；

② 男裤的腰头宽度比女裤略大；

③ 男裤主要有前开门形式，而女裤则有前开门、侧开门、后开门等多种形式；

④ 女裤的省、分割及打褶设计遵循了裙子多变的特点，与裙子的结构原理相似，男裤的款式则相对固定。

3. 带帽休闲长衫

（1）款式及规格

该休闲长衫为常见的休闲宽松式服装，款式见图5-118所示，帽兜为圆顶型，带里料，与服装直接相连；衣服为全开襟拉链形式，前襟贴袋；袖口及下摆采用双层罗纹边口。

宽松型服装一般放松量为14~20cm，体现休闲、舒适的风格。以175/100A为例，休闲衫的规格尺寸见表5-23。

图5-118　休闲长袖衫款式效果图

表5-23 上衣规格   单位：cm

部位	衣长	胸围	肩宽	袖长	挂肩	领宽	前/后领深	袖口	袖罗纹
尺寸	74	120	47	61	30	20	10/2.5	38	6/10
部位	下摆罗纹	帽高	帽宽	帽握边	口袋上宽	口袋下宽	口袋高	袋口宽	
尺寸	6/50	35.5	25.5	2.5	12	17.5	19	14.5	

（2）缝制要求

绱门襟、口袋用平缝机缝制，折边缝耗较大，具体需根据部位的不同有所差异，如绱拉链的折边缝耗为1.5cm，口袋折边缝耗1~1.5cm，绱帽折边缝耗1cm。绱罗纹、合缝、绱袖等用四线包缝。

（3）样板设计及制图

休闲长袖衫的样板主要由大身、袖片及帽片组成，它们的结构如图5-119所示。

① 衣身

a. 画衣身基础线：衣长尺寸=衣长规格−6cm（下摆罗纹高）+1.6cm（回缩量），半胸宽尺寸= $\frac{胸围}{4}$ +0.5cm（回缩量），前片胸宽尺寸还需减去0.5cm的绱拉链容量。

b. 前后领深按规格尺寸设计。

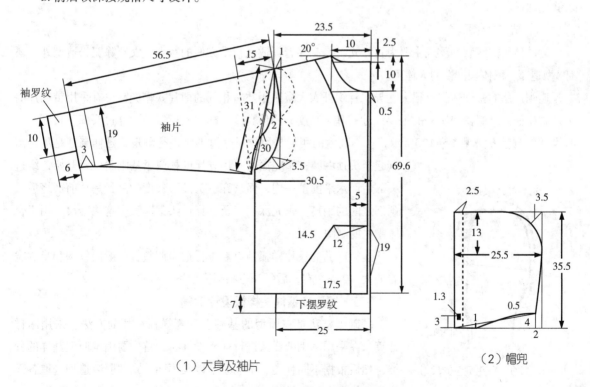

（1）大身及袖片   （2）帽兜

图5-119 休闲长袖衫样板结构图

163

c. 肩宽部位尺寸按肩宽值及20°肩斜角画出，以挂肩尺寸确定袖窿深度，将肩点和袖窿深点以曲线连接（冲肩可取1~2cm，本例取1cm）。

d. 门襟贴布比照前片尺寸设计，宽5cm。

e. 下摆罗纹尺寸为规格尺寸的两倍，考虑到横向拉伸的影响,下摆罗纹高度取7cm×2。

② 袖片

a. 延伸肩斜线至袖长尺寸，袖长=袖长规格–6cm（袖罗纹长）+1.5cm（工艺回缩量）=56.5cm。

b. 袖山尺寸可取 $\frac{胸围}{8}$ =15cm，袖挂肩为规格尺寸加回缩量1cm，此时袖山曲线长度与大身袖窿曲线尺寸基本相等。

c. 袖口在距边缘3cm处横量，尺寸为 $\frac{袖口}{2}$ 。

d. 袖罗纹尺寸同规格尺寸，长度是规格的两倍。

③ 袋布：按所给规格尺寸画样板，周边加1cm缝耗，注意斜口处为折边加缝耗。

④ 帽兜：分左右两片结构，由面料和里料组成。

a. 以基础线为基准绘制样板，注意领围的长度要与大身的领围线相匹配。

b. 面料在距底边3cm处作纽孔标记。

c. 在裁剪时，帽子的面料除边缘加上1cm缝耗外，还需在折边处加上2.5cm的折边，里料则直接加入缝耗即可。

（4）结构变化形式

运动休闲类服装的款式主要为宽松式，具有穿着舒适、行动方便的特点，女装除宽松造型外，还有X型造型，以体现女性的人体美。

连帽产品的帽兜造型有很大差异，针织外衣大多采用左右相同的两片式帽兜，也有采用带插片的三片式帽兜。绘制帽兜所需的主要尺寸有基本高度、延伸高度、帽兜深度以及"穿过头部"长度，这些尺寸的测量方法见图5-120所示，基本高度的测量是用软尺穿过下颌进行测量；延伸高度是从颈窝点起至头顶一圈；帽兜深度是用软尺或松或紧从眼睛位置开始，绕过头部后面水平围量一周；而"穿过头部"长度的测量是从前额绕道后颈部之间的距离。帽兜深度以及"穿过头部"长度这两个尺寸用于合体帽兜的制图。

连帽产品的衣片样板领口需进行适当调整，一般前领深和半领宽需加大1~2cm左右，后领深也根据需要适当调整。

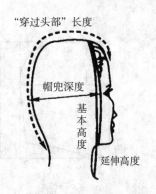

图5-120 帽兜测量的尺寸

（二）原型及基样法样板设计实例

基础纸样法是在原型的基础上计算样板尺寸的方法，采用净样计算。在采用基础纸样法进行样板设计时，首先要确定原型基样的种类，然后根据不同种类、不同季节以及不同形式的服装造型选取各部位的放松量和规格尺寸。

1. 女式镶拼圆领衫

（1）款式及规格

女式合体圆领短袖衫的款式如图5-121所示。该产品属于合体款型，胸围放松量为2cm，收腰、插肩、圆领。袖片由主片和前后两块异色同料镶拼组成，袖片对前后领的分割不完全相同。袖口和下摆均为折边。面料可采用100%涤纶超细双面网眼织物，克重160g/m²。

以165/88A为例，其成品规格见表5-24所示。

图5-121　女式镶拼圆领衫款式效果图

表5-24　镶拼圆领衫规格表　　　　　　　　　　　单位：cm

部位	衣长（后中量）	胸围	腰围	背长	下摆	袖长	1/2袖肥（垂直量）	1/2袖口	下摆折边	袖口折边
尺寸	55	92	80	36	89	34	17	14.5	2.2	2.2

（2）缝制要求

袖片为异色同料包缝镶拼，并用平缝机缉0.15cm明线，袖窿弧线同样用平缝机缉0.15cm明线。袖口及下摆内折2.2cm绷双明线。包缝上领，缉0.15cm单明线。

（3）样板设计及制图

女式镶拼圆领衫的样板主要由前片、后片和袖片组成，它们的结构如图5-122所示。

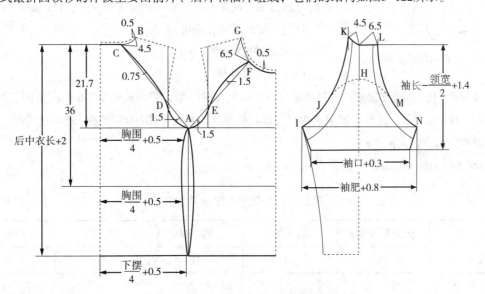

图5-122　女式镶拼圆领衫样板结构图

① 衣身

a. 根据胸围尺寸，拓下合体型针织衣身基样，延长衣身基样至衣长尺寸（加入2cm的回缩量）。

b. 画出前身的对称片，沿侧缝连接前后衣片。

c. 在腰围线和下摆处按规格尺寸画侧缝线。衣身围度尺寸均加入0.5cm的回缩量。

② 衣身领口和插肩线

a. 前后领宽各加宽0.5cm，领深均降低0.5cm，画出新的前后领窝弧线。

b. 取CB=4.5cm，GF=6.5cm，画直线连接点C和点A以及点F和点A。

c. 在衣身基样上画出曲线形插肩线CDA和FEA。

③ 袖片

a. 按袖肥尺寸，拓下袖子基样，并延长袖中线。

b. 在袖中线两边4.5cm和6.5cm处画两条平行线，作弧线$\overset{\frown}{JK}$和$\overset{\frown}{NL}$分别与衣身样板上弧线CA和弧线FA的尺寸相等。曲线JK长度等于后片上曲线DC的长度，曲线ML长度等于前片上曲线EF的长度。

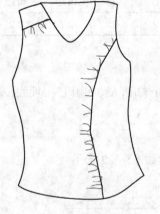

c. 用曲线连接点K和点L，弧线KL为袖领口线。

d. 作袖口线。由于插肩袖袖长的测量方式，故袖长=袖长规格 - $\dfrac{领宽}{2}$ +1.4cm（回缩量），由袖口尺寸画出袖口线。袖片的围度尺寸已分别加入不同的回缩量。

e. 画出镶拼料分割结构线。

（4）结构变化形式

设计插肩袖时，袖子与大身水平线的倾斜角度可在20°左右变化；由于袖片与大身分割缝的设计不同，可有各种不同的大身与袖片的分割曲线，这需根据具体款式要求来决定，针织服装多见的为直线分割，线条简洁、明快。

图5-123 女式抽褶V领衫款式图

2. 女式抽褶V领衫

（1）款式及规格

女式抽褶V领衫的款式如图5-123所示。该产品属于贴体型，胸围放松量为0，采用不对称分割形式，抽摺、收腰、V领、无袖。该服装为双层面料缝制，面料可采用100%经编网眼印花织物，里料采用同料的素色织物，克重90g/m²。

以160/84A为例，其成品规格见表5-25所示。

表5-25 女式抽褶V领衫规格表　　　　　　　　　　　单位：cm

部 位	衣长(后中量)	胸 围	腰 围	下 摆	肩带宽
尺寸	58	84	72	84	5

（2）缝制要求

领口、袖口以及分割线部位采用不易变形的平缝线迹缝制，其他部位采用包缝机缝制。面料与里料对应部位缝合后，下摆以平双针绷缝缝合。

（3）样板设计及制图

女式抽褶V领衫的样板主要由前片和后片组成，由于抽褶分割线将衣身前片分割为不对称的两部分，需对抽褶部位进行切展处理，因此前片样板的设计需经过两次设计，如图5-124和图5-125所示。

① 衣身前片

a. 根据胸围尺寸，拓下贴体型针织衣身基样，对称画出左右两片，并延长衣身基样至衣长尺寸。

b. 前领宽加宽2.5cm，画出领窝弧线，肩带宽5cm。

c. 腰围侧缝收2cm省量，按胸围、腰围和下摆画顺侧缝线和下摆线。

d. 根据款式需要，将前片分割为左右两片，分割线经过左胸点，形成袖窿省，并将2cm的省量分别转移至分割线的腰部位置。

e. 右肩缩短长度至袖窿的 3/5 部位，这个尺寸与后片右肩增加的长度相等。由于右肩抽褶，肩部等分画两条剪切基线。

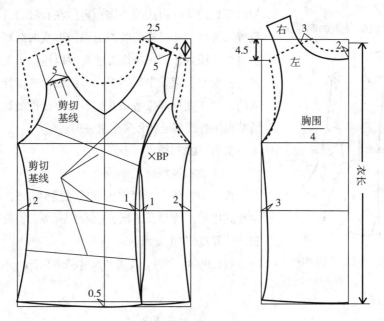

图5-124　女式抽褶V领衫样板结构图

② 衣身后片

a. 根据前片画出后片的基准尺寸。

b. 后领宽加宽3cm，领深降低2cm，画出后领窝弧线。

c. 腰围侧缝位置收3cm的省量，按胸围、腰围和下摆画顺侧缝线和下摆线。

d. 肩宽5cm，右肩增加长度与前片缩短的尺寸相对应。

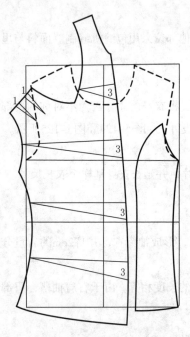

图5-125　前片的切展样板结构图

图5-126　翻领女衬衫款式效果图

③前片的切展

a.用4条剪切基线将左前片均分，作为切展基准，如图5-124所示。

b.以腰线为基准，将左前片分别沿4条剪切基线切展3cm，修顺展开后的轮廓线。

c.右肩沿剪切基线分别向左右各扩展1cm，画出切展后的轮廓线。

前片切展后的样板如图5-125所示。

④里料

里料的尺寸基本与面料相同，但须除去抽褶的切展量。

（4）结构变化形式

细皱褶是指折叠量小，分布较集中、细密、无明显倒向的褶。它具有丰满、活泼、自由的立体视觉效果，以轻薄、柔软的面料效果最佳。细皱褶极富变化，如灯笼袖、裙边、袖口、领口等处的荷叶边式的装饰；再如在衣服的衣领、肩部、腰部及臀部等处，通过橡筋收缩或抽带形成的细皱褶，不仅调节松紧自如，而且还富有装饰美感，所以适用于无省的部位以及款式，在女装及童装中运用极广。细皱褶的设计是通过切展法得到的，即在抽褶部位剪切并扩展纸样，控制展开量的大小可灵活掌握服装的宽松度和改变服装的造型。

3. 翻领女衬衫

（1）款式及规格

该款为合体女式衬衣，款式见图5-126，衬衫式翻折领，一片式中袖。收腰及下摆，前衣片有腰省、胁省，后衣片收腰省，前开襟6粒扣设计。

以160/84A为例，其成品尺寸见表5-26所示。

表5-26　成品规格　　　　　　　　　　　　　　　　单位：cm

部　位	后中长	胸　围	肩　宽	袖　长	腰　围	袖　口
尺　寸	58	92	38	42	74	24

（2）缝制条件

包缝合肩、绱袖、合袖缝及大身侧缝，缝耗为1cm。平缝机镶门襟、绱领及前后腰省，缝耗

1cm。袖口用同色横纹布包0.5cm的边，平缝加固。开纽孔及钉扣用专用缝纫机操作。

（3）样板设计及制图

在衣身原型、袖原型的基础上设计样板尺寸，样板主要有前后身衣片、袖片和领片，如图5-127所示。

① 后衣片

将前后身衣片原型在腰围线处对齐摆正，从腰围线向下21cm为衣长，在原型侧缝线画出垂直辅助线。

a.领口线：从后侧颈点外延0.5cm，画出后领弧线。

b.小肩线：从原型肩点向内1.5cm，至领口画出小肩线。

c.侧缝线：在原型衣片袖窿深线处进0.5cm，下0.5cm定点；在腰围线上从后中线量取 $\frac{腰围}{4}+2cm$（省量）=20.5cm定点；在摆缝线上从垂直辅助线外出1cm，上翘1.5cm定点；然后从摆缝点、腰围点至袖窿深点完成侧缝线；连接至肩点完成后袖窿弧线。处理摆线成直角画出衣摆线。

d.腰省：在腰围线上量取中点画一垂直辅助线，向上至胸围线定点，向下距摆缝线4cm定点为腰省长；在腰围辅助线上量取2cm为腰省宽，连接上下两点完成腰省。

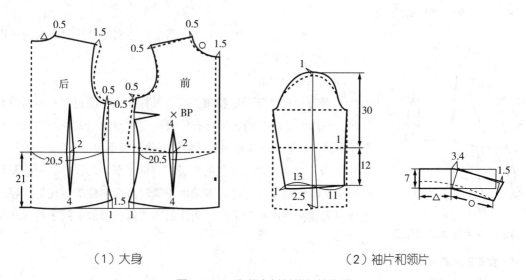

（1）大身　　　　　　　　　　（2）袖片和领片

图5-127　翻领女衬衫样板结构图

② 前衣片

a.领口线：从前侧颈点外延0.5cm，在原领口前中线外出1.5cm为搭门宽，画出前领弧线○。

b.小肩线：从原型肩点向上0.5cm定点，画出小肩线。

c.侧缝线：在原型衣片袖窿深线处进0.5cm，下0.5cm定点；在腰围线上从前中线量取 $\frac{腰围}{4}+2cm$（省量）=20.5cm定点；在摆缝线上从垂直辅助线外出1cm，上翘1.5cm定点；然后从摆缝点经腰围点至袖窿深点完成侧缝线；再连接至肩点完成前袖窿弧线。处理摆线成直角，画出衣摆线。

d. 腰、肋省：将全省量分别转移到胸腰省和肋省两处；先将部分省量转移到肋下使腰节先平行，作出肋省；再在腰围线上引BP点垂直辅助线，以辅助线为中心量取2cm为腰省宽；向上距BP点4cm定点，向下距下摆线4cm为腰省长，连接上下两点完成腰省。

③ 袖片

a. 描绘出原型袖片，在袖中线抬高1cm画出新的袖山弧线。

b. 前移袖中线：在原型袖中线袖口处向右1.5cm定点，从该点与袖顶点作出新的袖中线。

c. 从中线顶点向下量取42cm为袖长，画出袖口线。

d. 在袖口线上从新的袖中线，向右量取11cm为前袖口宽，向左量取13cm为后袖口宽。

e. 处理前、后袖缝线：在前、后袖缝线 1/2 处作0.5cm袖弯，画出前、后袖缝弧线；在后袖缝线袖口处向下量取1cm定点，从这一点到前袖口宽点画出袖口弧线。

④ 领片

a. 分别量取后领弧线长△和前领弧线长○。

b. 作宽为7cm，长为后领长△的矩形基准线。

c. 作宽为7cm，长为前领长○的矩形基准线，领外边松量为3.4cm（旋转角度约为14°），领前端延伸1.5cm，画顺领外部轮廓线。

图5-128　A字裙款式效果图

以上样板设计时未加入工艺回缩量，在实际设计时需根据选用面料的回缩率适当加入。

（4）结构变化形式

① 翻领产品的领子造型很关键，其样板尺寸随造型的不同而有所差异。一般女式服装的领子可有较大的变化空间，尤其是领角的形式多种多样，而男式服装则相对稳定，变化形式不大。

② 设计领子或门襟部位的样板时，为了服装的造型，一般面料的样板比里料的稍大，这样可避免由于缝制或面料性能造成的翻翘，另外针织服装在制作时常采用压明线的方法以提高服装的平整度和尺寸稳定性。

4. 女式三片式A字裙

（1）款式及规格

该款为小喇叭形，前一片，后两片，后中缝上端装拉链，前后腰部收省两道，款式见图5-128，成品规格见表5-27。

表5-27　成品规格　　　　　　　　　　　　　　　单位：cm

部　位	裙　长	腰　围	臀　围	腰　宽
尺　寸	70	68	92	2

（2）缝制条件

平缝机合后中缝、绱拉链，包缝机合两侧缝，平缝机绱腰，缉双明线，绷缝挽底边，缉双明线。

（3）样板设计及制图

在裙原型基础上进行设计，样板主要有前后裙片和腰头，如图5-129所示。

a. 画出前后原型裙片。

b. 作侧缝线：在前后裙底边线各向外量取5cm、起翘2cm定点，在前后腰侧点各起翘0.7cm定点，然后经臀围线点连接以上两点画出前后裙侧缝线。处理摆缝成直角，画出前后裙摆线。标记后片拉链位置。

c. 作腰头：腰头长=腰围规格+3cm（搭门量）=71cm，腰头宽2cm。

同样，该样板未计入面料的回缩量，在设计时根据面料的回缩率加入。

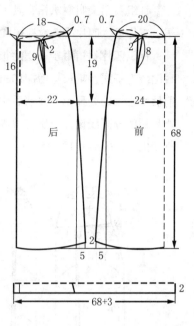

图5-129　三片式A字裙样板结构图

（4）结构变化形式

① 针织裙的腰头有时也采用松紧带的形式，穿脱方便。此时，在计算腰围时要将松紧带的宽份量加进去。松紧带可在整个腰头加入，也可只加在两肋边或只在后腰头加入。

② 针织裙可有多种造型，如直筒裙、斜裙、四片裙、西装裙等，样板设计时应根据款式和面料的特性适当增减局部尺寸。裙摆度的变化是由筒裙—A型裙—斜裙—360°斜裙逐渐演变的过渡过程，如图5-130所示。

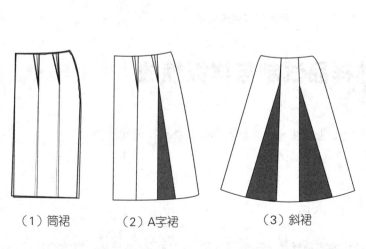

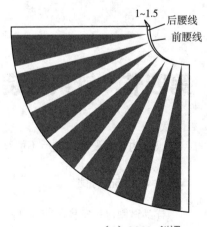

（1）筒裙　　　　（2）A字裙　　　　（3）斜裙　　　　　　　（4）360°斜裙

图5-130　裙摆的变化

针织斜裙又叫喇叭裙，其下摆呈喇叭状，裙摆展开量可大可小，裙片的分割也可多可少，有两片裙、三片裙、四片裙、六片裙和八片裙等。

针织四片斜裙由于下摆的扩展，腰部弧线曲度应增大。下摆的设计应考虑其功能性，其最小量以臀围线为基线，裙长每增加10cm，下摆应扩展1~1.5cm。腰部也应将一个腰省的一半量（1~1.5cm）在前后中心线处处理掉，使前后中心线形成曲线造型，这就是分割形成立体造型的优势所在。六片裙和八片裙的分割线设计分别在臀围线上距离前后中心线三分之一和二分之一的位置，并将省道设计在分割线内，如图5-131所示。

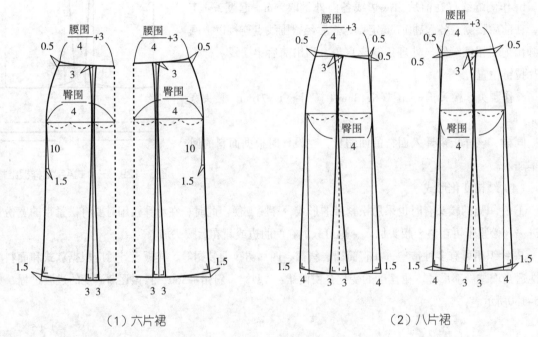

（1）六片裙　　　　　　　　　　　（2）八片裙

图5-131　多片分割斜裙样板结构图

第四节　针织服装的样品试制与样板缩放

服装的纸样设计完成后不能马上投入工业化生产，要进行样品试制和样板缩放。

一、样品试制

样品试制包括实样制作和样品试生产。

1. 实样制作

又称试小样，其目的是提供客户确认的实物样品，一般只试制1~2件，让客户认可服装的款式、面料、辅料、缝制工艺等综合质量水平。

2. 样品试生产

也即样品试制。经客户确认的样品，在大批量生产前必须按产品设计的要求，放入生产工段中进行小批量试制，其数量一般要达20件或更多（视订货批量大小而定），这也称为试中样。

样品试制的目的是通过批量试制，核对纸样设计有无差错，制作出的样品在款式、规格、缝制工艺等方面是否达到了设计要求，或是否达到了客供来样的要求；同时，观察分析生产的可行性，制订合理有效的生产工艺流程和纸样应放缝份大小，大致掌握用工、用料情况，对生产成本和生产时间作出比较切合实际的估算。

生产中由于影响成品规格、质量的因素很多，如坯布轧光幅度是否适当，坯布裁剪前自然回缩时间是否充足，缝制时缝纫损耗大小的掌握，整烫时用力大小等，只试制一件或几件样品很难确定问题的原因，因此试制的样品要有一定数量。对试制样品要一件件测量，以确定纸样是否符合规格要求，凡发生以下情况，样板必须要作修正：

① 产品主要部位规格公差超过规定的允许范围，且公差值偏向一方（均为上差或下差）。

② 虽然规格公差并没有超出规定的允许范围，但公差值偏向一方。

修正后的纸样仍要作小批量试制，直到达到要求方可投入生产。

试制样品所用材料均为正品，所需测试和收集的技术资料包括：

① 原材料资料：如品名、规格、货号、颜色、价格等以及缩水率、色牢度、色差、强力、织物密度、干重、回潮率等物理化指标；

② 工艺技术资料：如款式图、样板、排料图、工艺过程、工艺要求等；

③ 实物标样：包括材料标样和成品标样。材料标样从纱线、面料、里料、衬料、各种线、扣、钩等。成品标样指经技术、生产部门审定或客户确认的封样。

二、样板缩放

1. 工业制板基础知识

依据服装结构设计方法绘制的服装结构图经常是净样，需将其逐片拓绘在样板用纸上，再在净样线条的周边加放缝份、折边等形成毛样，然后在样板折边、口袋、衣片对位等处进行剪口、打孔标记，并在样板上进行文字标注，这就是工业样板，即裁剪样板，如图5-132所示。工业样板的制作过程为：

绘制服装结构图→平面结构图整理→加缝份、折边形成毛样→样板标位→文字标注→工业样板

（1）平面结构图整理

服装结构图绘制好以后，要进行核对和检查。检查尺寸是否准确，领子与领口、袖窿与袖子是否吻合，领口、袖窿、下摆是否顺直，需缝合在一起的接缝长度是否相等（个别部位，如前后肩缝、袖窿与袖山等允许有微小差异），如图5-133所示。

（2）缝份与折边

缝份与折边应根据品种和工艺要求而放。针织面料易脱散，其缝份应适当多放一些，一般缝份宽

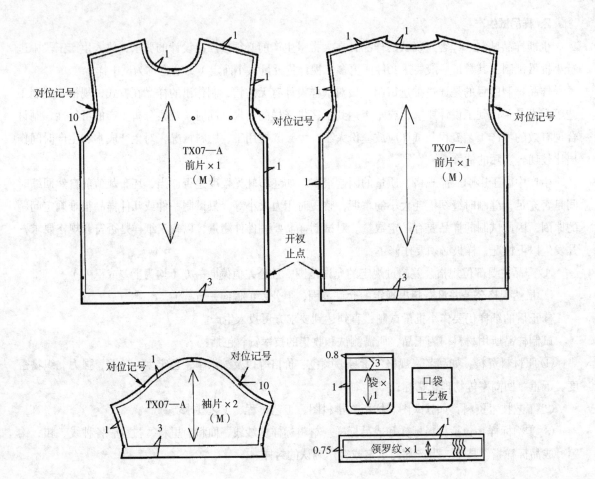

图5-132　工业样板

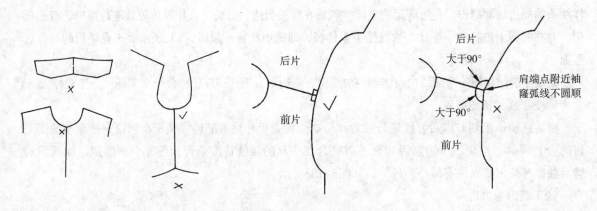

图5-133　平面结构图的整理

度为1~1.5cm，而弯度较大的边缘缝合部位（如领子和挂面），缝份可减小到0.5cm。夏季服装的折边约1.5~2.5cm，秋冬季服装及裤脚的折边约为3~4cm。

（3）样板标位

画出毛样后，须在样板上做出各定位标记，以作为推板、排料划样及裁剪时的标位依据，而在以后的缝制工作中也是以定位标记为根据，这样才能保证产品规格的准确性。

样板标位方法有两种：打孔和剪口。剪口俗称刀眼，即在样板边缘需标位处剪成V形缺口，剪口深、宽约0.5cm左右。打孔是用冲孔机在样板中无法剪口的部位，如袋位、钮扣位等进行标位，一般孔径在0.5cm左右。

样板需标位的部位有：服装各部位的折边、省、褶、裥、袋位、开口、开衩、对位等。

（4）文字标注

样板上必须标注款式名称或款号、号型规格、衣片名称、衣片需裁剪的片数、丝缕方向等，如图5-132所示。

（5）打板纸

打板纸一般为专用纸张，因为在裁剪和后整理时，纸样的使用频率较高，且保存时间较长，以后有可能还要继续使用，所以纸张的保型很重要。制板用纸必须有一定的厚度、有较强的韧性，常用样板纸有120～130g的牛皮纸（软样板）和250g左右的裱卡纸及600g左右的黄板纸（硬样板）。而在服装CAD中，纸样以文件形式保存在电脑中，存取方便，所以对纸张的要求没有那么高，可用普通薄纸。

2. 样板缩放方法

供样品试制用的纸样一般为中间号（M号），当试制工作完成后就要按规格级差缩放其他规格尺寸的样板，样板缩放也称"推板"。

推板是打板的继续，推板的依据是标准母板和全套规格系列。同批产品中的各个号型有长、短、肥、瘦的差异，但其表现形式则必须是"如出一辙"地形似"母板"，故母板是推板的基础。以母板为标准，逐部位地按规格系列的档差进行推移放缩，按其构图轮廓推移画线，这就是推板的一般过程。

推板是成衣批量生产中的一项专门技术，常采用以下一些方法。

（1）规格尺寸演算法

在基础样板上按服装各部位细部规格逐个计算出其他各档样板尺寸，如普通针织内衣样板就可以这样推档出来。此法学起来容易，但速度慢，效率低，难适应多品种、小批量生产的需要。

（2）推拉法

利用基础样板加以不断移动推拉，如图5-134所示。这种方法是美国一家时装公司发明的，被称为"美国F.I.T方式"推档法。此法不能一下子推出全套规格样板，只能一档一档地推，因而速度较慢。

（3）作图法

以基础样板的"关键点"定出纵横向规格级差，并用作图方法求出整套样板。它最早起源于法国，具体操作方法如下。假设我们以样板的前领窝为例，要求以基础样板为基础，作出6个规格的整

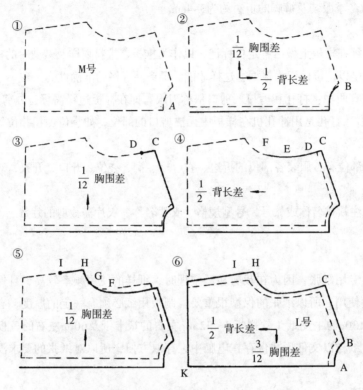

图5-134 美国F.I.T推拉法

套样板，其中缩小2个档，放大4个档，如图5-135所示。

① 从基础样板的前领中心点A向上作垂线，以前领深规格档差（0.3cm）的4倍距离找出B点。

② 从B点作垂直于AB的水平线，按前领宽规格档差（0.2cm）的4倍距离找出C点。

③ 连接CA并作4等分，再在其延长线上取2等分定出D点。则C点为放大4档规格的样板前领中心点，D点为缩小2档规格的前领中心点。这样整套样板共6个规格的前领中心点就全部定出来了。

作图法的关键是定出样板关键点及其纵横向的缩放级差量，有了这些就很容易求出其他各档规格样板。相对于前两种方法该方法速度较快。

（4）电脑缩放

即计算机自动推档排料系统。将样板上所有"关键点"

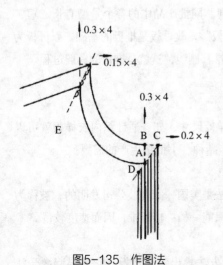

图5-135 作图法

的规格级差量编制成软件，用计算机辅助设计系统自动缩放全套样板，并由输出设备直接输出。这种方法速度快，精度高，并可与其他CAD系统联机作业，非常适合小批量多品种生产。

计算机缩放目前已在我国服装行业中逐渐得到推广。

3. 样板缩放（推板）实例

本书主要介绍作图法，也称推画法。

（1）推画档差的计算

推画法中首要的一环是计算"关键点"的档差。在档差计算中，主要部位的成品规格易于计算，求出各号型之间的差数就可以了，但各配属部位的规格，多无现成数据，就需要按照结构制图的原理与方法求取，并须保持与母板造型的一致。一般的方法是先按母板中该部位的原计算公式计算出最大与最小两端号型的数值，再将中间各个号型以均值档差排列就可以了。

（2）推画基准点的选择

推画法要求在衣片周边确定一推画基准点，推画时该基准点不动，其他各关键点按档差纵横向移动。各衣片都可有多种不同基准点选位，由于各衣片放缩基准点的选位不同，所以关键点档差的计算不同，图面的显示也不同。如以简单的四方形为例，可以选择一个角或一条边的中点，或四方形的中心等为基准点，则可得到不同的推画方法和图面显示，如图5-136所示。

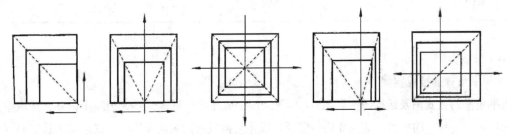

图5-136　推画基准点的选位

推画基准点的选择并非可以任意指定，而应注意以下两点：

① 符合人体体型的变化规律，利于确切保持服装结构、造型的形式特征；

② 便于放缩推画的进行及图面一目了然的显示。

如前衣片的基准点，纵向可以以上平线或底边为基准线，其身长、落肩、领口深、袖窿深、腰节、袋位等都可按各自的档差向同一方向推移放缩，简称"单向放缩"；当然也可以以胸围线、腰节线为基准线向两端放缩，简称"双向放缩"。横向的基准线可以选门襟的止口线、摆缝线或胸宽线（背宽线）。用于上衣的"胸腋基准法"即是以袖窿深的胸围线和胸宽线（后片以背宽线）为基准，按各自档差向前后和上下双向放缩推画。袖片可以考虑以袖山高线或袖肘线和袖中线为纵横向的基准线。裤片可以以横裆线或臀围线和烫迹线为纵横向的基准线。

（3）推板常用符号

推板所用的符号具有明显的方向性，如表5-28所示。

表5-28 推板符号　　　　　　　　单位：cm

符　号	名　称	用　途
	坐标基点	推板时的固定点，其他点扩缩 时都以此点为坐标点
	纵向标记	箭头在右侧为放大标记 箭头在左侧为缩小标记
	横向标记	箭头在上方为放大标记 箭头在下方为缩小标记
	扩缩点放大图样	为视觉需要，把原来需扩缩的点放大，锯齿边与两直角边 所构成的图形表示衣片部位
	扩缩轮廓线	中间粗线是母板的轮廓线，两边的细线是放大或缩小的轮 廓线

（4）推板实例

1）男平角裤的推板实例

男平角裤的款式图及结构图参见图5-69~图5-73，成品规格见表5-29，为减小误差，选取中间号样板为母板，后片、前中片、前侧片均选定腰口线作为推板时的纵向基准线，横向基准线选各样板的纵向中心线，在标准母板的基础上推出其他号型的样板。各部位档差及计算公式如表5-30，推板如图5-137。

表5-29 男平角裤规格　　　　　　　　单位：cm

序号	部　位	成品规格			档差
		95（S）	100（M）	105（L）	
1	直裆	25.5	27	28.5	1.5
2	腰围	32	34	36	2
3	臀围	43	45	47	2
4	裤口大	21	22	23	1
5	裆宽	14	14	14	0

（续表）

序号	部 位	成 品 规 格			
		95（S）	100（M）	105(L)	档差
6	裤口边	1.8	1.8	1.8	0
7	腰边宽	3	3	3	0
8	前片拼裆上端宽	11	12	13	1
9	前片拼裆下端宽	6	6	6	0

表5-30　男平角裤各部位档差及计算方法　　　　　　　单位：cm

部位名称		部位代号	纵 档 差		横 档 差	
后裤片	腰围线	A	0	由于是基准线，A=0	1	腰围档差/2=2/2=1
	臀围	B	1	脚口档差=1	1	臀围档差/2=2/2=1
后裤片	裆	C	1.5	直裆档差=1.5	0.25	裆宽档差/2=0.5/2=0.25
	裆	D	1.5	直裆档差=1.5	0	由于是基准线，D=0
前中片	腰围线	A	0	由于是基准线，A=0	0.5	前中片上宽档差/2=1/2=0.5
		O	0	由于是基准点，O=0	0	由于是基准点，O=0
	下宽	B	1.5	直裆档差=1.5	0.25	前中片下宽档差/2=0.25
		C	1.5	直裆档差=1.5	0	由于是基准线，C=0
前侧片	腰围线	A	0	由于是基准线，A=0	1	腰围档差/2=2/2=1
		E	0	由于是基准线，E=0	0.5	前中片上宽档差/2=0.5
	臀围	B	1	脚口档差=1	1	臀围档差/2=2/2=1
	裆	C	1.5	直裆档差=1.5	0.25	裆宽档差/2=0.5/2=0.25
		D	1.5	直裆档差=1.5	0.25	前中片下宽档差/2=0.25

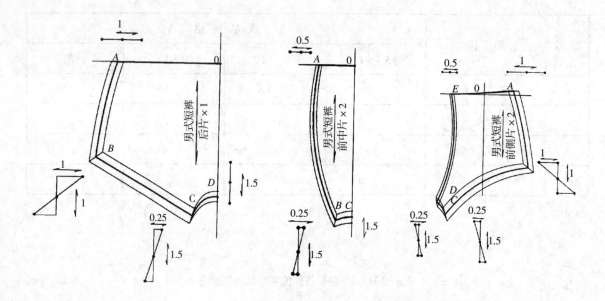

图5-137　男平角裤的推板

2）女短袖衫的推板实例

女短袖衫的款式图及结构图参见图5-74~图5-77，成品规格见表5-31，选取中间号样板为母板，大身和袖子分别选定前后中心线和袖中线作为推板时的横向基准线，纵向基准线大身选上平线、袖子选袖山高线，在标准母板的基础上推出其他号型的样板。各部位档差及计算公式如表5-32，推板如图5-138。

表5-31　女短袖衫成品规格　　　　　　　　　　　　　单位：cm

序号	部　　位	成　品　规　格			
		160/85	165/90	170/95	档差
1	衣长	53.5	55.5	57.5	2
2	胸围	80	85	90	5
3	腰围	72	76	80	4
4	腰节高（后中量）	35	36	37	1
5	肩宽	37	38	39	1
6	挂肩	17	18	19	1
7	袖长	13	14	15	1
8	袖口宽	13.5	14	14.5	0.5

（续表）

序号	部　位	成　品　规　格			
		160/85	165/90	170/95	档差
9	领宽	18.6	19	19.4	0.4
10	前领深	13.3	13.5	13.7	0.2
11	后领深	2.5	2.5	2.5	0
12	袖口、下摆挽边宽	2.2	2.2	2.2	0
13	领口滚边宽	1	1	1	0

表5-32　女短袖衫各部位档差及计算方法　　　　　　　　　　单位：cm

部位名称		部位代号	纵　档　差		横　档　差	
大身衣片	小肩线	A	0	由于是基准线，A=0	0.2	领宽档差/2=0.4/2=0.2
		B	0.1	肩宽档差/10=1/10=0.1	0.5	肩宽档差/2=1/2=0.5
	侧缝线	C	1	挂肩档差=1	1.25	胸围档差/4=5/4=1.25
		D	1	腰节档差=1	1	腰围档差/4=4/4=1
		E	2	衣长档差=2	1.25	胸围档差/4=5/4=1.25
	中心线	F	2	衣长档差=2	0	由于是基准线，F=0
		G	1	腰节档差=1	0	由于是基准线，G=0
大身衣片	后领深	I	0	后领深档差=0	0	由于是基准线，I=0
	前领深	H	0.2	前领深档差=0.2	0	由于是基准线，H=0
袖片	袖山线	A	0.5	胸围档差/10=5/10=0.5	0	由于是基准线，A=0
		B	0	由于是基准线，B=0	1	挂肩档差=1
	袖底线	C	0.5	袖长档差-A点档差=1-0.5=0.5	0.5	袖口档差=0.5
	袖中线	D	0.5	袖长档差-A点档差=1-0.5=0.5	0	由于是基准线，D=0

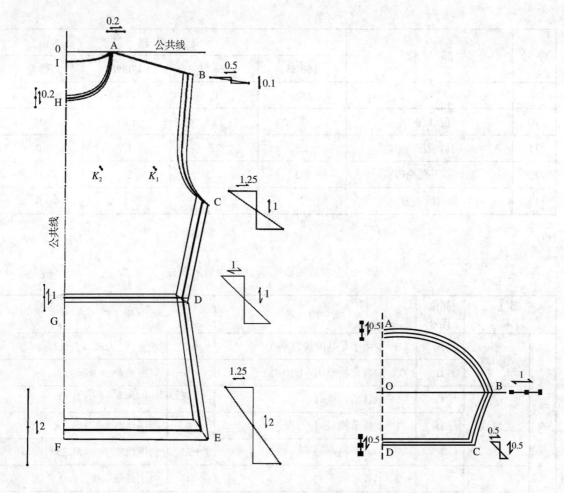

图5-138　女短袖衫的推板

[第六章]

针织服装的裁剪

第一节　裁剪工程

裁剪工程也称缝制准备工程，它是针织服装投入生产的第一道工序。裁剪工程的任务是按照服装样板将整匹针织面料裁剪成不同形状的裁片，以供缝制工艺缝制成衣。裁剪工程主要经过：备料与配料→验布→（提缝）→铺料→划样→裁剪→验片→打号、捆扎等工艺过程。

一、备料与配料

经过染整定形的针织面料（净坯布)进入成衣车间后，首先应在一定温湿度条件下停放24h以上，弹性大的坯布要停放48h以上，使坯布获得充分的自然回缩，从而保证成品尺寸的稳定性。然后要对坯布进行数量、品种的复核和对色检验。

1. 数量、品种的复核

由于针织圆机筒径规格比较多，为了节约原料，针织内衣的生产经常是根据成衣款式、规格确定坯布组织、所用原料、纱支、织物密度、圆机筒径等指标，并根据生产件数、袖口、领口等辅料规格、数量定坯布产量。所以针织内衣的坯布准备工作非常重要。

针织面料一般按重量备料，以10件产品的重量（kg）为基数计算，要过秤复核。

面料的门幅规格也要核对，构成成套产品的主料（大身料）与辅料（领口、袖口、裤口罗纹和滚边等）之间也要进行数量核对，保证数量匹配，并列出清单，提供给下道工序。

2. 对色配料

针织坯布在染整加工过程中，由于工艺条件和操作上的差异，往往会出现坯布匹与匹、批与批之间色泽上的差异，即色差。这种差异如果超出允许的范围，就会影响服装的外观，因此在裁剪前应将服装的主料与辅料进行对色配料，务使产品各零部件色泽一致。

二、验布

针织坯布在织造和染整过程中不可避免的会产生各种疵点，如果不去除，就会直接影响成品的质量。因此，在裁剪前应对坯布进行逐匹检验，在有疵点的地方做上明显的标记，以便在铺料和排料中去除和避开。

验布在专门的验布机上进行，圆筒形针织坯布应检验坯布的两面，可用Z882型圆筒针织坯布验布机。

三、提缝

有的圆筒形针织坯布在铺料时需要将布边折痕提转90°到中央位置，以便在裁剪时去除，此称"提缝"。提缝机构可以和验布机或铺布机结合起来，边验边提，或边提边铺布，以提高效率。

四、铺料

铺料是按裁剪工艺要求确定的铺布层数和长度，将面料重叠铺覆在裁剪台上，以备裁剪。铺料可由人工铺料或机器自动铺料，在此操作过程中要注意检查布面的疵点和疵点标记，并根据具体情况采用适当的倒残借裁方法将疵点去除。

1. 铺料的工艺要求

（1）保证"三齐一平"

铺料时要保证头齐、尾齐、一边齐和表面平整。每层面料表面不能有折皱、波纹、线圈纵行歪扭等现象，如果面料褶皱严重，应先经过整理，清除褶皱再铺料。同时，每层面料的布边都要上下对齐，由于面料幅宽总有一定误差，要使布边两边对齐比较困难，所以至少要保证一边对齐。否则裁剪出的裁片与样板不一致，或下层裁片不完整，造成缝制困难、产生裁剪废品等。

（2）防止面料拉伸变形

针织面料受力容易变形，因此铺料时要注意不能用力拉拽面料，尤其是弹性面料的铺覆，一定要在低张力下进行，且张力要均匀。因为在拉伸状态下裁剪出的衣片，经过一段时间，变形会回复，衣片尺寸缩小，影响规格尺寸的准确性。

（3）铺料长度和层数应符合工艺要求

铺料长度要以排料为依据，根据企业的实际生产条件确定。铺料长度长，需要的操作人员多，铺料难度大，坯布容易受到过度拉伸，但套裁方便，节约面料；铺料长度短，铺料容易进行，面料容易控制，效率高，但不方便套裁。一般针织内衣裁片简单，铺料长度短，套排件数为2件（条），铺料长度为两件衣长加调节量；针织外衣裁片复杂，零部件多，套排件数多为2~4件。套排件数过多，会使同一件产品的各裁片相距较远，容易引起色差。

铺料的层数由面料的性能和裁剪设备的加工能力决定。面料薄，铺料层数多；耐热性差的化纤面料因为裁剪时摩擦发热将使面料受损，铺料层数应少；弹力面料铺料时容易产生拉伸变形，为便于面料的回缩，应减少铺料层数。铺料层数越多，裁剪误差越大，所以对于质量要求高的品种，应适当减少铺料层数。一般常见针织坯布的铺料层数为：

汗布类：120~140层

罗纹布：40~48层

棉毛布：48~60层

薄绒布：24~30层

厚绒布：18~20层

（4）条格准确对位

有对条对格要求的面料，铺料时可以采用准确定位法来保证上下层面料条格的对位。方法是在铺料时，先在最底层按照排料图找到工艺特别要求的部位扎上定位针，以后每铺一层都在该部位找到与下层面料相同的条格，并扎上定位针，如图6-1所示。

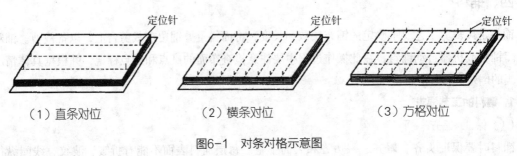

（1）直条对位　　　　　　　（2）横条对位　　　　　　　（3）方格对位

图6-1　对条对格示意图

（5）方向一致

铺料时要注意面料的经、纬向，面料的正、反面之别以及绒类织物、动植物等图案的倒、顺之分，还有针织面料的卷边性。对于具有方向性的面料，铺料时应使各层面料保持同一方向。

2. 铺料方式

（1）单程单向铺料

也称正面铺料，这种铺料方法是将各层面料的正面都朝一个方向（通常多为朝上）铺放，每铺放一层，面料都要断开，然后再从头铺下一层，如图6-2（1）所示。

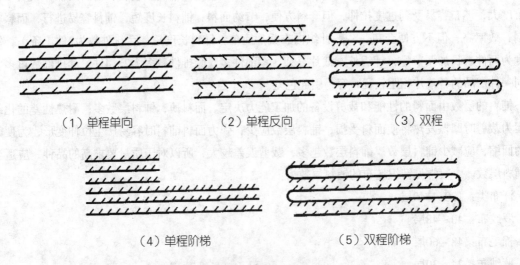

（1）单程单向　　　　　（2）单程反向　　　　　（3）双程

（4）单程阶梯　　　　　　　　（5）双程阶梯

图6-2　铺料方式

此方法特点是：各层面料丝缕方向一致，适合各种面料，尤其是有方向性的织物。一般剖幅织物幅宽较大，如外衣类面料常采用这种方式铺料。采用这种方式铺料裁剪出来的衣片，因各层方向一致，打号也方便。缺点是生产效率低，每铺放一层工人和设备都需走空程，费时费力。

（2）单程反向铺料

也称对合铺料，是每层面料铺放后，需将面料翻转180°，使面料的正面对正面、反面对反面，而且上下层面料方向一致，如图6-2（2）所示。

此方法的特点是：若各衣片均为对称片，排料时各衣片样板只需排一次，另一对称片在相邻层的面料中可找到，且衣片方向一致。此方法适合有方向性的面料。自动铺料机如果采用这种方式铺料，必须附有回转布架，每铺放一层，布卷能自动翻转180°。此法操作麻烦，生产效率低，人工铺料易出错。但是筒状针织物的铺料采用单程单向铺料方式即可获得这种效果，布卷不需翻转，制板时左右对称衣片可以只裁一片，省时又省纸板，裁剪后衣片都是成对出现，不易出错，既便于缝纫，又便于有效控制成衣尺寸。对于使用同一样板裁剪的对称衣片最好使用这种排料方式。

（3）双程铺料

也即往返折叠铺料，是将面料来回折叠一正一反地交替铺放，各层面料的方向是相反的，各层之间形成面与面相对、反与反相对，如图6-2（3）所示。

此方法的特点是：工作效率高，每层之间不必剪开，设备和操作人员不走空程，适用于无方向性要求的面料，排料灵活。但由于两端折叠处布料不平服，铺料长度大于裁剪工艺要求，造成布料的浪费。

（4）阶梯铺料

当生产任务中某种规格的数量很少，或某规格只剩下较少数量时，可采用阶梯铺料法，将这些衣片与其他规格的衣片合并铺料，如图6-2（4）和（5）。这样可以减少裁床数，提高效率。

3. 布匹的衔接

铺料中如果一匹布的尾部不够一个段长，或布匹中间有残疵需要裁除时，就存在布匹的衔接问题。处理不好，这种衔接会影响该层面料上衣片的完整性，因此在铺料前就要确定好衔接部位和衔接长度。其方法是：

（1）确定衔接部位

观察排料图中各衣片的分布情况，找出衣片之间在纬向交错较少的部位，如图6-3中的虚线所示，并在裁剪台的边缘做上标记。铺料长度越长，衔接部位应选得越多，一般情况下平均每1m左右应确定一个衔接部位。

（2）确定衔接长度

各衣片在这些部位的交错长度就是铺料时的衔接长度，如图6-3中两虚线之间的距离。将衔接长度也在裁剪台边缘做上标记。

（3）铺料

每坯布的末端都必须在标记处与另一匹布衔接，超出标记的布剪掉，另一匹布按衔接长度与前一匹布重叠后继续铺料。

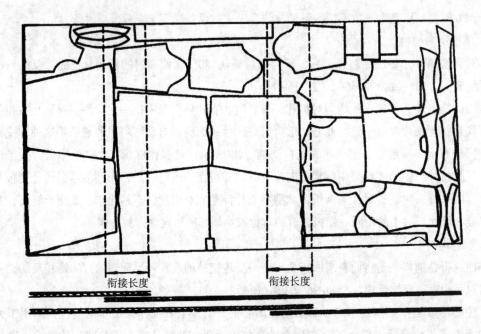

图6-3　布匹的衔接

4. 倒残借裁

倒残借裁是指在裁剪中去除坯布疵点的过程。由于形成疵点的原因不同，有些局部疵点，如小洞、漏针、花针等可以在裁剪中去除，但一些关于整匹布的残疵，如云斑、色花、脆化布等则无法在裁剪中去除。用于局部疵点的倒残借裁方法有：

（1）提缝法

这是最常用的处理方法，用提缝原理将宽度不大的疵点，如长漏针、长花针、小洞等提到电裁刀开裁路线上裁除。

（2）移位法

把有限长度的疵点（最长不超过挖肩长）移到需要挖去的部位借掉，如挖肩、挖领处。

（3）剖缝法

长漏针、长花针等在一条线上的整匹疵点，应沿疵点剖开圆筒坯布，进行平幅套裁。

（4）改裁法

宽度超过1.5cm较宽较长疵点的坯布可作改号处理，改小一档或二档，如将原来裁90cm规格的坯布改裁85cm或80cm的产品，或将大身布改裁袖子或其他附件。

（5）断料法

不能躲开的较大疵点或多处有残的布段，剪下另作他用。

（6）倒头法

较复杂的疵点，可掉过头来重新落料，但每匹布只能掉头一次。

（7）散料用法

有疵点的断料量才使用，裁成各种小型衣片零件，如领子、口袋、儿童服装、手套等。

但是要注意，运用机器自动铺料、断料时，不能实行倒残借裁，只能在验布时做出记号，裁剪完毕再将有残疵的裁片拣出。因此使用机器铺料的工厂，要特别注意坯布的质量，否则会造成较大的浪费。

五、画样与裁剪

1. 画样

在铺好的多层面料上，按排料图的要求放上所裁规格的样板，并以此为依据将样板画在坯布上，这一工艺过程称划样。

画样多为手工操作，画样时样板要按照线圈纵行放正，并用手压紧。画线时要与布面垂直，线条要粗细均匀，以免造成规格不符。

现在许多针织服装企业采用服装CAD系统，在服装CAD中，纸样以文件的形式保存在计算机中，存取非常方便，所以常使用纸型代替画样，每裁制一叠坯布消耗一张纸型，节省了画样的时间，也提高了样板的准确性。

2. 裁剪

裁剪是将经过上述准备的坯布，使用电裁刀、带刀裁布机、挖领机或全自动裁剪机等裁剪工具，沿划线按一定的进刀方向将坯布裁成各种裁片的工艺过程。

裁剪时一般先裁小片，后裁大片，否则剩下的小片不容易把握面料，给裁剪带来困难。另外，裁刀要与面料垂直，防止上下层面料错位，要确保裁片的准确性。

六、验片、打号、捆扎

1. 验片

验片的目的是检验裁片的质量，避免残疵衣片进入缝制工序。验片由人工完成，内容包括：检查裁片的大小和形状是否和样板一致；上下层裁片的误差是否超过规定标准；刀口、定位孔位置是否准确；对格对条是否正确；裁片边缘是否光滑圆顺；裁片中是否还有其他疵点等。

2. 打号

打号是把裁好的衣片按铺料的层次由第一层至最后一层打上顺序数码，缝制时就按同一号码的各裁片组成一件衣服，这样各裁片出自同一层面料，基本避免了色差。打号也便于缝制过程中的质量检测与跟踪。

打号用打号机进行。打号的位置按不同品种打在统一规定的位置上，一般在裁片反面的边缘处。号码由七位数字组成，自左至右分别是裁床号、规格号、裁剪层数，如0240135，表示2号裁床，40规格，第135层面料的裁片。

3. 捆扎

为便于缝制生产的进行，裁片经打号后，要按照缝制生产的安排进行分组、捆扎，以防衣片散乱和便于统计，同时也为缝制流水线做准备。

衣片和辅料（拉链、规格号、洗涤说明等）的捆扎要按品种及规定数量配套捆扎在一起，一般为10件、20件或30件，每扎附有标签，标明货号、规格等，捆扎时不要打乱编号。

第二节　排料

样板在坯布上的排放是根据预先设计好的排料方式进行的，排料是企业合理利用坯布、降低生产成本、提高经济效益的重要手段。

一、排料的工艺要求

1. 注意面料的方向性

（1）面料的经纬向

针织面料的纵、横向性能不同，纹理不同，排料时必须保证样板的经向标记与面料的经向方向一致，如图6-4所示。

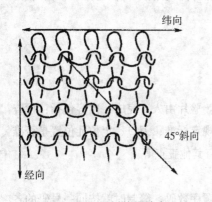

图6-4　面料的经纬向

针织面料一般横向弹性、延伸性大，纵向小，所以，针织服装中的衣片、裤片、袖片以及防止变形的牵条，一般应沿线圈纵行方向取直料；作为防边缘脱散的滚边料，一般沿线圈横列方向取横料。若采用梭织面料做滚边，则应沿斜向取斜料。

（2）面料的正反面

许多针织面料是有正反之分的，排料时要注意正面作为服装的表面，尤其是左右对称的裁片，如衣袖、裤子的前后片等，避免出现"一顺"现象。图6-5袖片的排料方法中，前两种方法都是错误的排料法，它们不能既保证面料的正反面一致，同时又保证衣片的对称。使用时如果为了保证衣片都是正面，势必造成两个袖片都是一个方向，即出现"一顺"现象；而为了形成对称片，必须将其中一片翻过来使用，结果又导致两袖面料一正一反。但针织内衣的衣袖较少出现这个问题，因为内衣的衣袖袖山处没有前后之分。

（3）面料的倒顺

绒类和有方向性图案的面料衣片要按同一方向排料，以保证成品光泽、手感、花纹方向的一致性。

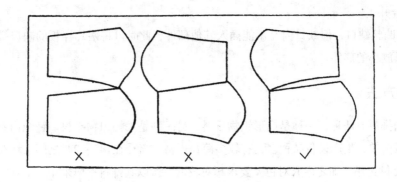

图6-5　面料的正反面与对称性

2. 避免色差

色差在染整工艺中是很难避免的技术问题，有的面料左右两边色泽不同，有的前后段色泽不同。当遇到有色差的面料时，在排料中一定要采取相应措施，避免在同一件服装中出现严重的色差。

如果匹与匹之间有色差，排料时匹与匹之间不要衔接，多出的零布另作他用，下一匹布从头开始铺料；如果布料两边有色差，应把需要组合的裁片尽量放在同一经度的地方排料，零部件尽量靠近大身；如果布料两端有色差，应把需要组合的裁片放在同一纬度排料。同一件服装的各片，排列时前后间隔的距离不要太大，距离越大，色差越严重。

3. 正确处理条格对位

条格服装的对条、对格水平是检验产品档次和质量等级的主要指标，为保证条格面料成衣后的完整性，需要注意条格在特定部位的对位要求，如领子、衣身、袖子、口袋等处的条格对接要求。

4. 节约用料

服装成本中70%是面料的成本，所以尽量减少面料的用量是排料时应遵循的重要原则。

（1）选用合适的幅宽

同一品种的坯布可有各种幅宽，尤其是针织内衣的生产，正确选择合适幅宽的面料是减少排料浪费的第一步，一般应尽量使排料宽度与面料宽度一致。

面料的幅宽往往会有偏差，应选用最窄幅宽作为基准来统一排料，多出的面料部分工厂称为"劈条"。实际生产中应通过合理搭配减小劈条。

（2）先大后小

排料时先排放面积大的衣片，大片定局，然后在大片样板的空隙中排放面积小的衣片。

（3）紧密套排

服装样板形状各不相同，其边缘有直的、斜的、弯的、凹凸的等，在排料中应根据它们的形状采用直对直、斜对斜、凹对凸、弯对弯等方式互相套排，减少样板间的空隙，提高面料利用率。

（4）大小搭配

可将大小不同规格的样板互相搭配，统一排放，实现合理用料。

（5）缺口合并

有的样板有凹状缺口，但缺口内又不能插入其他部件，此时可将两片样板的缺口拼在一起，使缺口加大，以便排放小的部件。

二、排料方法

针织服装的排料有两种，一种是筒形织物排料，另一种是平幅织物排料。针织内衣和运动衣裤衣片数量少，样板简单，生产设备品种多，有较多筒径规格［筒径在14″～24″之间，坯布幅宽（双层）约35～60cm］可供选用，加之内衣对色差要求相对较低，所以其排料一般采用筒形针织坯布排料，且大身、领、袖单独排料，规格与坯布幅宽一一对应，确保内衣的低成本要求；针织外衣裁片复杂，零部件多，生产设备品种少［机器筒径一般为30″、34″，幅宽为75cm、86cm左右或更大，在75～110cm之间］，幅宽较大，无法实现规格与面料幅宽的对应，所以需将筒形坯布剖幅成平状，使用平幅排料方式在同一幅宽的坯布上套排全部衣片。

排料方法多种多样，生产中应根据坯布的幅宽和衣片的形状灵活运用，下面介绍几种针织服装常用的排料方法，以供参考。

1. 平套法

利用样板形似长方形的特点，将样板沿段长并列排放，如图6-6所示（连肩合肋圆领男衫的排料图）。此法特点是排料幅宽等于面料幅宽，裁耗少，坯布利用率高，只在领窝、挂肩处有少量裁耗。

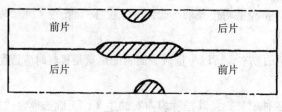

图6-6　平套法

2. 斜套法

利用样板某根边线的斜度，将另一样板的相同部位沿斜线方向套进。图6-7中斜肩合肋产品的前后衣身在肩斜处互套，两个袖片在袖底线互套，袖挂肩弧线与袖口线互相配合形成弧线或斜线，所以断料时不能直断料，应斜断料或弯断料。此法通过斜向套进，可减小段长和幅宽。

3. 镶套法

利用样板间形成的较大空隙，将另一样板的一端镶进其空档中。如图6-8所示，男背心和男三角裤分别在挂肩和裤口处空档较大，因此可以在挂肩和裤口处相互套进。此法可以减小段长，充分利用空档。

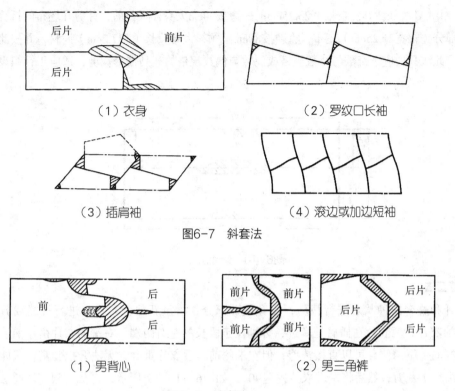

（1）衣身　　　　　　　　　　（2）罗纹口长袖

（3）插肩袖　　　　　　　　（4）滚边或加边短袖

图6-7　斜套法

（1）男背心　　　　　　　　　　（2）男三角裤

图6-8　镶套法

4. 互套法

利用同一产品的两个样板在垂直方向形状具有互补性，实现样板互套，互套后的面积近似长方形。如图6-9连肩产品短袖的排料，挂肩和袖口互套，袖口线与袖山线的直线段近乎在同一直线上，互套后形似长方形。此法既充分利用了空间，又使互套后形状规整，便于排料和断料。

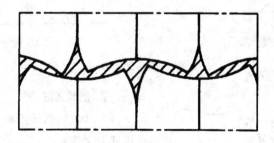

图6-9　互套法

5. 借套法

借用某种规格的幅宽裁剪出两种规格的产品，解决用小一档的布幅裁大一档规格产品的矛盾。如图6-10所示，借用85cm圆领衫的大身布（样板幅宽45cm），裁剪80cm和90cm的产品。铺料时，先按较大规格（90cm）的衣片段长（141.2cm）进行往返折叠铺料，再按90cm大身样板的宽度（23.75cm）

划出AA′线，由AA′线处裁开。在幅宽23.75cm的一边按90cm大身样板裁剪，并剪开坯布的折叠线。将剩余的另一部分（幅宽21.25cm）坯布，重新按80cm圆领衫大身段长（137.2cm）铺料，并按此规格样板进行裁剪。此法只适应于奇数与奇数规格或偶数与偶数规格的产品借套裁剪，适应于针织设备规格不齐全的企业。

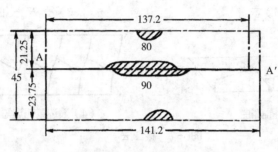

图6-10　借套法

6. 提缝套法

利用展开和叠合两种状态进行裁剪，先裁展开部分，再重新叠合布料，进行提缝裁剪。如图6-11为插肩袖衣片，两衣片在插肩处套进，分别位于段长的左右两端，右端的衣片由前、后衣片分别位于布幅的上下两侧，可以直接裁剪；但左端的前、后衣片重叠，无法开挖领窝，只能先按后领窝（后领窝小）裁剪，然后将左端衣片提缝90°，如图6-11（2）所示，再裁前领窝。此法一般用于插肩产品。

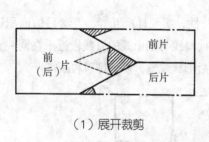

（1）展开裁剪　　　　　　　　　　　　　（2）提缝裁剪

图6-11　提缝套法

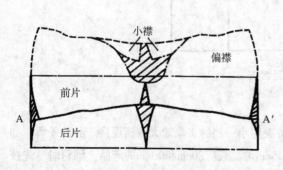

图6-12　剖缝套法

7. 剖缝套法

一些衣片形状不对称的产品，如图6-12所示中式女大襟衫，前衣片不对称，可先按腰身曲线AA′裁开，再将前片展开为单层裁前片和小襟。

8. 循环连续排料法

一般领子都具有对称性，这为循环连续排料提供了条件。图6-13为几款翻领的排料图，翻领一般为两层，展开后样片形状上下左右都对称，

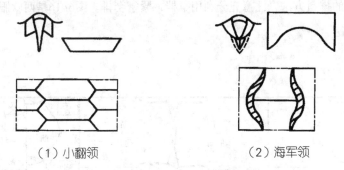

（1）小翻领　　　　　　　　　　　（2）海军领

图6-13　循环连续排料法

所以铺料时采用往返折叠铺料，不断开，样板连续排列，裁耗很小。

9. 拼接套法

利用样板与样板拼接后两侧的空档排放其他小件样板。图6-14为罗纹口棉毛裤的排料图，两裤身在裤口处相接，两侧剪下的小料做大档布，裁耗很小。由于前后裤片有腰差，所以采用斜断料。小档需另裁，采用镶套法，根据布幅宽度有"开六"、"开八"等多种排料，如图6-14（2）和（3）所示。

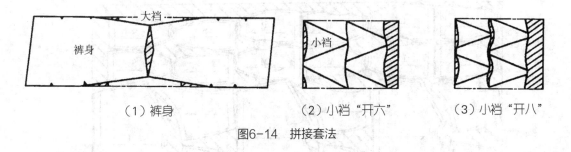

（1）裤身　　　　　　　（2）小档"开六"　　　　　（3）小档"开八"

图6-14　拼接套法

10. 其他排料法

（1）混合排料法

实际生产中，有些套装产品要求无色差和针织设备筒径规格不全的情况，这时需在同一幅宽的坯布上进行混合套裁。图6-15为运动衫和运动裤混合套裁排料。

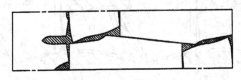

图6-15　混合排料法

（2）平幅排料法

纬编大圆机织物门幅宽，下机后要做剖幅处理，成为平幅织物。经编织物也是平幅织物。平幅织物的排料可参考梭织服装的排料方法，注意充分利用空档，紧密套排。图6-16是两款服装的平幅排料方法，供参考。

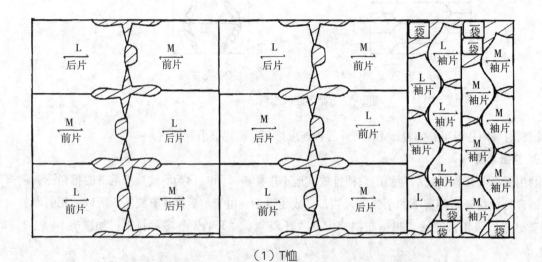

（1）T恤

（2）平角裤

图6-16 平幅排料法

三、特殊针织面料的排料

1. 绒类织物

绒类织物的毛向是指表面绒毛的倒伏方向。顺着绒毛的倒伏方向，织物表面颜色浅淡，手感平滑；反之则颜色深，光泽柔和，手感阻力大。对于长毛绒类织物（绒毛较长），一般采用毛向向下的顺毛排料方法，以便绒毛向下一致，避免倒毛造成绒毛露底，影响美观；对于短毛绒类织物（绒毛较短），宜采用毛向向上的倒毛排料方法，能收到光泽；一些绒毛倒向不明显的面料，为了节约，可采用顺向、逆向组合排料，但必须是同一件服装的所有衣片毛向一致。

2. 花纹图案面料

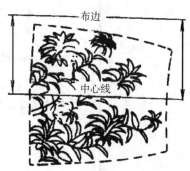

图6-17　花纹排放的位置

服装面料的花纹图案可分为两种：一种是无规则、无方向性的，它的排料与普通面料的排料相同；另一种是有规则、有方向性的，如人物、动植物、山水、花卉等，它们的排料要注意保持图案的完整性，并注意符合人的视觉习惯及心理感受。对大型图案和单独纹样还要注意图案位置的要求，如图6-17所示。图案倒向不明显的面料，可以一件顺排，一件倒排，但同一件产品方向要一致。值得特别注意的是，一些条格类面料，其颜色搭配或条格变化的规律也有方向性，切不可忽视。

3. 条格面料

要达到对条对格的目的，需要排料、铺料、裁剪三道工序相互配合，共同完成。

条格面料的对位包括：左右门襟、摆缝、袖子与袖窿、领面左右、后领中线、背缝、贴袋/袋盖与衣身、裤后裆缝、侧缝等。条形面料有横条、竖条、斜条形式，要求横向、斜向的条形对称（如裤子的后裆缝左右呈人字形的斜向对条），纵向条纹完整。对格的难度较大，除满足对条中的各项要求外，还要横缝、斜缝上下格子相对。如果需要利用条格面料作款式变化，应在样板上标明条格方向的标号。图6-18为条形面料的排料图，对条时衣身以挂肩对位记号为准，左右对称；袖子以袖山对位记号为准，左右对称；袖子对位记号与挂肩对位记号处彩条一致；口袋对位记号与大身对位记号彩条一致；前后片对条。

4. 纹路歪斜的面料

针织面料有时由于纱线捻度不稳定和编织时多路进线容易产生纹路歪斜现象，尤其是在纬平针织物中容易发生，如图6-19（1）所示，纵行与布边不平行。若不采取相应措施，制成的服装会发生扭曲现象，衣片的左侧摆缝向前扭曲，而右侧摆缝向后扭曲（Z捻纱面料），衣服的袖子、裤子的两条侧缝也会有类似的扭曲现象，如图6-19（2）所示。扭曲方向与纱线捻向有关。样板采用无缝设计可以减弱扭曲现象。

此类面料排料时，首先要将面料剖开，并对歪斜严重的面料进行开幅定形整理，消除歪斜，使布

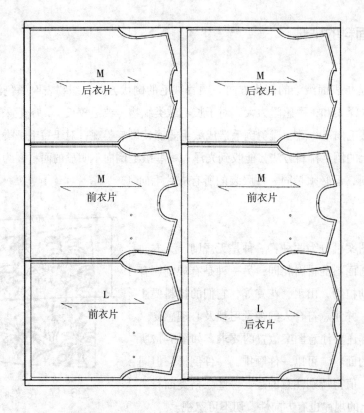

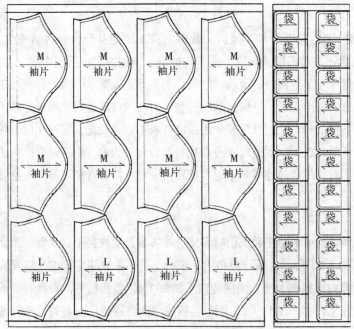

图6-18　条形面料的排料

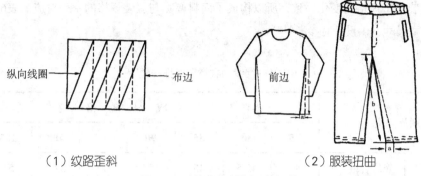

（1）纹路歪斜　　　　　　　　　（2）服装扭曲

图6-19　纹路歪斜与服装扭曲

面稳定。甚至可以采用斜定形方法，使纹路向扭曲相反的方向定形，抵消扭曲，但斜度不能太大，否则影响美观。排料时也可采用斜裁方法（样板经纬向按纵行或横列方向排放，不与布边垂直，纬斜面料也可采用此法），减小纹路歪斜。

第三节　用料计算

　　用料计算是针织服装设计的一项重要内容，也是产品成本核算的主要依据，它是根据生产任务的总件数求得所需针织面料的总重量（kg）。用料计算是在已经确定了面料的幅宽、段长、排料方法、织物平方米干燥重量以及各工序损耗的基础上进行的。

一、面料幅宽与段长的选取

1. 幅宽

　　针织圆纬机生产的坯布为圆筒形，其坯布幅宽是指双层面料的门幅宽度，经编机生产的坯布为平幅状，幅宽以单层面料门幅宽度计算。

　　针织面料的幅宽主要由针织机的筒径和轧光工艺决定。轧光的目的是为了达到裁剪排料时所要求的规定门幅，同时使线圈结构处于基本稳定状态，减小服装使用中的缩水变形。轧光工艺有平轧、缩轧和扩轧。平轧即轧光时坯布幅宽不变，扩轧、缩轧时坯布幅宽分别扩大或缩小一档、两档，一档幅宽为2.5cm。我国用于针织内衣生产的针织机筒径有35.56～60.96cm（针织机筒径习惯用英寸表示，即14″～24″）之间各种规格，采用平轧时，针筒直径为50.8cm（20″）的针织机生产的筒形坯布周长为100cm，即幅宽50cm；针筒直径为53.3cm（21″）时，生产的筒形坯布周长为105cm，幅宽为52.5cm。依此类推，针筒直径每增加或减少2.54cm（1″），生产的筒形坯布的周长相应地增加或减少5cm，幅宽也相应地增加或减少2.5cm。因此，针织坯布的幅宽基本上是以2.5cm（周长5cm）为档差变化的，这点正好与服装号型规格的变化一致，所以构成了面料幅宽与服装规格的一一对应。表6-1为常见服装的净坯布幅宽尺寸，供设计时参考。

表6-1 纬编内衣常用净坯布幅宽 单位：cm

产品类别及部位			成品规格							
			75	80	85	90	95	100	105	110
衫类	大身布	连肩合缝	40	42.5	45	47.5	50	52.5	55	57.5
		圆筒合肩	37.5	40	42.5	45	47.5	50	52.5	55
		大下摆衫		45	47.5	50	52.5	55	57.5	60
	袖布	男圆领汗衫		40	42.5	45	45	45	47.5	47.5
		男短袖		40	42.5	42.5	45	45	47.5	47.5
		男长袖		35	37.5	37.5	40	40	42.5	42.5
		女短袖	37.5	37.5	40	40	42.5	42.5		
		女长袖	35	35	35	35	37.5	37.5	40	
长裤类	大身布		40	42.5	45	47.5	50	52.5	55	57.5
	裆布		40	42.5	45	47.5	50	52.5	55	57.5
男平角裤	大身布			45	47.5	50	52.5	55	57.5	
	裆布			45	45	47.5	47.5	50	50	
女三角裤	大身布		42.5	45	47.5	50	52.5	55		
	裆布		40	40	42.5	42.5	45	45		

面料幅宽的确定主要依据成衣规格、衣片种类、样板形状来估算。一般来说，当估算的幅宽在两档幅宽之间时，如果估算幅宽超过下一档幅宽1cm以上，则应选择上一档幅宽的坯布。如，若估算幅宽为36.5cm，位于35cm和37.5cm之间，超过下一档幅宽（35cm）1cm以上，此时应选择37.5cm的坯布幅宽。反之，当估算幅宽超过下一档幅宽规格在1cm以内时，则可选择下一档幅宽的坯布，但此时要对排料或样板做适当调整，以确保成衣规格。常用品种坯布幅宽的估算方法如下。

（1）衣身用料坯布幅宽的估算

衣身用料坯布幅宽=样板胸宽规格（样板胸围规格÷2）

= 成品胸宽规格（成品胸围规格÷2）+2.5cm（缝耗与回缩）

注意，不合腰圆筒型产品因为不合腰缝，所以缝耗与回缩为零。

例如，90cm T恤衫，衣身样板排料时应选用的坯布幅宽为：

（不合腰圆筒型产品）坯布幅宽 = 90cm÷2 = 45cm

（合腰产品）坯布幅宽 = 90cm÷2+2.5cm = 47.5cm

（2）袖用料坯布幅宽的估算

① 短袖产品（折边袖、滚边袖、加边袖）

短袖产品的排料常采用互套法和斜套法（图6-7、图6-9），其样板坯布幅宽为：

短袖用料坯布幅宽=成品挂肩规格+成品袖口规格+2.5cm（缝耗与回缩）

例如，成品挂肩为23cm、袖口为16.5cm的滚边短袖，袖样板排料时应选用坯布幅宽为：

坯布幅宽=23cm+16.5cm+2.5cm=42cm

估算值超过上一档幅宽（40cm）2cm，故应选用坯布幅宽为42.5cm。

② 长袖产品（罗纹袖斜断料）

长袖用料坯布幅宽=成品挂肩规格+成品袖口规格+1.25cm（缝耗）

（3）翻领、贴袋、门襟等用料坯布幅宽的估算

翻领用料坯布幅宽=[成品领高规格+1cm（折边缝耗）]×整数倍（5倍）

贴袋用料坯布幅宽=[成品袋宽规格+1cm×2(折边缝耗)]×整数倍（3倍）

整数倍选择原则是：使估算的坯布幅宽与可选用的坯布幅宽尽可能接近。

（4）裤身用料坯布幅宽的估算

裤身用料坯布幅宽=样板腰宽规格（样板腰围规格÷2）

= 成品腰宽规格（成品腰围规格÷2）

=+2.5cm（缝耗与回缩）

不合侧缝裤子（长裤、短裤）因为不合腰缝，所以缝耗与回缩为零。

2. 段长

段长是排料时的断料长度。

段长的确定主要以省工、省料为原则。针织内衣的段长约为两个身长或裤长的样板长度，在1.2～2.5m左右。针织外衣的段长相对较长，约为4个身长或裤长的样板长度。常见品种的大身、袖子、裤身等段长计算如下。

（1）大身用料段长计算

大身用料段长为2件样板衣长，所以：

大身用料段长（2件）=样板衣长×2—肩斜套进量

连肩产品大身排料采用平套法（图6-6），所以肩斜套进量为零。斜肩产品采用斜套法（图6-7），肩斜套进量与领宽和肩斜值有关。一般领宽越大，肩斜能套进的量越小；肩斜值越大，肩斜能套进的量越大。设计时可参考表6-2选用。

表6-2　肩斜套进量　　　　　　　　　　　　　　单位：cm

类别及领宽		肩　斜　值				
		1.5	2	3	4	5
儿童	9～12.5	0.5				
中童	10～13.5		1			
成人	14～17			1.5	2	3
	18～19			1	1.5	2
	20～22			0.8	1	1.2

值得注意的是，不同产品（连肩或合肩，下摆为折边、滚边或罗纹）其样板计算方法是不同的，在求段长时一定要采用相应的样板计算方法。下摆为折边的厚绒类产品在进行样板计算时要考虑下摆折边损耗，约0.2～0.25cm。

例如，170/95cm男式合肩、下摆折边厚绒衫，成品衣长69cm，折边宽2.5cm，肩斜值3cm，坯布自然回缩率2.5%，则：

$$样板衣长=(69cm+2.5cm+0.75cm+0.5cm+0.2cm)\div(1-2.5\%)$$
$$=74.8cm$$

由表6-2查得肩斜套进量为1.5cm，则：

$$大身用料段长=74.8cm\times2-1.5cm$$
$$=148.1cm$$

（2）袖子段长计算

袖子套排件数一般为5～10件，长袖取5件，短袖取10件。

$$短袖段长（10件）=样板袖长\times10+斜断料损耗$$
$$长袖段长（5件）=样板袖长\times5+斜断料损耗$$

斜断料损耗是指，当所选用的坯布幅宽小于计算值时，为保证袖子规格，要增加段长减小斜套进量而产生的损耗。损耗值可以通过套料来决定，也可参考表6-3选用。

表6-3　斜断料损耗　　　　　　　　　　　单位：cm

产品类别	胸 宽 规 格		
	50 ~ 60	**65 ~ 75**	**80以上**
挽边斜袖	2.5	2.5	4
滚边、加边斜袖	2.5	2.5	3.5
长袖斜袖	2	2	3

例如，已知90cm汗布短袖衫成衣规格为袖长14cm，滚边宽（实滚）2.5cm，挂肩22cm，袖口阔15cm，汗布回缩率2.2%，其短袖用料段长计算为：

$$样板袖长 = (14cm+0.75cm) \div (1- 2.2\%)$$
$$= 15.1cm$$

斜断料损耗要通过计算袖子用料幅宽来确定。

$$袖子幅宽 = 22cm+15cm+2.5cm=39.5cm$$

袖子幅宽取值40cm。由于此时袖子用料幅宽大于计算幅宽，可以满足袖子挂肩与袖口的互套，所以不用斜断料，斜断料损耗为零。因此：

$$10件短袖段长 = 15.1cm \times 10 = 151cm$$

再如，已知95cm男式棉毛长袖衫的成衣规格为袖长58cm，袖口罗纹长9.5cm，袖挂肩24cm，袖口阔14cm，棉毛布回缩率2.5%，则长袖用料段长计算为：

$$样板袖长 = (58cm- 9.5cm+0.75cm \times 2) \div (1- 2.5\%)$$
$$= 51.3cm$$
$$袖子幅宽 = 24cm+14cm+2.5cm=40.5cm$$

袖子幅宽取值40cm。本例计算的袖子幅宽大于坯布用料幅宽，所以要采用斜断料，查表6-3知斜断料损耗为3cm，则：

$$5件长袖段长 = 51.3cm \times 5+3cm=259.5cm$$

（3）翻领、贴袋段长计算

一般取10件领子或贴袋所需长度作为段长。

① 翻领

翻领常有方角翻领、尖角翻领等，如图6-20所示。翻领采用循环连续排料法（图6-13）。两种领型段长计算方法如下：

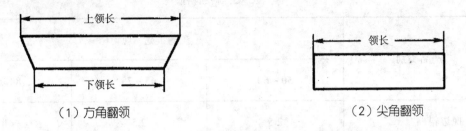

（1）方角翻领   （2）尖角翻领

图6-20 翻领示意图

尖角翻领段长（10件）=样板上领长+样板下领长+(样板上领长–样板下领长)/2

=上领长成品规格+下领长成品规格+折边缝耗×4

+(上领长成品规格–下领长成品规格)/2

②贴袋

由于贴袋面积小，往往以最小的互套方式套料，其口袋数仍大于10件，这时以最小套料方法所需面积的长度作为段长。

如果长度方向以2个口袋袋长套料，宽度方向以排3个袋宽的幅宽为最宜，此时套料面积中口袋数为12，如图6-21所示。现将12只口袋面积所需长度作为段长，计算方法如下：

两个袋长互套段长（12只口袋）=[(袋侧线长成品规格+袋中线长成品规格)÷2]

+袋口折边（2.5cm）+袋口光边（0.5cm）

+平缝折边（1cm)]×2

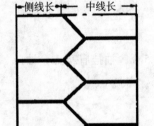

图6-21 口袋套料方法

（4）长裤段长计算

一般以两条样板裤长作为段长（图6-14）。

①罗口裤（大小裆）

罗口长裤段长（2件）=样板裤长×2– 前后腰差/2

罗口裤由于有前后腰差，所以需斜断料。如果在罗口裤脚口处套裁大裆时，段长不减1/2腰差。

②双宽带运动裤

双宽带运动裤段长=样板裤长×2

二、生产中的有关损耗与成衣坯布制成率

生产过程中由于工艺、生产管理等原因都会产生一定的损耗，损耗大小与工艺条件、原料品质、生产设备、生产组织方式等都有关。

1. 无形损耗

由于原料中水分的挥发、杂质的去除等都会在络纱或织造过程中造成无形损耗，数量的大

小与纱线质量、水分考核标准等有关。一般细、中支纱的无形损耗率为0.03%～0.05%，粗支纱为0.06%～0.08%，化纤原料的无形损耗可略去不计。无形损耗用无形损耗率考核。

$$无形损耗率 = \frac{用纱重量 - 坯布重量 - 回丝重量}{用纱重量} \times 100\%$$

2. 络纱损耗

络纱损耗是在络纱过程中造成的损耗，由换纱管、绞纱回丝、断头打结、清除不良纱管等造成的。络纱损耗率的计算为：

$$络纱损耗率 = \frac{络纱前重量 - 络纱后重量}{络纱前重量} \times 100\%$$

3. 编织损耗

编织损耗是在编织过程中因纱线断头、换纱管、试车等造成的。一般汗布的编织损耗率为0.09%～0.12%，绒布为0.1%～0.13%，棉毛布为0.09%～0.12%，罗纹布为0.1%～0.12%，腈纶棉毛布为0.06%～0.11%。编织损耗率计算公式为：

$$编织损耗率 = \frac{络纱后重量 - 织成织物重量 - 回丝重量}{络纱后重量} \times 100\%$$

4. 染整损耗

染整损耗是指毛坯布经过漂染、后整理加工所损失的重量与毛坯布原重量之比，即

$$染整损耗率 = \frac{染整前重量 - 染整后重量}{染整前重量} \times 100\%$$

染整损耗与坯布的种类、染整工艺有关。浅色和精漂汗布为6.7%～7.8%，深色布漂底为6.7%～8.2%、不漂底为2%～4.6%，罗纹布为5%～6%，棉毛布为3.3%～6%，腈纶棉毛布为2%，绒布为5.2%～8%。

5. 段耗与裁耗

段耗与裁耗是成衣生产中的损耗，也是针织服装生产中损耗最大的部分。

（1）段耗

段耗是净坯布经过铺料、落料产生的损耗，主要包括：机头布、无法躲避的残疵断料、不够衣片长度的余料、落料不齐而修剪下来的碎料等。段耗与坯布质量、倒残借裁水平等有关。段耗率是段耗重量与投料总重量之比，即：

$$段耗率 = \frac{段耗重量}{投料重量} \times 100\% = \frac{投料重量 - 落料重量}{投料重量} \times 100\%$$

表6-4为常见针织坯布的段耗率。

表6-4 常见针织坯布的段耗率   单位：cm

成衣品种	段 耗 率						
	棉 汗 布		棉毛布	毛巾布	绒 布		化纤布
	平汗布	色织布			薄绒布	厚绒布	
文化衫（无领短袖）	0.5 ~ 0.85	0.8 ~ 1.1	0.8 ~ 0.9	1.2 ~ 1.3			1 ~ 1.2
T恤（有领短袖）	0.5 ~ 0.8	0.8 ~ 1	0.7 ~ 0.9	1.1 ~ 1.2			0.9 ~ 1.2
运动衫裤（长袖、长裤）			0.9 ~ 1.1	1.2 ~ 1.4	0.8 ~ 1	1.2 ~ 1.4	1 ~ 1.3
短裤	0.5 ~ 0.8	0.7 ~ 0.9	0.8 ~ 0.9	1 ~ 1.2			0.8 ~ 1.1
背心	0.8 ~ 1.2	1 ~ 1.3	1.1 ~ 1.2	1.5 ~ 1.6			1.2 ~ 1.5

（2）裁耗

裁耗是画样裁剪过程中的损耗，主要包括：从领口、袖窿等处挖下来的碎料；坯布因幅宽不齐裁下来的余料；样板排料、套料不紧凑产生的碎料等。其中有些是合理的下脚料，而有些是由于排料设计不合理造成的。裁耗可以考核企业排料设计水平。正常情况下，裁耗是不可避免的，但合理地设计样板和运用较好的套料方法可以降低裁耗。

裁耗率是裁耗重量与落料重量之比。

$$裁耗率 = \frac{裁耗重量}{落料重量} \times 100\% = \frac{落料重量 - 衣片重量}{落料重量} \times 100\%$$

6. 成衣坯布制成率

成衣坯布制成率是指制成衣服的坯布重量与投料总重量之比。

$$成衣坯布制成率 = \frac{成衣坯布重量}{投料总重量} \times 100\%$$

$$= \left(\frac{投料重量 - 段耗重量}{投料重量}\right) \times \left(\frac{落料重量 - 裁耗重量}{落料重量}\right) \times 100\%$$

$$= （1 - 段耗率）\times（1 - 裁耗率）\times 100\%$$

成衣坯布制成率是考核企业坯布利用程度的一个重要指标，利用率高，说明坯布损耗少，产品成本低。从上式可以看出，要想提高坯布制成率的有效方法是降低段耗与裁耗。针织内衣的生产由于采用规格与面料幅宽对应，裁耗小，所以成衣坯布制成率较高，一般可达90%左右。而外衣衣片复杂，坯布幅宽品种少，裁耗大，所以成衣坯布制成率相应要低，约80%左右（与衣片形状有关）。

三、用料计算方法

为便于计算和管理，成衣生产中一般以10件（套）产品［或12件（套）］为单位进行用料核算，进而可以计算出每件产品的用料。针织坯布、纱线通常都是按重量出售的，因此只要计算出产品用料的重量，就可以估算出产品的原料成本。

在用料计算中要特别注意：当产品所用坯布的结构、幅宽、克重、原料种类、纱支等不同时，应分别计算各自的用料。主料、辅料都要计算，不可遗漏。

1. 主料计算方法

（1）主料用料面积计算

$$10件产品净坯布用料面积（m^2）=\sum\frac{段长（m）×幅宽（m）×坯布层数×段数}{1-段耗率}$$

其中，幅宽对于圆筒型坯布为双层，所以坯布层数为2；段数是指10件产品中所需段长数，即：

$$段数=\frac{10件}{段长中的件数}$$

（2）主料用料重量计算

① 10件产品净坯布用料重量

$$10件产品净坯布用料重量（kg）$$
$$=10件用料面积（m^2）×单位面积干燥重量（g/m^2）×（1+坯布回潮率）×\frac{1}{1000}$$

② 10件产品毛坯布用料重量

$$10件产品毛坯布用料重量（kg）=\frac{10件产品净坯布重量（kg）}{1-染整损耗率}$$

③ 10件产品用纱线重量

$$10件产品用纱线重量（kg）=\frac{10件产品毛坯布重量（kg）}{（1-编织损耗率）}$$
$$×\frac{1+纱线回潮率}{1+针织物回潮率}$$

因为织物回潮率和纱线回潮率不同，所以应该进行换算。

2. 辅料计算方法

针织服装的辅料是指服装中的各种边口罗纹、滚边、贴边、领子、门襟、口袋等用料。领子、门襟、口袋、贴边等可以通过样板排料方法计算用料，计算方法与主料的计算方法相同。现将难以用门幅、段长等数据计算用料的各种边口罗纹、滚边的用料计算介绍如下。

（1）罗纹用料的计算

用作边口的罗纹有两种，一种是采用大筒径罗纹机生产的，通过样板裁剪制作服装边口；另一种是采用与边口部位规格相对应的小筒径罗纹机生产的，不用裁剪，直接用筒状罗纹布做服装边口。前者的用料计算与主料的计算方法相同，而后者不同。

当采用小筒径罗纹机生产罗纹边口时，罗纹用料规格常以罗纹机针筒针数代替幅宽，以每厘米长度的干燥重量代替平方米干燥重量，通过计算每件产品耗用的罗纹布长度计算坯布用量。计算方法如下：

$$每件产品领口（或袖口等边口）罗纹重量（kg）=每件产品领口（或袖口等边口）$$
$$罗纹长度（cm）×干重（g/cm）×（1+坯布回潮率）$$

计算时要注意，每件产品的袖口、裤口都有两个，应该乘以2，不要遗漏。

式中罗纹干重可参考表6-5。

表6-5 罗纹布每厘米干燥重量 单位：g/cm

针筒针数	纱 线 规 格					
	14tex×2+28tex（棉)深色	28tex×2（棉)深色	14tex×2（棉)深色	15.6tex×2（棉)本色	28tex（棉)+15.6tex（锦纶)深色	14tex（棉)+13.3tex（锦纶)深色
200	0.515	0.49	0.27	0.26	0.382	
220	0.557	0.53	0.28	0.268	0.414	0.26
240	0.599	0.57	0.29	0.296	0.43	0.28
260	0.65	0.62	0.32	0.332	0.46	0.31
280	0.675	0.64	0.34	0.349		0.33
300	0.73	0.69	0.36	0.366	0.65	
320	0.78	0.74	0.376	0.385	0.71	0.38
340	0.82	0.78	0.385	0.404	0.83	
380	0.91	0.87				
420	1.00	0.98	0.411			
440	1.16	1.13	0.456			
460	1.20	1.17	0.506	0.553		
480	1.24	1.21	0.546	0.573		
540	1.39	1.35	0.596	0.598		
560	1.42	1.38	0.626	0.628		0.62
580	1.45	1.41	0.653			
600	1.48	1.44	0.68			
620	1.51	1.47	0.71			

（续表）

针筒针数	纱 线 规 格					
	14tex×2+28tex（棉)深色	28tex×2（棉)深色	14tex×2（棉)深色	15.6tex×2（棉)本色	28tex（棉)+15.6tex（锦纶)深色	14tex（棉)+13.3tex（锦纶)深色
640	1.55	1.51	0.737			
800	2.01	1.91				
820	2.11	2.01				
852	2.25	2.14				
900	2.38	2.20				
1120			1.207			
1200			1.329			
1240			1.392			

注：表中深色罗纹若改为浅色按94%折算；色织或本色按97%折算。

（2）滚边用料计算

针织服装滚边用料一般使用横料，即滚边料的长度为坯布幅宽方向。滚边料的用料计算也是通过用料面积进行的。

①滚边料的长度

滚边料的长度与滚边部位规格、缝耗以及缝制时两件服装衣片部位间的距离（约1～1.5cm）有关，同时因为滚边采用的是横料，所以还需考虑拉伸伸长的影响。一般坯布的拉伸伸长率约为5%～10%，罗纹布为15%。易拉伸的布取大值，不易拉伸的布取小值。具体计算方法如下。

滚边料长度（cm）=[滚边部位规格+缝耗（0.75cm）]（1—拉伸率)+1～1.5cm

单件产品领口（或下摆）滚边料长度（cm）=[半领口弧线长（或下摆阔规格）

+缝耗（0.75cm）]（1—拉伸率)×2+1～1.5cm

单件产品袖口（或裤口）滚边料长度（cm）=[袖口阔规格（或裤口阔规格）

+缝耗（0.75cm）]（1—拉伸率)×2×2+（1～1.5cm）×2

式中，半领口弧线长度要通过前后领深、领宽作图实测得出；袖口、裤口都是成对的，所以要再乘以2。

②滚边料的宽度

滚边料的宽度与滚边宽规格、滚边方式［双面光边（滚边布两面折进）和单面光边（滚边布正面折进，反面毛边）两种，如图6-22］、滚边折边量（0.5～0.75cm）以及拉伸扩张损耗（0.5cm）有关。计算方法如下。

③滚边用料面积

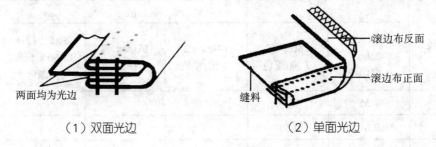

两面均为光边

缝料

滚边布反面

滚边布正面

（1）双面光边 （2）单面光边

图6-22 滚边方式

$$单件产品双面滚边料宽度=滚边宽规格×2+滚边折边（0.75cm）$$
$$×2+拉伸扩张损耗（0.5cm）$$
$$单件产品单面滚边料宽度=滚边宽规格×2+滚边折边（0.75cm）$$
$$+拉伸扩张损耗（0.5cm）$$

$$单件产品滚边用料面积（m^2）=\frac{单件产品滚边用料长度（cm）×单件产品滚边用料宽度}{10000}$$

④滚边用料重量

$$单件产品滚边用料重量（kg）=单件产品滚边用料面积（m^2）×干重（g/m^2）$$
$$×（1+坯布回潮率）×\frac{1}{10000}$$

裁剪时依据切条中的断料损耗可以计算出所需滚边布的实际净坯布重量，然后可在切条机上按滚边布的宽度尺寸切成所需重量的滚边布，并卷装成盘供滚边时用。

四、用料计算实例

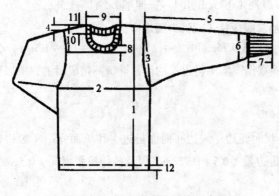

图6-23 款式及测量部位示意图

现以18tex男式棉毛衫为例，说明用料计算的方法与步骤。

已知：18tex浅色棉毛布的平方米干燥重量为190g/m²，袖口、领口用14tex×2的罗纹，棉毛布的坯布回缩率为2.5%，段耗1.2%。

1. 产品款式与测量部位

如图6-23所示，该产品为斜肩、合腰棉毛衫，下摆折边。图中序号为测量部位。

2. 成衣规格

如表6-6所示。

表6-6 成衣规格 单位：cm

序号	部位名称	成 衣 规 格			
		90	95	100	105
1	衣长	66	68	70	72
2	胸宽	45	47.5	50	52.5
3	挂肩	23	24	24	25
4	肩斜值	3	3	3	3
5	袖长	57	58.5	60	61.5
6	袖口	12.5	13.5	13.5	13.5
7	袖罗纹长	10	10	10	10
8	领罗纹宽	3	3	3	3
9	领宽	13	14	14	15
10	前领深	11	12	12	13
11	后领深	3	3	3	3
12	底边宽	2.5	2.5	2.5	2.5

3. 排料方法

根据产品特点，大身和袖子均采用斜套法排料，排料示意图参见图6-7。

4. 用料计算

以95cm产品为例进行计算。

（1）主料用料计算

① 大身用料

$$大身幅宽 = 成品胸宽规格 + 2.5cm = 47.5cm + 2.5cm = 50cm$$

$$大身段长（2件）= 样板衣长 \times 2 - 肩斜套进量$$

由表6-2查得肩斜套进量1.5cm，则：

$$大身段长（2件）= [(68cm + 2.5cm + 0.75cm + 0.5cm) \div (1 - 2.5\%)] \times 2 - 1.5cm$$
$$= 145.7cm$$

$$10件产品大身用料面积 = 段长 \times 幅宽 \times 坯布层数 \times 段数$$

$$= 145.7cm \times 50cm \times 2 \times \frac{10}{2} = 72850cm^2 \approx 7.29m^2$$

② 袖子用料

$$袖子幅宽=成品挂肩规格+成品袖口规格+2.5cm$$
$$=24cm+13.5cm+2.5cm=40cm$$

袖子计算幅宽与坯布幅宽相同，无需斜断料。

$$袖子段长（5件）=样板袖长×5=（58.5cm-10cm+0.75cm×2）$$
$$÷（1-2.5\%）×5=256.5cm$$

$$10件产品袖子用料面积=段长×幅宽×坯布层数×段数$$
$$=256.5cm×40cm×2×\frac{10}{5}=41040cm^2≈4.1m^2$$

③ 10件主料总用料面积

$$10件主料总用料面积=10件产品大身用料面积+10件产品袖子用料面积$$
$$72850cm^2+41040cm^2=113890cm^2≈11.39m^2$$

$$10件主料实际总用料面积=10件主料总用料面积÷（1-段耗率）$$
$$=113890cm^2÷（1-1.2\%）=115273cm^2$$
$$=11.53m^2$$

④ 10件主料实际用净坯布重量

$$10件主料实际用净坯布重量=10件主料实际总用料面积×干重×（1+坯布回潮率）$$
$$=11.53m^2×190g/m^2（1+8\%）≈2366g$$

⑤ 10件主料实际用毛坯布重量

$$10件主料实际用毛坯布重量=10件主料实际用净坯布重量÷（1-染整损耗率）$$
$$=2366g×（1-5\%）≈2491g$$

⑥ 10件主料实际用纱线重量

$$10件主料用纱重量=\frac{10件产品毛坯重量}{（1-编织损耗率）}×\frac{1+针线回潮率}{1+针织物回潮率}$$
$$=\frac{2491g}{（1-0.1\%）}×\frac{1+8.5\%}{1+8\%}$$
$$≈2505g$$

（2）辅料用料计算

由附录4查得95cm领口罗纹针筒针数为540～560针，选用540针；袖罗纹针筒针数为260针。由表6-5查得领罗纹干重深色为0.596g/cm，袖罗纹干重深色为0.32g/cm，浅色按94%折算。

① 领口罗纹用料

$$单件领罗纹长=（领罗纹宽规格+缝耗+拉伸扩张）×2$$
$$=(3cm+0.75cm+0.75cm)×2=9cm$$

$$10件领罗纹干重=9cm×0.596g/cm×94\%×10=50.4g$$
$$10件领罗纹湿重=干重×（1+坯布回潮率）=50.4g×（1+8\%）=54.4g$$

② 袖口罗纹用料

$$单件袖罗纹长 = （袖罗纹长规格 + 缝耗 + 拉伸扩张）\times 4$$
$$= 10cm + 0.75cm + 0.75cm \times 4 = 46cm$$
$$10件袖罗纹干重 = 46cm \times 0.32g/cm \times 94\% \times 10 = 138g$$
$$10件袖罗纹湿重 = 干重 \times （1+坯布回潮率） = 138g \times （1+8\%） = 149g$$

③ 10件罗纹辅料实际净坯布重量

$$10件罗纹辅料净坯布重量 = 10件领罗纹湿重 + 10件袖罗纹湿重$$
$$= 54.4g + 149g = 203.4g$$

$$10件罗纹辅料实际净坯布重量 = 10件罗纹辅料净坯布重量 \div （1-段耗率）$$
$$= 203.4g \div （1-0.5\%） \approx 204g$$

④ 10件罗纹辅料实际用毛坯布重量

$$10件罗纹辅料毛坯布重量 = 10件罗纹辅料实际用净坯布重量 \div （1-染整损耗率）$$
$$= 204g \times （1-5\%） \approx 215g$$

⑤ 10件罗纹辅料实际用纱重量

$$10件罗纹辅料用纱重量 = \frac{10件产品毛坯重量}{（1-纺织损耗率）} \times \frac{1+针线回潮率}{1+针织物回潮率}$$
$$= \frac{215g}{（1-0.1\%）} \times \frac{1+8.5\%}{1+8\%} \approx 216g$$

其他规格也按上述方法计算，并将计算结果编制成表。

5. 坯布总用料

表6-7和表6-8为主料、辅料净坯布用料。用料计算可以根据需要只计算净坯布用料，但有时还需要计算毛坯布用料和纱线用量，所以表中内容可根据服装中的部件不同而异，也可根据需要列出毛坯布用料和纱线用量。

表6-7 主料净坯布用料

| 成品规格 | 大身 | | | | 袖子 | | | | 总面积（cm²） | 实际总面积（cm²） | 净坯布湿重（g/10件） |
	门幅（cm）	段长（cm）	段数	面积（cm²）	门幅（cm）	段长（cm）	段数	面积（cm²）			
90	47.5	141.6	5	67260	37.5	252.2	2	37830	105090	106366	2175
95	50	145.7	5	72850	40	256.5	2	41040	113890	115273	2366
100	52.5	149.8	5	78645	40	264.1	2	42256	120901	122369	2503
105	55	153.9	5	84645	42.5	271.8	2	46206	130851	132440	2709

表6-8　辅料净坯布用料

部位	成衣规格 （cm）	段长 （cm/10件）	针筒 针数	克重 （g/cm）	干重 （g/10件）	湿重 （g/10件）
领口 罗纹	90～100	90	540～560	0.56	50.4	54.4
	105	90	560～580	0.588	52.9	57.1
袖口 罗纹	90	460	240	0.273	125.6	135.6
	95～105	460	260～280	0.30	138	149

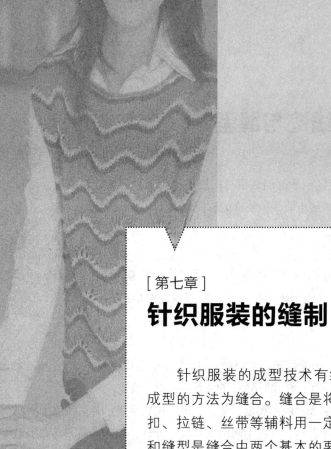

[第七章]

针织服装的缝制

　　针织服装的成型技术有缝合、黏合、编织等多种，但主要成型的方法为缝合。缝合是将编织成型或裁剪成型的衣片以及钮扣、拉链、丝带等辅料用一定形式的线迹和缝型缝制而成。线迹和缝型是缝合中两个基本的要素。选择与材料具有良好配伍，并符合穿着强度要求的线迹和缝型，对缝合的质量是至关重要的。针织服装缝制中常用的名词有：

　　针迹：缝针穿刺缝料时，在缝料上形成的针眼。

　　线迹：缝制物上相邻两针眼之间所配置的缝线形式，即由一根或一根以上的缝线，采用自连、互连、交织在缝料上或穿过缝料而形成的一个单元（图7-1）。

　　缝迹：相互连接的线迹。

　　缝型：一定数量的布片和线迹在缝制过程中的配置形态。

　　缝迹密度：规定单位长度内（通常为2cm）的线迹数，也叫作针脚密度。

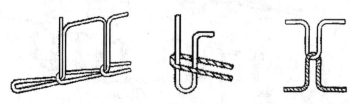

图7-1　缝线连接形式

第一节 针织服装常用线迹与缝型

针织物具有延伸性、弹性和脱散性，因此用于缝制针织物的线迹也必须具备与缝料相适应的特性，并能防止针织物边缘线圈的脱散，同时线迹也有某种装饰的功能。

一、缝制针织服装常用线迹及性能

针织成衣生产中常用的线迹，国际标准化组织于1979年10月制定了线迹类型的国际标准ISO 4915（国家标准GB 4515"线迹的分类与术语"等同于ISO 4915），根据线迹的形成方式和结构上的变换，将线迹分为若干种类别和型号。

ISO 4915线迹型式分为6类：

100类——链式线迹，共7种；200类——手缝线迹，共13种；300类——锁式线迹，共30种；400类——多线链式线迹，共17种；500类——包缝线迹，共16种；600类——覆盖线迹，共9种。

线迹编号采用三位数字表示，第一位数字表示线迹类型，第二、第三位数字表示各类线迹中不同型式的线迹。组合线迹编号以各个线迹编号来表示，并在中间用点"·"分开，如401·502；如果组合线迹是在一次操作过程中形成的，则将其编号标志于括号内，如：（401·502）。

针织服装加工生产中常用的线迹按我国习惯常分为四类：链式线迹、锁式线迹、包缝线迹和绷缝线迹。

1. 链式线迹

链式线迹是由一根或两根缝线串套联结而成，如图7-2和图7-3所示。

101号线迹为直线形单线链式线迹，只有一根缝线，在表面呈虚线，在另一面呈链条状。缝制101号线迹的缝纫机叫作"单线切边机"，工厂中俗称"24KS小龙头"。

107号线迹为曲折形单线链式线迹，其外形呈曲折形，主要用于简单的锁扣眼、装饰内衣的接

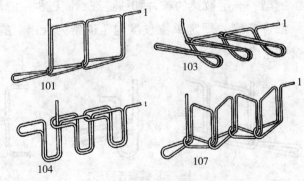

图7-2 单线链式线迹

缝等。

103号线迹为单线链式暗线迹，其特点是面料正面看不见线迹。用于衣片下摆的缲边缝制。

单线链式线迹有一个缺点，就是当缝线断裂时会发生连锁的脱散，一般用于缝制面粉袋、水泥袋等，在缝制针织服装时多与其他线迹结合使用，如缝制厚绒衣后必须用绷缝线迹加固。

双线链式线迹由针线1和弯针线a互相串套而成，如图7-3所示。

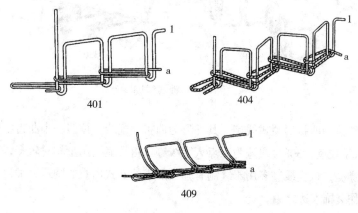

401   404

409

图7-3　双线链式线迹

401号线迹为直线形双线链式线迹，链式线迹线量越多，拉伸性越好。与锁式线迹相比较，这种线迹的弹性和强度较好，而且脱散性较小，不像单线链式线迹容易脱散，因此它在针织品缝制中用途很广，例如延伸性要求较多的滚领、绱松紧带、袖的下缝、裤裆等部位的缝合。也可与三线包缝线迹构成复合线迹，这就是在针织外衣缝制中经常使用的"五线包缝"线迹（图7-6）。

缝制401号线迹的缝纫机一般以其直针数和用途来命名，如单针滚领机、双针滚领机、四针扒条机、四针松紧带机等。这类机种拥有的直针数可以很多，而且多数带有装饰线，底线也可用弹性缝线，使缝迹具有非常漂亮的外观和很好的弹性，是缝制女装、童装装饰用的线迹。

404号线迹为曲折形双线链式线迹，一面为人字形虚线，一面为人字形锁链。通常用于服装的饰边，如犬牙边。

409号线迹为双线链式暗线迹（撬边线迹），其线迹外观与单线链式103号线迹相似，只是横向锁链的线数多了一条，线迹更为可靠，多用于外衣、裤子的底边撬边。

2. 锁式线迹

锁式线迹也叫作穿梭缝线迹，是由两根缝线交叉连接于缝料中，如图7-4中的线迹，针线1和梭子线a分别在缝料的两面呈现相同的外形。

301号线迹为直线形锁式线迹，其外形为直线形虚线。根据直针的数量可分为单针和双针。从结构中可以看出，它的用线量较少，线迹的拉伸性较差，只适合缝制针织品中不易受拉伸的部位，如衣服的领子、口袋、钉商标、滚带等。缝制这种线迹的缝纫机称为平车或"镶襟车"。

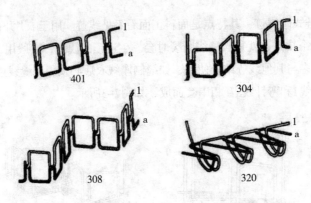

图7-4 锁式线迹

304号和308号线迹为曲折形锁式线迹，其外形为曲折形虚线。按照一个曲折中的针迹点数命名，304号线迹为两点人字线迹，308号线迹为三点人字线迹。由于缝线用量相对较多，其拉伸性也明显提高，而且外形非常漂亮，该类线迹多用于缝制有弹性要求的女式内衣的胸罩、袖口、裤口以及打结、锁眼、装接花边或作装饰衣边之用。

320号线迹叫作"上饰撬边线迹"，其外形在缝料的反面为直线形虚线和三角形线迹，在缝料的正面不露缝线，机针在缝料的同一面穿入穿出。由于用线量较多，它具有一定的拉伸性。该线迹专门用于缝制大衣、上衣、裤口底边的缲边，是针织外衣生产中常用的线迹结构，缝制这种线迹的缝纫机称为撬边机。

3. 包缝线迹

最常见的针织服装用包缝线迹是两根、三根或四根缝线相互循环串套在缝料的边缘，构成空间的网状立体结构，如图7-5所示。包缝线迹按缝线数命名，配置在缝料的边缘，故又称为锁边缝线迹。缝制包缝线迹的缝纫机统称为包缝机。

（1）单线包缝线迹：501号线迹只有一根缝线，由于是自链成环，线迹不牢靠，一般用于毯子边缘的包缝或裘皮服装的缝接等。

（2）双线包缝线迹：503号线迹由两根缝线组成，两线包缝适合于缝制弹性大的部位，如弹力罗纹衫的底边。

（3）三线包缝线迹：504、505和509号线迹都称作"三线包缝"。504号线迹的面线较紧，505号线迹在受到拉伸时延伸性较好，所以在缝合受拉伸较强烈的部位时（如裤裆合缝等）常用505号线迹。509号线迹的针线是两根，缝合强力高于505和504号线迹。三线包缝的特点是能较好地包覆缝制物的边缘，防止针织物边缘脱散。从结构上看，当缝迹受到拉伸时，缝线之间可以有一定程度的互相转移，因此缝迹的弹性较好，广泛用于针织服装的缝制，如合肋、合袖等。

（4）四线包缝线迹：507、512、514号线迹由四根缝线组成，统称作"四线包缝线迹"。四线包缝线迹比单线、双线、三线包缝线迹更牢靠，因此也可叫作"安全缝线迹"。

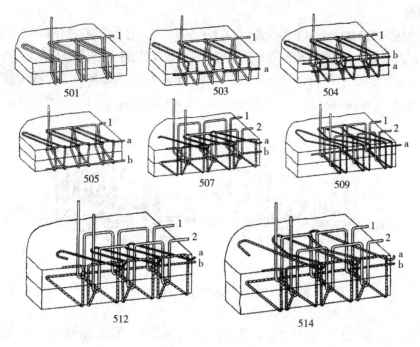

501　　503　　504

505　　507　　509

512

514

图7-5　包缝线迹

　　这三种线迹在结构上有微小的差异，其弹性和外观也有所区别，可根据缝制要求加以选用，一般多用于针织外衣的缝合加工以及针织内衣、T恤中受力较大部位，如肩缝、绱袖等处的缝合，起加强作用。目前，一般高档针织服装的缝制都要求采用四线包缝线迹。

　　（5）复合线迹：由包缝线迹和双线链式线迹这两种独立线迹组合而成，有五线包缝（401号+505号）和六线包缝（401号+512号）。图7-6所示为五线包缝线迹正反面外观。复合线迹弹性好、强度高、缝型稳定、工序可以简化，缝制生产效率高，多用于针织外衣以及补整内衣的缝制。

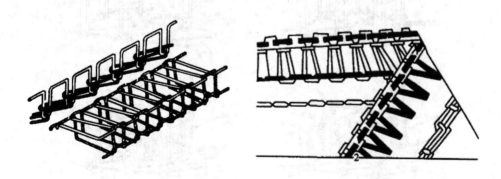

图7-6　五线包缝

4. 绷缝线迹

绷缝线迹包括多线链式线迹和覆盖线迹，即400和600系列，它是由两根或两根以上直针线与一根弯针线相互穿套而成。在缝料的一面形成虚线，虚线的条数就是直针的根数，缝料的另一面为网状的线圈串套，有时在正面可加上一根或两根装饰线。绷缝线迹根据直针数和组成线迹的缝线数命名，如双针三线绷缝线迹（406号线迹），三针四线绷缝线迹（407号线迹），如图7-7所示。

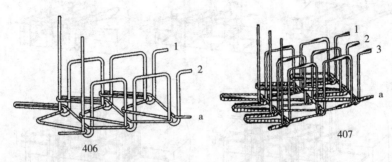

图7-7　双针三线和三针四线绷缝线迹

绷缝线迹的特点是强力大，拉伸性好，缝迹平整，在拼接处还可防止针织物边缘线圈的脱散。绷缝线迹主要用于衣片的拼接及装饰，如针织服装的滚领、滚边、折边、绷缝拼接缝、拼边、扒条和饰边等。缝制绷缝线迹的缝纫机统称为"绷缝机"。

带装饰线的绷缝线迹，即覆盖线迹，如图7-8中的602号、603号、604号、605号线迹，图中的缝线用数字1、2、3、4表示的为直针线，a为弯针线，Y和Z为装饰线。装饰线一般用光泽好的黏胶丝或彩色线，使缝迹外观非常漂亮，似有花边的效果，如图7-9所示。

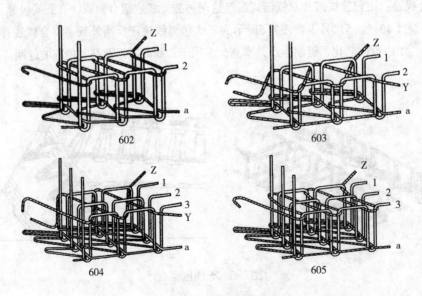

图7-8　覆盖线迹

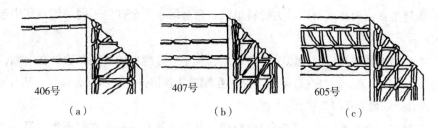

图7-9　绷缝线迹的外观

二、针织服装常用缝型及性能

服装缝口是指各裁片相互缝合的部位，缝型即缝口的结构形式，指一定数量的缝料以某种线迹在缝纫过程中的配置形态。缝型的确定对于缝纫产品的加工方法、成品质量（如缝口外观、强度等）具有决定性作用。缝型由车缝衣片的数量、衣片间相互叠置的形式、线迹种类、车缝行数等诸多因素决定，因此缝型变化多端，种类繁杂。为便于各国服装业的相互交流，国际标准化组织于1981年3月制定了缝型标号国际标准（ISO4916），共8类缝型，284种布片配置形态，543种缝型标号。

（一）缝型的国际标准标号方法

国际标准ISO 4916中规定，缝型由5位数字组成：缝型标准代号的左起第一位数字从1到8表示缝型的类别；第二、第三位数字从01到99，表示缝料的排列形态；第四和第五位数字从01到99表示缝针穿刺缝料的部位和缝针的穿刺状态。缝型标号斜线后的数字为线迹代号，如1.01.01/505。

1. 缝型种类

根据所缝合的布片数量和配置方式，将缝型分为8大类，其中布片按布边在缝合时的位置分为"有限"和"无限"两种，缝迹直接配置其上的布边称为有限布边，在缝型图示中用直线表示；远离缝迹的布边称为无限布边，在缝型图示中用波浪线表示。缝型种类如图7-10所示。

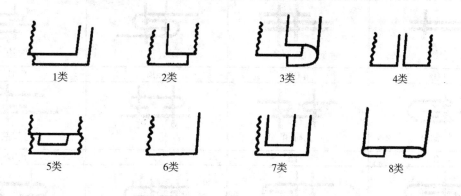

图7-10　缝型分类示意图

（1）一类缝型：由两片或两片以上缝料组成，其有限布边全部位于同一侧，其中包括两侧均为有限布边的布片。

（2）二类缝型：由两片或两片以上缝料组成，其中一片缝料的有限布边处在一侧，另一片缝料的有限布边处在另外一侧，缝料在有限布边处相互配置并互相叠搭，如再有缝料，其有限布边可随意位于一侧，或者两侧均为有限布边。

（3）三类缝型：由两片或两片以上缝料组成，其中一片有一侧是有限布边，另一片两侧均为有限布边，并把第一片缝料的有限布边夹裹其中。如再有缝料，可以同第一片或第二片。

（4）四类缝型：由两片或两片以上缝料组成，其有限布边各处一侧，两片缝料相对配置于同一水平上。如再有布片，其有限布边可随意位于一侧或者两侧均为有限布边。

（5）五类缝型：由一片或一片以上缝料组成，若缝料在两片以下，其两侧均为无限布边，如再有布片，其一侧或两侧均可是有限布边。

（6）六类缝型：只有一片缝料，其中一侧为有限布边。

（7）七类缝型：由两片或两片以上缝料组成，其中一片的一侧为有限布边，其余衣片的两侧均为有限布边。

（8）八类缝型：由一片或一片以上缝料组成，不管片数多少，所有布边均为有限布边。

2. 缝料的排列形态

缝料各种不同的排列形态用01、02、……、99的两位数表示。其中一类缝型有26种不同的排列形态；二类缝型有46种不同的排列形态；三类缝型有32种不同的排列形态；四类缝型有14种不同的排列形态；五类缝型有45种不同的排列形态。六类缝型有8种不同的排列形态；七类缝型有82种不同的排列形态；八类缝型有32种不同的排列形态。针织服装缝制中常用的几种缝料的排列形态及其标准代号如表7-1所示。

表7-1　布片的排列形态及标号

1.01	1.23	2.04	3.03
合缝	合肩（加肩条）	双包边	滚边
3.05	4.07	5.06	5.31
光滚边	上拉链	扒条	订口袋
6.03	7.15	7.75	8.02
折边	上单道松紧带	上双道松紧带	缝裤带环

3. 缝针穿刺缝料的部位与形态

缝针穿刺缝料的部位和缝针的穿刺状态，也是用01、02、……、99的两位数字表示。在针织服装缝制过程中，缝针穿刺缝料的情况通常有两种，一种是缝针穿过所有缝料，另一种是缝针并不穿透所有缝料或成为缝料的切边，如图7-11所示，图中竖线表示缝针。

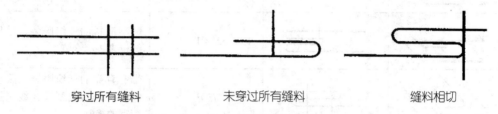

穿过所有缝料　　　　　　　未穿过所有缝料　　　　　　缝料相切

图7-11　缝针穿刺缝料的部位和形态

在缝型国际标准中规定，缝料中有衬绳时，衬绳的横断面用一个大圆点来表示，如图7-12所示。

4. 针织服装常用缝型

针织服装常用缝型如表7-2所示，所有缝型示意图都按机上缝合的情况绘出，如经多次缝合，则绘最后一次缝合情况。

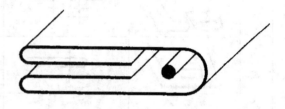

图7-12　衬绳的表示方法

表7-2　针织服装常用缝型标号

线迹类型	缝料排列形态	缝针穿刺缝料方式	缝型标号	在针织服装中的应用
包缝线迹			1.01.01/504或505	普通针织内衣的三线包缝合缝。如合肋缝、合袖缝等
			1.01.03/507或514	质量要求比较高的针织服装，采用四线包缝合缝
			1.01.03/（401·504）	针织外衣采用五线包缝合缝
			1.23.03/512或514	肩部为了防止拉伸，采用四线包缝加肩条时的合肩缝合
			6.01.01/504	针织T恤衫门襟、贴袋等采用三线包缝包边
			6.06.01/503	针织服装下摆及袖口采用两线包缝或三线包缝折边时的缝制
			6.06.01/505	
			7.06.01/504	三线包缝绱罗纹领的缝制

（续表）

线迹类型	缝料排列形态	缝针穿刺缝料方式	缝型标号	在针织服装中的应用
锁式线迹			1.01.01/301	较厚面料的针织外衣，先用三线包缝光边后的合侧缝
			1.06.02/301	薄型面料的针织服装，采用平缝机来去缝合缝
			2.02.03/301	带有育克的针织服装，采用平缝机，即直线型锁式线迹进行育克的缝制
			4.07.02/301	平缝机绱拉链的缝制
			5.31.02/301	平缝机绱口袋的缝制
			6.03.04/301或304	针织服装下摆及袖口的折边
			6.01.01/304	女式针织服装袖口、裤口等边口的人字线迹装饰
			6.02.02/313或320	针织外衣的下摆及袖口的缲边（毛边）
			6.03.03/313或320	针织外衣的下摆及袖口的缲边（光边）
			7.26.01/301或304	针织裤类等腰部扁松紧带的缝制
			7.23.01/301或304	针织裤类等腰部圆松紧带的缝制
			7.02.01/301	针织服装商标的缝钉
			7.37.01/301·301	带衬布的针织运动裤裤腰的缝制

（续表）

线迹类型	缝料排列形态	缝针穿刺缝料方式	缝型标号	在针织服装中的应用
绷缝线迹			3.03.01/602或605	针织服装领子和袖子的滚边
			4.04.01/406	罗纹领、双裆棉毛裤裆部等拼接部位用三线包缝后，再用双针绷缝加固
			5.01.03/406	运动裤前中线的缝制
			6.02.01/406或407	裤类的腰部及下摆、袖口采用绷缝挽边
			7.15.02/406	各种短裤、三角裤松紧带腰边的缝制
			8.02.01/406	裤类产品裤带环的缝制
链式线迹			1.01.01/401	针织服装用三线包边后，用链式线迹合缝
			2.04.05/401·401	针织服装采用单针双线链式线迹进行两次缝合（形成双包边）
			3.03.08/401或404	内衣或三角裤等采用双线链式线迹与曲折开链式线迹复合缝制犬牙边
			3.05.04/401	针织服装领子、袖口等采用双线链式线迹的滚边缝制（可以虚滚，也可以实滚）
			3.05.01/401	
			5.06.01/401·401	针织运动服装及休闲服装等采用双针链式线迹进行扒条的缝制
			5.02.01/401	有褶裥的针织服装，褶裥的缝制
			6.03.03/409	针织外衣的底边、袖口或裤口等采用单线链式线迹或双线链式线迹的撬边缝
			6.03.03/105或103	
			5.45.01/404	针织服装采用双线链式线迹锁边的缝制
			7.25.01/402	针织裤类穿入扁松紧带时采用双针三线链式线迹的缝制
			（7.75.01/401）	针织茄克衫、运动裤类等腰部宽松紧带的缝制

225

第二节　针织服装常用缝纫设备

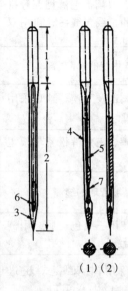

图7-13　直针结构

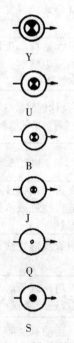

图7-14　针头的形状

一、成缝机件

将缝针上引出的线在缝料上形成各种线迹所需要的基本机件叫成缝机件。它包括缝针、成缝器、缝料输送器和收线器。在缝制过程中，各个成缝机件只有正确配合，才能形成所需要的线迹。

（一）缝针

缝针是在缝制过程中直接与缝料接触的缝纫机件。缝制针织品时，缝纫针的质量与品种的选择是至关重要的，否则会发生针洞、断线、断针、跳针以及熔断缝线等问题。缝针的结构是否合理，将直接影响缝制过程能否顺利进行及缝制品的质量。因此在生产中必须正确选择和使用缝针。大多数的缝纫机都使用直针，有些缝纫机在使用直针的同时也使用弯针，如撬边机、包缝机等。

1. 缝针的结构

缝针的结构如图7-13所示，由针柄1、针杆2和针尖3组成。针杆两侧有深针槽4和浅针槽5，针杆的下端有针孔6和凹口7。深针槽的作用是将缝线埋于槽内，使缝线不与缝料发生摩擦；浅针槽的作用是为了退针时缝线与缝料发生摩擦以形成面线线圈（针圈），同时进针时还可借助它来收紧前一个线迹。针孔用于穿过缝线，凹口的作用是便于成缝器（梭子或弯针）尖头在顺利地穿入针线线圈时不与针相碰。但是像穿梭缝纫机用连杆挑线的机种，由于收紧线迹由连杆强制进行，因此这类缝纫机所用机针不需要浅针槽，如图7-13（2）所示。

针尖的作用是穿刺缝料。根据缝料的种类不同，针尖的形状也不同，缝制一般缝料时可用尖头的针尖及大小不同的圆头针尖，缝制特别坚固且厚的缝料（如皮革）时可用三角形针尖，其锋利的边缘可以帮助切开缝料，使缝针顺利通过。缝制针织品的缝纫针针尖常用圆头针尖，其圆形尖端能把针织线圈的纱线拨向两旁以防止被针截断造成针洞。图7-14所示是日本风琴公司生产的适用于各种不同厚度针织面料所用的圆头针的针头形状。其中S型针头适用于高支纱编织的各种单、双面针织面料；Q型针头适合进行锁缝和刺绣类缝制；J型针头适用于普通针织面料的缝制；B型针头适用于较粗纱线编织的针织面料的缝制；U型针头适用于比较稀薄的或网眼针织面料的缝制；Y型针头适用于网眼或弹性针织面料的缝制。

为适应缝纫机的高速化和缝制低熔点的化学纤维针织面料的需要，已经加工出双节针和高速机针（图7-15）。

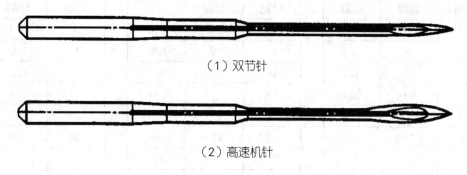

（1）双节针

（2）高速机针

图7-15　双节针和高速机针

双节针的针杆部分分为上粗下细两节，上部粗节可以减少针的振动，下部细节是为了减少针与缝料的摩擦，使针的温度降低。高速机针除针杆部分的变化外，针头、针孔的尺寸比针杆部分粗5%~7%，以减少针杆与缝料的摩擦生热。

2. 缝针的型与号

（1）针型：针型是某种缝纫机所使用的缝针的代码。目前各个国家针型标号不统一，但对于同型机针，其针柄直径和长度是一样的。表7-3是各国机针型号对照表。选用时应根据不同种类的缝纫机选用相应型号的机针。

表7-3　机针型号对照表

缝纫机种类		平缝机	包缝机	双线链式缝纫机	绷缝机	锁眼机	钉扣机
中国针型		88	81	121	121, GK16, 62×1	96	566, GJ4
日本针型		D×1 DB×1 DC×1	DC×1 DC×27	DM×1 TV×7 DM×3 UO×113	DV×1 DV×21	DP×5 DL×1 DG×1 DO×5	TQ×1 LS×18 DP×17 TQ×7
美国针型		88×1 16×231 214×1	81×1	82×1 82×13 2793 81×5	121 62×21	135×5 71×1 23×1 142×1	175×1 2851 29—18 LSS 175×5
主要特征	机针全长（mm）	33.4~33.6	33.3~33.5	43.9	44	37.1~39	40.8~50.5
	针柄直径（mm）	1.6	2	2	2	1.6	1.7

（2）针号：针号是机针针杆直径的代号，表示针杆的粗细。目前常用针号的表示方法有公制、英制和号制。表7-4为三种针号对照表。

表7-4　针号对照表

号制	公制	英制	号制	公制	英制	号制	公制	英制
6	50	—	14	90	036	—	150	060
7	55	—	15	95	038	23	160	—
8	60	022	16	100	040	—	170	067
9	65	025	18	110	044	24	180	073
10	70	027	19	120	048	25	200	080
11	75	029	20	125	049	26	230	090
12	80	032	21	130	—			
13	85	—	22	140	054			

① 公制：以0.01mm作为基本单位度量针杆直径，并以此作为针号（针号乘以0.01即为针杆直径，单位为mm）。针号从50开始，以5为单位递增，到380为止。缝制针织品常用的针号为55～100。德国常采用公制针号。

② 英制：以0.001英寸作为基本单位度量针杆直径，并以此作为针号（针号乘以0.001即为针杆直径，单位为英寸）。用3位数表示，如022，025，027……040。美国於仁公司采用英制针号。

③ 号制：用号码表示针杆的粗细。号码本身没有特殊的含义，号越小针越细，针织品缝制常用6～16号针。中国、日本"风琴"和美国"胜家"均采用号制针号。

针号的选用应根据面料的软硬厚薄来选择，一般汗布选用9～11号针，棉毛布选用10～12号针，细绒布选用10～13号针，厚绒布选用11～14号针。

（二）成缝器

成缝器的基本形式有线钩（也叫弯针）、叉钩、菱角和梭子等，如图7-16所示。其中线钩和梭子都带有缝线（底线），而叉钩和菱角本身不带缝线。

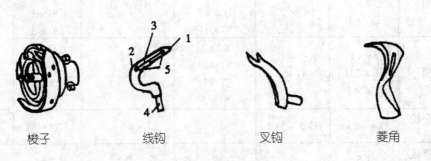

梭子　　　　线钩　　　　叉钩　　　　菱角

图7-16　各种成缝器

线钩是形成多线链式线迹、包缝线迹和绷缝线迹的成缝器。它由钩头1、钩杆2、钩槽3、钩柄4和穿线孔5组成。钩头用来穿过直针或其他成缝器所形成的缝圈，钩槽用来引导底线，钩柄用来固装于钩架上。

叉钩是形成二线包缝线迹的成缝器。叉钩的头部是一个分叉，它本身不带缝线，而是把其他线钩上的线叉送到直针的运动位置。

菱角是形成单线链式线迹的成缝器。菱角本身也不带缝线，它的尖嘴穿过直针线圈，使其扩大，以便直针第二次穿刺缝料后穿入而形成单线链式线迹。

梭子是形成锁式线迹的成缝器。它的结构如图7-17所示，由梭壳1和梭芯3组成。梭壳固装于机器的下轴上随之一起回转，梭嘴2用来勾住直针线圈，曲线钢皮7的扩大部分8能使针圈扩大，以便套绕顺利。梭芯套在梭壳中，固装于机架上的定位钩10上的凸钉11嵌入梭芯上的凹口9中，使梭芯不能转动。梭芯轴4上插有纱管5，纱管上的线由罩壳6上的簧片引出，调节簧片螺丝松紧就可以调节底线的张力。

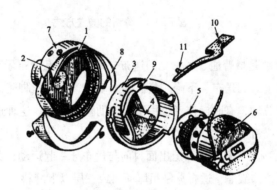

图7-17　梭子的结构

（三）缝料输送器

缝料输送器是在缝制过程中定量地向前输送缝料的装置。在缝纫机上，由缝料输送器的送布量来确定线迹的密度，有时还可用它来改变缝料的移动方向。缝料输送器主要由送布牙和各种压脚组成，由它们相互配合，共同完成送布运动。有些缝纫机的缝针或其他机件也参与输送缝料，以满足不同性质的面料及多层缝制时的要求。

压脚的作用是对缝料施加适当的压力，把缝纫机的送布功能施于缝料，达到正确送布的目的。压脚的形状和材质应根据缝料的种类、性质及缝制条件不同选择。

送布牙条也有多种类型，要根据缝料性质、缝制层数来选用牙条的排数、长度、位置、齿形等。合理选择送布牙条可防止损伤缝制物以及缝子歪斜或收缩。用于缝制针织品的缝纫机最好选用三排齿牙条，每2.54cm有21个齿，安装时齿尖露出针板平面约0.6～0.8mm为佳。

缝制不同面料时，应根据缝料性能（厚薄、软硬、拉伸性、光滑程度等）、层数等来决定缝料输送的方式。送布方式归纳起来有以下几种，参见图7-18。

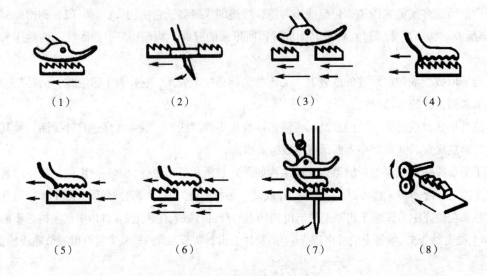

图7-18 缝料的输送方式

（1）下送式：下送式是最普通、最常见的送布方式，主要靠送布牙和压脚共同完成送布任务。压脚压住衣片，送布牙做上升、送布、下降、复位四个动作，由于压脚底部很光滑而且将缝料压住，布的移动由牙条上的齿来拉动，有时操作者也用手来帮助移动缝料。这种送布方式在缝制针织面料时，容易使面料伸长、收缩或错位。

（2）针送式：直针刺入面料，在其退出面料前与送布牙一起运动，共同送布。这种送布方式可以有效地防止缝料间的错位和皱缩，适合缝制粗厚面料或三层以上缝料。

（3）差动式：差动式输送器有两个送布牙条，各牙条的送布速度可以单独调节，当后牙速度大于前牙速度时，形成推布缝纫，可以防止缝料的拉伸；当前牙速度大于后牙速度时，形成拉布缝纫，能防止缝料产生皱缩或打滑。该送布方式适用于缝制弹性较大或滑性面料，很多针织用缝纫机都采用差动式送布。

（4）上下送布式：由带牙的送布压脚与下送布牙一起夹住缝料运动。这种送布方式可以使上、下层缝料同时向前输送，有效地防止光滑缝料的上、下层之间产生错位。而且由于小压脚带牙，抓面料紧，能防止缝迹的歪斜，提高缝纫质量。

（5）上下差动送布式：由带牙的送布压脚与位于面料下侧的送布牙共同送布。由于上下牙均能送布，因此上下层面料不易出现错位和滑移。同时，上下送布牙的送布速度可分别调节，能有效地解决面料的拉长和皱缩等问题，是差动式和上下送布式两种输送器的结合，此输送器车缝任何性质的面料均能达到预期的效果。

（6）差动上下协调送布式：不仅上下送布量可以调节，而且下送布牙也是差动牙，这样缝料的上、下层任何一面都可形成吃皱或拉伸的缝型。

（7）综合送布式：综合送布式的压脚有两只，一只是普通压脚，起压布作用，另一只压脚起推布作用，两只压脚互相配合交替地压住缝料。缝制时两只压脚先后交替地在缝料上"行走"，因此也叫作"交替压脚"或"行走式压脚"。针、压脚、牙条一起送布，缝制弹性特别好的针织物（如氨纶织物）或特厚的缝料时使用，可以防止走布不滑爽。

（8）拉拔送布：先将布拉出，利用单个或多个滚轮（或齿轮）拉拔缝料或辅助推送缝料，滚轮中有一个必须是主动轮，可以是连续式或间歇式。这是缝制松紧带或弹性缝料的一种常见送布方式。

（四）收线器

收线器又称挑线器，主要作用是供给缝针或成缝器形成缝圈时所需的缝线，并借以收紧前一个线迹。收线器的形式很多，主要有连杆式、凸轮式和针杆挑线几种，如图7-19。

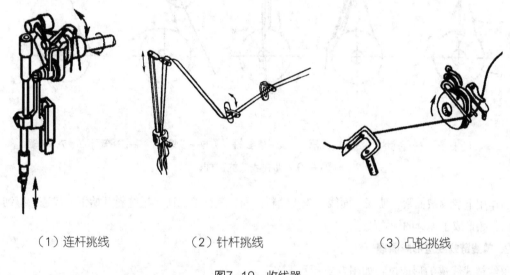

（1）连杆挑线　　　　（2）针杆挑线　　　　（3）凸轮挑线

图7-19　收线器

二、几种常用线迹的成缝原理

1. 锁式线迹的形成原理

工业用平缝机几乎都是采用梭子勾线，主轴旋转一圈，梭床要转两圈，其中第一转勾取直针线圈，第二转脱圈。

锁式线迹的形成过程如图7-20所示。

（1）直针带线下降穿刺缝料，当运动到最低位置后回升时，由于浅针槽侧的缝线与缝料发生摩擦，在针孔下缘的向上推力作用下形成针线圈；

（2）梭嘴勾住针线圈并继续回转，使针线圈拉长扩大，挑线杆下降供给缝线；

（3）直针继续上升从缝料中退出，当针线圈套过梭芯中心轴位置时，针圈从梭芯后面滑过；

（4）挑线杆迅速上升抽紧线迹，线环从旋梭上滑脱并与底线交织；

（5）针开始下降，缝料输送器将缝料向前移送一个针迹距，梭子回转第二圈（空转），针圈在挑

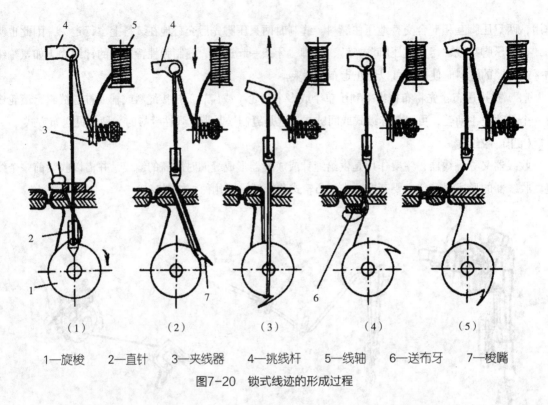

（1）　　　　（2）　　　　（3）　　　　（4）　　　　（5）

1—旋梭　　2—直针　　3—夹线器　　4—挑线杆　　5—线轴　　6—送布牙　　7—梭嘴

图7-20　锁式线迹的形成过程

线杆的作用下继续被抽紧，使底、面线交织于缝料中间。缝针第二次穿过缝料开始下一线迹的缝纫，如此周而复始形成了连续的锁式线迹。

2. 单线链式线迹形成原理

单线链式线迹的形成过程如图7-21所示。

（1）缝针带线穿刺缝料，当缝针退出时在浅针槽侧形成针线圈，成缝器菱角的尖头穿入针圈；

（2）菱角穿入针圈并继续逆时针旋转，针上升退出缝料，送布牙开始送布；

（3）缝料被移过一个针迹距，缝针开始第二次下降，菱角转过180°；

（4）缝针回升形成新的针线圈，菱角尖头准备穿入新的针圈；

（5）菱角旋转360°后第二次穿入新线圈，同时重新穿入旧线圈，旧线圈开始脱离菱角的控制；

（6）缝针继续回升，抽紧线迹，旧线圈从菱角上滑脱并套在新的线圈上，菱角继续回转开始形成新的线迹。

3. 双线链式线迹形成原理

双线链式线迹的形成过程如图7-22所示。

（1）直针下降，将针线带入缝料；

（2）直针上升，在缝料下面形成针线圈，成缝器线钩穿过针圈；

（3）缝针退出缝料，缝料在送布机构作用下开始向前移动，针线圈被拉长，线钩同时后移一定距离（从直针的前侧移到后侧）；

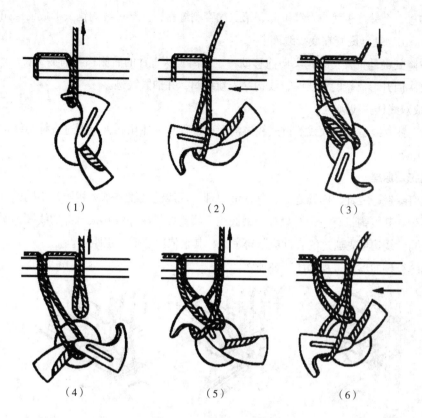

图7-21　单线链式线迹的形成过程

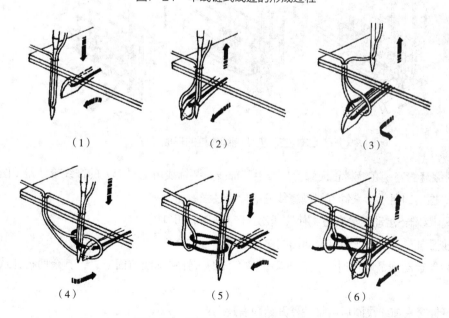

图7-22　双线链式线迹的形成过程

（4）缝料移送一个针迹距后，直针下降，第二次穿刺缝料，并穿过线钩钩头形成的三角线圈，线钩开始从针圈中退出，使针圈套在底线线圈上；

（5）直针下降到最低位置，线钩又向前移动一定距离（从直针的后侧移至前侧）；

（6）直针再次回升形成新的针线圈，线钩穿入新线圈，并抽紧线迹。

如此反复形成双线链式线迹。

双针四线、三针六线、四针八线等链式线迹的形成过程与上述相同，只不过直针与线钩成对分为两组、三组、四组等。

4．绷缝线迹形成原理

绷缝线迹也有双针、三针、四针之分，其成缝原理与双线链式线迹基本相同，不同的是，绷缝线迹不管直针数多少，其线钩只有一个，只有一根底线，线钩要依次穿过几根直针的线圈，所以直针安装的高低位置不同，线钩最先通过的直针应装得最高，其余依次装低一定距离。

三针四线绷缝线迹的形成过程如图7-23所示。

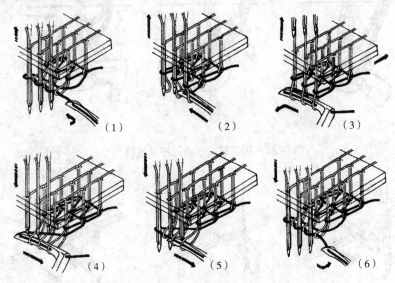

图7-23　三针四线绷缝线迹的形成过程

带饰线的绷缝线迹是在缝料正面添置1～2根装饰线，装饰线由缝料上方的饰线带纱器（图7-24中的S）来完成。图7-24所示为三针五线绷缝线迹的形成过程。

（1）饰线带纱器S运动至最右边，使饰线Z处于带纱器的凹口中；

（2）带纱器向左运动，其凹口推动饰线向左曲折；

（3）带纱器运动到最左边时，直针下降，最右面的直针在饰线前面通过，其余两枚针从饰线后面通过；

（4）当直针穿入饰线线圈后，带纱器开始向右运动；

（5）带纱器继续向右运动，饰线与针线开始联结；

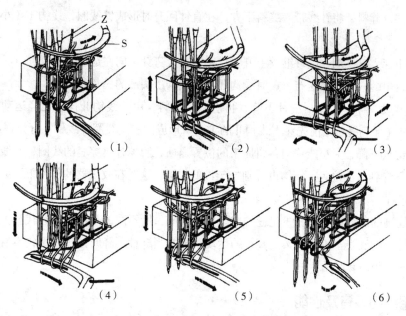

图7-24　三针五线绷缝线迹的形成过程

（6）带纱器运动至最右边，直针也下降至最低位置，抽紧线迹；

以上介绍的是饰线的形成过程，其他缝线的形成过程与无饰线的绷缝线迹的形成过程相同。凡是有两根装饰线的绷缝线迹，其带纱器有两个，呈左右配置，成缝原理相同，运动方向相反。

5. 包缝线迹形成原理

三线包缝线迹的形成过程如图7-25所示。

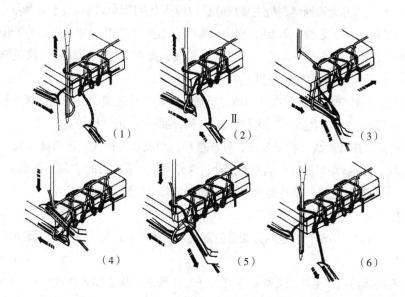

图7-25　三线包缝线迹的形成过程

（1）直针穿过缝料，将针线带入缝料下方，在直针回升时形成针线圈，线钩Ⅰ（小弯针）自左向右运动；

（2）线钩Ⅰ穿入针线圈，缝针继续上升，线钩Ⅱ（大弯针）向左运动；

（3）缝针退出缝料，开始送布，这时线钩Ⅱ穿入线钩Ⅰ头部的三角线圈；

（4）缝料移动一个针迹距后缝针下降，再次刺入缝料，由于线钩Ⅱ这时已经运动至最高（或最左）位置，缝针在穿刺缝料之前先穿入线钩Ⅱ的尖头所形成的三角线圈，线钩Ⅰ开始退回；

（5）缝针继续下降，大小线钩向各自原来的位置退回，脱掉各自穿套的线圈，三线交织；

（6）缝针下降到最低位置，线钩也分别处于最低位置，这时在收线器的作用下，线迹被抽紧，完成了成缝的全过程。

两线包缝线迹的成缝过程与三线包缝的成缝原理相同，所不同的是仅用叉钩代替大弯针，叉钩的作用是把小弯针上的底线三角线圈叉到直针的运动线上，当缝针下降时穿过，叉钩本身不带缝线，使底线与针线之间互相串套联结。

三、常用缝纫设备及性能

我国生产的工业用缝纫机习惯上根据挑线、勾线方式和所形成的线迹类型进行分类。缝纫机的型号用两位大写字母表示。第一位字母表示缝纫机的使用对象，共分为三类，C代表工业用缝纫机，J代表家用缝纫机，F代表服务行业用缝纫机；第二位字母表示缝纫机主要成缝机构的特点及所形成线迹的形式。由于不同种类的缝纫机所使用的成缝机件不同，所以成缝机构的种类很多，因此第二位字母代表的含义也很多，在针织服装生产中常用的有五类，即C、N、K、L和J。与代表工业用缝纫机的第一位字母C结合起来，就构成了针织服装生产中常用的五大系列缝纫机，即GC系列、GN系列、GK系列、GL系列和CJ系列。这五大系列缝纫机主要成缝机构的特点及所形成的线迹形式如下：

GC系列缝纫机是以连杆挑线，梭子勾线，形成双线锁式线迹的缝纫机，通常称为平缝机或锁缝机。

GN系列缝纫机是以针杆挑线，双弯针或三弯针勾线，形成三线、四线或五线包缝线迹的包缝机，也包括以叉钩代替大弯针的二线包缝机。

GK系列缝纫机是以针杆挑线，单弯针勾线，形成双线链式线迹或绷缝线迹的缝纫机，也包括多弯针勾线的多线链式缝纫机。这类缝纫机比较多，如各种绷缝机、链缝机等。

GL系列缝纫机是以连杆挑线，梭子勾线，针杆摆动，形成双线锁式线迹的缝纫机。与GC系列缝纫机的主要区别是GL系列缝纫机的针杆能左右摆动，这样可以形成曲折的"人"字形线迹。

CJ系列缝纫机是以针杆挑线，旋转菱角勾线形成单线链式线迹的缝纫机。

（一）平缝机

平缝机在工厂中俗称"平车"，也叫穿梭缝缝纫机。由于针织厂常用它缝制服装的门襟，因此也有叫"镶襟车"的。

平缝机属GC系列缝纫机，由针线（面线）和梭子线（底线）构成锁式线迹结构（300系列）。锁式线迹在缝制物的正反面有相似的外观，这种缝迹拉伸性小，一般宜缝制拉伸性较小的部位。平缝机在针织服装中的应用如图7-26所示。

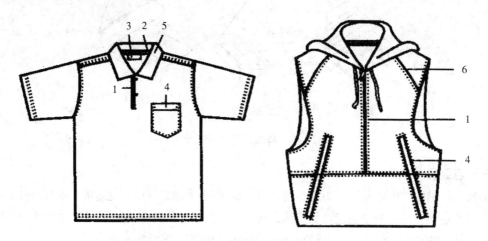

1—绱门襟、拉链 2—压领捆条 3—钉商标 4—钉口袋 5—绱领 6—压倒缝

图7-26 平缝机在针织服装中的应用

平缝机种类很多，按可缝制缝料的厚度不同，可分为轻薄型、中厚型及厚型。按缝针的数量不同，可分为单针平缝机、双针平缝机等。双针平缝机可同时缝出两道平行的锁式线迹，而且左右两针可以分离，如在拐角处其中一根针可停止运动自动转角，使缝制品更加美观（图7-27）。根据送布方式不同，可分为下送式、差动式、针送式、上下差动式等机种，差动式送布平缝机是缝制弹性缝料的理想机种；针送式平缝机一般用来缝制较厚的面料或容易滑移的面料；上下差动送布平缝机适用于缝合两种伸缩性能不同的面料（如针织布与机织布的缝合），也适合缝制吃纵部位（如绱袖时袖片的袖山）。

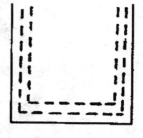

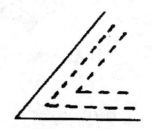

（二）链缝机

链缝机是可形成各种链式线迹的工业缝纫机，属GK系列。其形成的线迹在面料正面与锁式线迹相同，另一面为链状，线迹的弹性、强力比锁式线迹好，而且链缝机在生产中不用换底线，生产效率高，因此在针织服装生产中的很多情况下代替平缝机使用。

图7-27 双针可分离的
平缝机缝纫效果

链缝机可以根据直针数和缝线数量分，如单针单线、单针双线、双针四线、三针六线等机种，除单针单线链缝机（现很少使用）外，其他链缝机的直针与弯针均成对、分组同步运动，形成独立、平行的双线链式线迹。在针织服装生产中，链缝机常根据其用途进行命名，例如用于针织服装滚领的就称滚领机，用于缝制松紧带的就称上松紧带机，用于褶裥缝制的就称抽褶机，缝饰带的就称扒条机等。目前多针链缝机的针数已多达50针，线迹宽度可达23cm，主要用于装饰作业和上松紧带，链缝机在针织服装中的应用如图7-28所示。

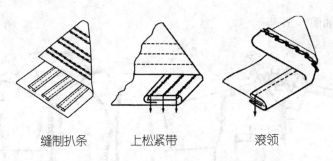

缝制扒条　　　　上松紧带　　　　　滚领

图7-28　链缝机在针织服装中的应用

（三）包缝机

包缝机工厂俗称"拷克车"，属GN系列，可形成500系列包缝线迹。包缝机上带有刀片，可以切齐布边、缝合缝料，线迹能包覆缝料的边缘，防止缝料脱散，同时包缝线迹又具有良好的弹性和强力，因此在针织服装厂用途最广。包缝机在针织服装中的应用如图7-29所示。

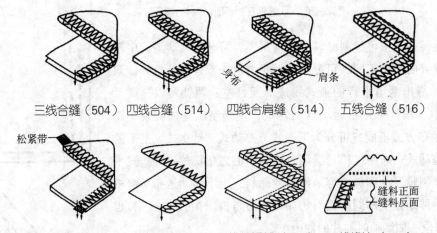

三线合缝（504）　四线合缝（514）　四线合肩缝（514）　五线合缝（516）

四线上松紧带（514）三线光边（505）五线抽褶缝（516）　三线挽边（505）

图7-29　包缝机在针织服装中的应用

包缝机的生产效率高，车速快，车速在5000针/min以下的称为中速包缝机，在5000针/min以上的称为高速包缝机，现代高速包缝机的车速一般都在6000针/min以上，有些可达10000针/min以上。

包缝机常依据组成线迹的线数分类，可分为单线包缝机、双线包缝机、三线包缝机、四线包缝机和五线包缝机等。单线包缝机、双线包缝机和三线包缝机都只有一根直针，四线包缝机和五线包缝机有两根直针。单线包缝机在针织服装中很少使用；双线包缝机可用于弹力针织服装的底边挽边，但目前由于性能更加完善的缝纫机的出现，所以双线包缝机在针织服装中的应用已越来越少；三线、四线包缝机在针织服装中使用最广，被广泛用于合缝、锁边、挽边、绱领等，四线包缝机由于增加了一根直针，使缝迹的强力增加，同时其防脱散能力也得到进一步提高，因此，近年来随着人们对产品质量要求的不断提高，在很多产品的缝制中都用四线包缝代替三线包缝，特别是一些高档产品的缝制，使四线包缝机的使用越来越多；五线包缝机能形成由一个双线链式线迹与一个三线包缝线迹复合的复合线迹，线迹的最大特点是缝纫强力大，同时一台机器可完成两台机器的工作，可以使工序简化，效率提高，在针织服装中主要用于强力要求较大的外衣、休闲服装、补整内衣的缝制。

（四）绷缝机

绷缝机属GK系列，可形成400或600绷缝线迹。绷缝线迹呈扁平状，能包覆缝料的边缘，既能防脱散，又能起到很好的装饰、加固作用，同时线迹还具有良好的拉伸性能。绷缝机是针织缝纫机中功能最多的机种，在针织服装中应用极为广泛。现代内衣都十分注重内衣对皮肤的刺激，所以希望内衣接缝越少越好，接缝越平整越好，许多内衣、内裤，尤其是内裤，原来采用四线包缝机合缝的地方现改用四针六线绷缝机拼接缝。绷缝机在针织服装中的应用如图7-30所示，可以拼接、滚领、滚边、

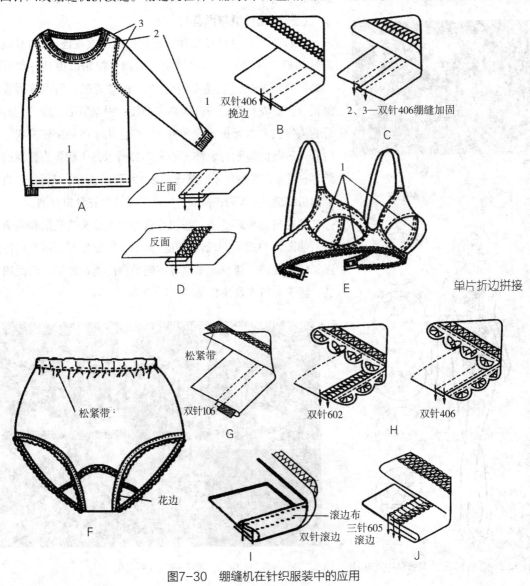

图7-30　绷缝机在针织服装中的应用

筒式车床

平式车床

图7-31　绷缝机

折边、加固、饰边等。绷缝机按缝针数可分为双针、三针、四针等，分别称为双针机、三针机和四针机；根据表面有无装饰线，又可分为无饰线绷缝机（或称单面饰绷缝机）和有饰线绷缝机（或称双面饰绷缝机）；按外形有筒式车床和平式车床之分（图7-31），筒式车床用于袖口、裤口等细长筒形部位的绷缝，平式车床因为支撑缝料的部分为平板型，可以方便地进行各种类似平缝的作业，如拼接缝，压线加固缝等。

　　绷缝机的选用应按所需针距（缝迹宽度）、线迹种类代号来选型，有时还要根据功能和缝型要求选配相应附件。

（五）花针机与绣花机

　　花针机是通过针杆摆动形成曲折形锁式线迹（304号线迹）的缝纫机。花针机的针杆摆幅可以调节控制以得到各种宽度的"之"字形缝迹，当摆幅调至"0"的位置时，就可获得普通平缝机线迹。花针机的线迹极具装饰性，根据所形成线迹的外观可分为人字机和月牙机（曲牙机），广泛用于各种装饰内衣、补整内衣及泳装的缝制与装饰，如图7-32所示，Ⅰ和Ⅳ为普通曲折形缝迹；ⅡA为等幅月牙形缝迹；ⅡB为不等幅月牙形缝迹；Ⅲ为三点曲折缝缝迹；Ⅴ为连接衣片专用的装饰缝花针机缝型。

　　绣花机也称刺绣机，按机头数量分为单头绣花机和多头绣花机，如图7-33所示。现代绣花机多采用电脑控制，可完成链式线迹、环状线迹、镂空、平缝等不同类型的绣花加工，广泛用于女装、童装、衬衣及装饰品等。

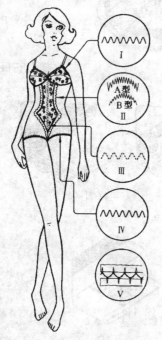

图7-32　花针机在针织服装中的应用

图7-33　绣花机

（六）专用缝纫机

1. 锁眼机

锁眼机大多采用曲折形锁式线迹，但也有采用单线链式线迹和双线链式线迹的。锁眼机根据钮孔的形状（图7-34）可分为圆头锁眼机和平头锁眼机，平头锁眼机适合衬衫等薄型面料的服装，圆头锁眼机适合外衣等较厚型面料的服装；根据锁缝顺序可分为先切后锁（孔眼光边）和先锁后切（孔眼毛边）两种，眼孔周围可带芯线和不带芯线，一些高级厚重衣料必须用先切后锁的圆头扣眼并放入芯线。

圆头钮孔 　　　　　　　　　　　　平头钮孔

图7-34　钮孔外观形态

2. 钉扣机

钉扣机大多数采用单线链式线迹，只有少数机种采用锁式线迹（平缝钉扣机）。

单线链式钉扣机可以缝钉各种钮扣，如平钮扣（4眼或2眼）、子母扣、带柄钮扣、加固钮扣和缠卷钮扣等。只要交换各种附件，就可以变换缝钉形式、缝钉针数（6针、12针、24针或8针、16针、32针）以及各种钉扣缝型。锁式线迹的平缝钉扣机机速较快，缝钉的钮扣比较牢固。

3. 套结机

套结机又称打结机，其主要功能是在缝制结束部位对缝迹末端进行加固，以防止线迹脱散开裂。套结机的线迹是双线锁式线迹。

套结机可根据套结尺寸的大小（套结针数）和形状分类，根据套结的形状可分为平缝套结机和花样套结机。平缝套结机主要起加固作用，常用于口袋、钮孔、袖口、封门等处的加固缝纫；花样套结机除加固作用外还具有装饰功能，可用于服装门襟、口袋、裙子搭扣、腰带、鞋、包等部位的缝纫，如图7-35所示。近年来套结机逐步实现电脑化，可以输入各种打结图案五百多个，图案最大尺寸可达

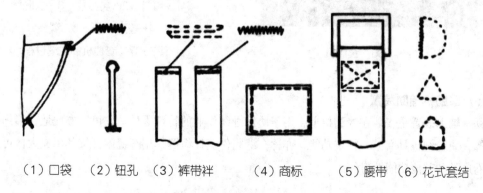

（1）口袋　（2）钮孔　（3）裤带袢　　　（4）商标　　（5）腰带　（6）花式套结

图7-35　套结机在针织服装中的应用

140mm×30mm，约合4000针，因此可当作小型自动绣花机使用。

4. 撬边机

撬边机也称扦边机，专门用于各类服装下摆和裤脚的撬边。撬边机的线迹一般为单线链式线迹，所用机针是弯针，它只穿刺折边层的贴边布而不穿透正面布料（缝针穿透深度由机器上的分度钮进行控制），因此衣服正面无针迹显露，故也称"啮缝缝纫机"。

撬边缝型一般有两种，1:1缝型，即每个针迹都扦住面料；2:1缝型，每2针扦住面料一次，用于中薄型衣料；个别还有3:1缝型，用于特薄型面料。

5. 套口缝合机

套口缝合机是一种特殊的缝合成型针织衣片的专用缝纫机，其特点是缝线穿套于衣片边缘线圈之间，进行针圈对针圈的套眼缝合，缝合后针圈相对，接缝平整，外观漂亮，且弹性、延伸性好，常用于针织毛衫大身与领、袖及门襟的缝合。

套口缝合机根据针床形式分为圆式和平式两种，圆式套口缝合机针床呈圆盆形状，适合领、挂肩等处的缝合；平式套口缝合机针床平直，可用于摆、肋、袖侧缝的缝合，图7-36所示为圆式套口机。

套口机的线迹有单线链式和双线链式两种。一般套口机都是单线链式线迹，其成缝过程如图7-37所示。

图7-36 套口机

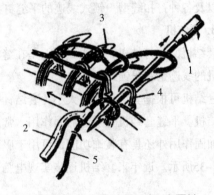

1—缝针　2—导纱器　3—套圈针
4—套口线圈　5—缝线

图7-37 套口机的成缝过程

（七）缝纫机辅助装置

缝纫机辅助装置是安装在缝纫机上，用于协助缝纫作业的特殊零件。它可以方便地在缝纫机上安装和拆卸，使缝纫机具有某一特定功能，亦称车缝附件。针织缝纫用车缝附件按其用途大体可分为挡边类、卷边类和其他功能性附件。

1. 挡边类

挡边类附件又称缝料导向器，其作用是利用其导向边控制缝料，缝出与边口等距平行的线迹，使线迹顺直，前后宽窄一致，保证缝纫质量，如图7-38所示。

（1）挡边器：挡边器可以用螺钉安装在针板右侧或压脚杆上，也可以用磁铁吸附于针板上，如图7-39所示。工作时缝口宽度可以按需调节，使用灵活，制作方便，当不需要定位缝纫时，可方便地将挡边器移向他处，做普通缝纫。

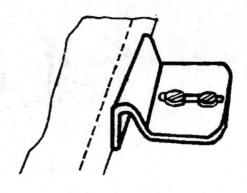

图7-38　挡边类附件的作用

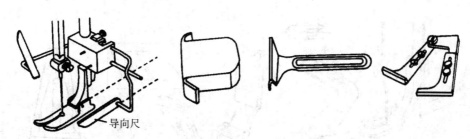

（1）可调节的导向尺　　（2）磁铁式挡边器　　（3）简易挡边器　　（4）活动挡边器

图7-39　挡边器

（2）挡边压脚：挡边压脚又称高低压脚（图7-40），它与一般压脚不同，是由固定压脚趾和活动压脚趾组成，工作时活动压脚趾起导向作用，固定压脚趾则压住缝料与送布牙一起完成送布。

2. 卷边类

图7-40　挡边压脚

卷边类附件的作用是在缝纫前根据缝型结构要求将衣片布边折叠成一定形状，从而将两个甚至三个工序合并为一个操作工序，不仅节省时间，而且提高了产品质量。如底摆卷边附件，可使衣片下摆的卷边工序一次车缝完成，此外，由于衣片是在车缝附件的引导下进入缝纫区的，因此缝口不易出现不齐、打绺及线迹歪斜等疵病，使缝纫质量显著提高。卷边类附件按衣片折叠方式可分为：自卷边附件、镶边附件、卷接附件。

（1）自卷边附件：有两卷具和三卷具，可控制衣片边缘呈一次卷折状或两次卷折状送入缝纫区加工，如图7-41所示为该类附件的典型代表，可用于服装底边的挽边。

（2）镶边附件：又称四卷具，可用于服装的滚边、镶条作业，如图7-42所示。

（3）卷接附件：两块衣片经过卷接附件折叠后按工艺要求相互重叠，形成光边形式送入缝纫区加工，可用于缝合袖下缝、裤侧缝及上下衣片的接缝等，如图7-43所示。

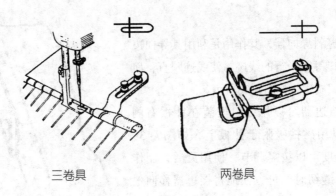

三卷具　　　　　　　　两卷具

图7-41　自卷边附件

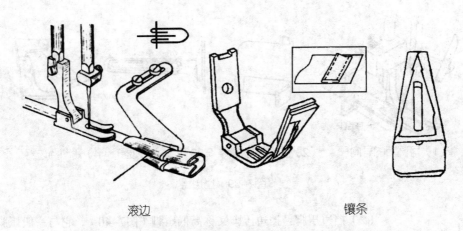

滚边　　　　　　　　　　　镶条

图7-42　镶边附件

图7-43　卷接附件

3. 其他功能性附件

目前已开发的各种功能性附件种类繁多，以下仅以几例说明（图7-44）。

（1）双槽压脚：用于绱隐形拉链。车缝好的拉链表面无线迹，合上拉链后，两片衣片浑然一体，令服装外观整洁漂亮。

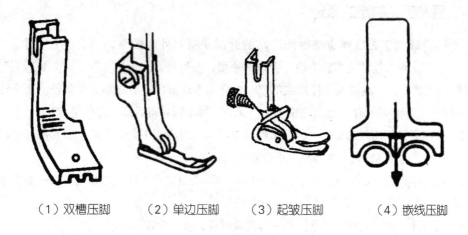

（1）双槽压脚　　（2）单边压脚　　（3）起皱压脚　　（4）嵌线压脚

图7-44 功能性附件

（2）单边压脚：用于普通平缝机上绱拉链时使用的特种压脚，工作时压脚压住缝料让开拉链牙齿。

（3）起皱压脚：调节后侧螺钉可改变压脚的摆动量，在缝制时使缝料与压脚送料的接触情况改变，从而形成不同的皱褶，螺钉完全旋出则可做一般压脚使用。

（4）嵌线压脚：与卷边类附件配合，可在布边嵌入线绳。

第三节　针织服装的缝制工艺

缝制是将裁成的衣片连同必要的辅料进行缝合加工形成服装或其他服饰用品的过程。服装品种及款式繁多，缝制加工方法又是千变万化，即使是同一款式的服装，采用不同方法进行缝制加工，其得到的外观效果和质量也是有区别的，因此要求作出合理的缝制工艺设计。

缝制工艺设计的内容主要包括缝制方法的制定、缝制设备的选择以及缝制工艺流程的设计。缝制方法的研究主要是根据缝料的性质、服装的款式及缝制部位，选用合适的线迹类型、线迹密度、缝针号型、缝线类型及其他辅料的品种和规格。缝制设备的选用是根据所采用的线迹结构来选择相应功能的缝纫机，同时还应注重设备的性能，对那些有利于提高产品质量、提高生产效率、减轻工人劳动强度的设备应优先考虑。缝制工艺流程是指从衣片到成衣的缝制加工全过程。由于服装生产是以流水作业方式传递，所以又称为生产流水线。缝制工艺流程编制包括根据产品品种确定生产方式、对产品进行工序分析和工序编制、设备的排列及位置的设计等。合理的缝制工艺流程有利于新产品的开发、企业资源的合理利用以及缩短生产周期，提高生产效率，降低企业的生产总成本。

一、缝制工艺制定的原则

（1）所设计的工艺流程应能保证产品的缝制质量和外观效果，符合设计要求。

（2）工艺流程的设计应本着方便、合理的原则，一般是"先小后大"、"先繁后简"。即先缝制小件样片或部位，后缝制大件样片或部位；先缝制繁琐部位，后缝制简单部位。所设计的工艺流程应方便每一道工序的操作，也就是说排在前面的工序不能妨碍后面工序的进行。

（3）应注意针织面料的卷边性、脱散性以及拉伸性对缝制工艺的影响。容易拉伸变形的部位尽量排在前面工序完成，特别是对容易变形的斜丝部位。

（4）各工序之间应避免迂回交叉，作业性质相同或相似的工序应尽量安排在一起完成，尽量缩短工艺流程，减少工序间产品的转移，提高生产效率。

（5）同一种类型的机器应尽量排在一起组成机群，便于管理和维修。

（6）充分利用本厂现有的设备条件，结合本厂的具体情况，参考以往的成功经验，进行多方案的分析比较，选择最佳的工艺流程。

二、缝制工艺流程表示方法

缝制工艺流程的表示方法常用以下四种，即工序流水表示法、工序表法、设备说明表示法和工序分析图法。

1. 工序流水表示法

工序流水表示法是按工序的先后顺序列出工序的名称，在工序名称的后面用括号注明该工序所使用的设备，每道工序间用箭头表示工序的流动方向。例如罗纹领文化衫工艺流程的工序流水表示法为：

合肩（四线包缝机）→罗纹领布接头（平缝机）→绱罗纹领（三线包缝机）→绱袖（四线包缝机）→合袖缝、合肋缝（四线包缝机）→袖边及底边挽边（三线包缝机）

这种表示方法的优点是简单、方便，工艺顺序明确，缺点是没有说明缝制的要求及有关规定，因此要求操作工要熟练地掌握每道工序的缝制要求及规定。

2. 工序表法

工序表法是将每一工序按缝制的先后顺序列于一个表中，在表中同时给出每一工序所用缝纫设备的种类、每一工序的缝制要求等内容。根据需要，在工序表中还可以给出缝制某一部位所用的缝纫线颜色、线迹密度及工时要求等内容。表7-5是缝制滚领文化衫的工序表。

这种表示方法的优点是可以根据需要增加表格的内容。对于企业曾多次生产的某些产品，工序表的项目可适当地少一些；而对于一些新品种，工序表中的项目就可以适当地多一些，缝制要求等内容也可以写得详细一些。这样更有利于保证产品的缝制质量，对新的操作工来说也显得非常重要。

表7-5　缝制滚领文化衫的工序表

序号	工序	机种	缝线色	针距/刀门	针密针/3cm	工艺要求
1	合左肩	四线包缝机	身布色	3	13	前肩加2cm本身布肩条，肩缝向后倒
2	滚领子	滚领机	身布色	4	13	滚边宽2cm单握
3	合右肩	四线包缝机	身布色	3	13	前肩加2cm本身布肩条，肩缝向后倒
4	挽袖口边	平双针机	身布色	4.8	13	挽袖口2.2cm
5	绱袖	81	身布色	3	13	—
6	合袖、合肋	81	身布色	3	13	左后身缝距底边15.5cm，加洗标
7	挽底边	平双针机	身布色	4.8	13	挽底边2.2cm，左后身重针2.5cm
8	钉商标	平缝机	身布色	—	13	后领正中双针底线下0.5cm；缝左右两道，稍松弛。上线用商标同色线，底线同身布色线
9	打结	平缝机	身布色	—	13	袖口、领口打三个结

3. 设备说明表示法

设备说明表示法是先列出缝制某种产品所需要的设备名称，然后在每种设备的后面说明该设备可用于哪几道工序的缝制。对于一些有特殊缝制要求的工序，可在工序后附加说明，对于符合统一规定的缝制要求一般不必列出。例如男圆领文化衫工艺流程的设备说明表示法如下：

（1）四线包缝机：合肩（加缝肩条）、绱袖、合袖及合肋（挂肩下角前后缝对齐）。

（2）平缝机：罗纹领布接头（接缝在肩缝线后1~3cm处）。

（3）三线包缝机：绱罗纹领、袖子及衣身底摆折边（要求宽窄要一致，正面不得露明针，也不能脱缝）。

这种表示方法的优点是对缝制某种产品所需要的设备一目了然，也可以大致判断出各种设备负荷量的大小和设备配备的比例。缺点是工艺流程不够明确，对于工序复杂的品种或操作水平较低的工厂不太适用。

4. 工序分析图法

工序分析图是由代表不同操作性质的图形符号按工序的顺序排列起来组成。工序分析图中应包括裁片和辅料名称、工序的序号和名称、加工时间、所用设备的机种和型号或工艺装备等内容。常见的工序分析图采用数字表示工序的衔接关系，用文字表明工序的名称，用图形符号表明该工序的操作性质以及所使用的设备情况，如图7-45所示。表7-6为工序作业性质符号，企业也

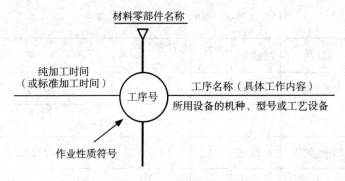

图7-45　工序流程图的构成要素

表7-6　工序作业性质符号

符　号	符号意义
○	普通缝制设备
●	熨烫、手工操作
◎	特种缝纫机
◇	质量检验
▽	裁片及零配件
△	缝制结束

可根据实际需要，自行制定某些符号。

工序分析图的绘制步骤如下：

（1）明确产品的裁片数、裁片组合顺序、缝制加工方法等内容；

（2）进行工序分析，确定加工工序和加工顺序。注意工序分解时要将手工作业与机器作业分开，不同设备的作业分开；

（3）编写工序顺序号，并在图中将各工序从上到下按顺序编排。编排时要注意：图的中部是服装缝制的主流工序（如大身的缝制），两侧为配件或半成品缝制的支流工序（如领、袖、口袋的缝制以及钮孔、绳带等配件，它们需在装配时插入排列）；

（4）填写工序名称、加工件名称、加工设备名称、标准加工时间，按工序图的要求完成工序图的绘制；

（5）核对检查。

图7-46所示为男短袖T恤的工序分析图。该方法的特点是，加工工序按序号排列非常明确，衣片、辅料名称及数量，何时组缝也一目了然，主、支流工序清晰，能迅速分辨设备机种排列的位置和估算通用设备与专用设备的比例，非常便于生产管理。缺点是工序图绘制比较繁琐。

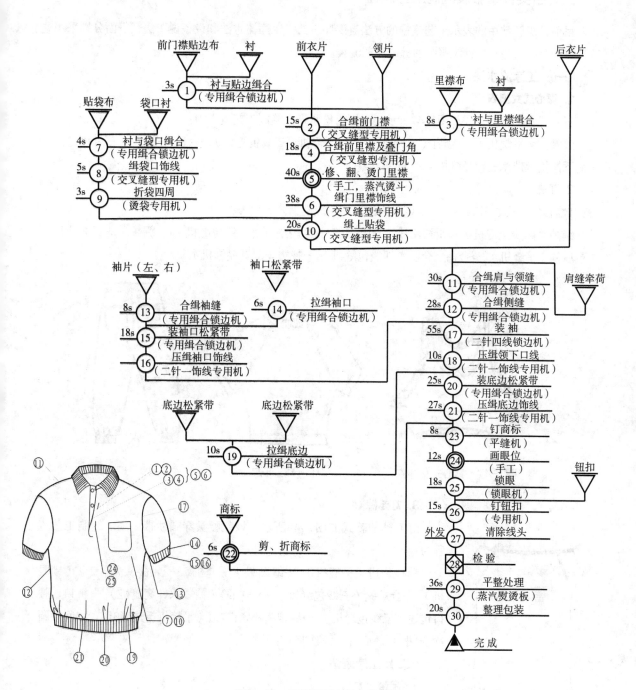

图7-46 男短袖T恤工序分析图

三、各类针织服装缝制工艺流程

目前针织厂常用的表示工艺流程的方法有工序表法、工序流水法和设备说明法，下面分别采用这三种方法介绍一些常用针织服装的缝制工艺流程。

（一）工序流水法

1. 背心式女胸衣

背心式女胸衣的款式如图7-47所示，下摆为松紧带。缝制工艺流程为：

收腰省（平缝机）→合肩（四线包缝机）→合肋（三线包缝机）→缝"三圈"（三针绷缝机）→绱下摆松紧带（三针绷缝机）

2. T恤

T恤衫的款式如图7-48所示，该款为插肩袖，缝制工艺流程为：

绱袖（四线包缝机）→缉袖明线（双针绷缝机）→绱领（三线包缝机）→绷领（双针绷缝机）→包后领（平缝机）→合袖、合肋（四线包缝机）→挽边（双针绷缝机）

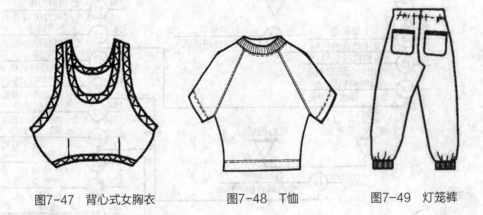

| 图7-47　背心式女胸衣 | 图7-48　T恤 | 图7-49　灯笼裤 |

3. 灯笼裤

灯笼裤的款式如图7-49所示，该款腰头穿圆纱带一根。缝制工艺流程为：

缝口袋边（平缝机）→缝贴袋（平缝机）→锁腰头带孔2个（锁眼机）→合裆缝（三线包缝机）→压裆缝（筒式双针绷缝机）→裤口、腰口包边（三线包缝机）→缝腰头松紧带2道（平缝机折边缝3道，中间穿圆纱条1根）→缝裤口松紧带（平缝机）

（二）工序表法

1. 吊带上衣

女士吊带上衣的款式如图7-50所示，该款的特点是领口采用线迹装饰，袖口和下摆为挽边，其缝制工序见表7-7。

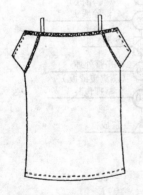

图7-50　女士吊带上衣

表7-7　吊带上衣缝制工序表

序号	工序名称	机　种	缝线色	针密 针/3cm	工 艺 要 求
1	绱袖	四线包缝机	身布色	13	松紧均匀
2	绷缝加固	三针五线绷缝机	身布色	13	袖缝向身侧倒，三针五线不允许分偏
3	合侧缝	四线包缝机	身布色	13	洗标离底边15cm，与袖缝对齐
4	挽袖口	双针绷缝机	身布色	13	1cm宽，明线要直
5	挽下摆	双针绷缝机	身布色	13	1.5cm宽，重线接头在左侧后片
6	领口折边	双针四线绷缝机	红色	13	接头在左侧后片，线迹不要太紧
7	缝吊带	三线包缝机	身布色	13	红色，1件2根，1根19cm毛长
8	光边带子两头	四线包缝机	红色	13	
9	钉吊带	平缝机	身布色	13	带子左右对齐袖缝处

2. 男平脚裤

男平脚裤的款式如图7-51所示，前裆部为双层并且有开口，其缝制工序见表7-8。

图7-51　男平脚裤

表7-8　男平脚裤缝制工序表

序号	工序名称	机　种	缝线色	针密 针/3cm	工 艺 要 求
1	滚开口	双针绷缝机	身布色	13	
2	合裆和前片	四线包缝机	身布色	13	
3	压双明线	双针绷缝机	身布色	13	缝子倒向前片，明线要直
4	拼底裆	三针五线绷缝机	身布色	13	
5	合侧缝	四线包缝机	身布色	13	洗标在左侧后片离腰口12cm处
6	挽裤口	双针绷缝机	身布色	13	接头在裆缝向后2cm，明线要直
7	包松紧带	三线包缝机	身布色	13	
8	合松紧带	平缝机	松紧带色	13	
9	缝松紧带	双针绷缝机	身布色	13	明线要直

（三）设备说明法

1. 风帽长袖衫

风帽长袖衫的款式如图7-52所示。缝制工艺流程如下：

（1）四线（五线）包缝机：合帽里、帽中、帽沿；包袋口边；合肩，加本色肩带于后片；绱袖；

图7-52　风帽长袖衫

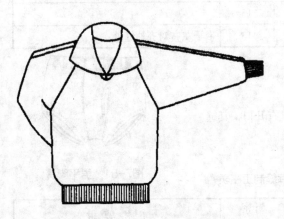

图7-53　运动服

合袖底缝、侧缝，在左侧缝下摆向上15cm处夹水洗标；合袖口、下摆罗纹；绱袖口、下摆罗纹；绱帽，帽前端重叠1cm，右压左。

（2）平缝机：帽沿压单明线0.15cm；钉口袋，钉1cm宽人字带作后领包条，同时钉商标于后领中心处。

（3）打结机：袋口四角打结加固；帽前端重叠处打结。

（4）锁眼机：帽沿锁竖眼2个。

（5）穿绳：帽子上穿帽绳，绳两端外露18cm。

2. 运动服

运动服的款式如图7-53所示。缝制工艺流程如下：

（1）平双针压条机：做双镶条，双镶条间距1cm左右，间距对准袖中线，在间距两侧各镶异色直丝棉毛布镶条1根，镶条成品宽度1cm。

（2）四线（三线）包缝机：绱袖，将领子直丝理正对齐，领横头即前领加本料布直丝条或同色纱带，缝耗要均匀。绱袖时注意前后片之分，袖领头高的一边为后身，低的一边为前身；绱领子，领子下端平车的中心线，即封门线要对准大身领窝中心，不能歪斜，领子中心线与后身中心线要对准，领前面两边均匀；合大身，袖下十字缝要对直；绱袖口与下摆罗纹，注意应在缝子处开始上车与下车。

（3）平缝机：做领子，将领子翻至正面后再用平缝机缉面线，止口宽为1cm，领子下端封门处缝2cm，内衬白纱带，纱带长度低于封门并打回针，将领子下端钉在大身上，并对准大身领窝尖处。

（4）双针绷缝机：绷缝领子、袖口与下摆，注意拉力均匀。

3. 双裆罗纹口棉毛裤

双裆罗纹口棉毛裤款式如图7-54所示。缝制工艺流程如下：

（1）打眼机：在裤腰上端2cm、裤子前方正中处打直眼两个，两眼相距4~5cm，内衬平细布。

（2）四线（三线）包缝机：连接大、小裆；绱裤裆，裤裆对准裤身剪口处；合裤身，前后两个裤腿裆对齐；绱裤口罗纹，从裆连接处开始，拉力要均匀。

图7-54　双裆罗纹口棉毛裤

（3）双针机：绷缝大、小裆连接处及裤口罗纹。

（4）三线挽边包缝机：挽裤腰，从后裤缝开始，重针3cm，不允许有双道线，如果款式要求不穿腰带而采用松紧带，则在挽边时内加松紧带，同时第一道打眼工序也取消。

四、针织服装的缝制质量与规定

（一）缝制质量

服装质量很大程度上是由缝口质量决定的，缝纫加工时，对缝口质量应严格要求和控制。一般缝口应符合以下几方面的要求。

1. 牢度

缝口应具有一定的牢度，能承受一定的拉力，以保证服装缝口在穿用过程中不出现破裂、脱纱等现象。缝口牢度的考核指标为：

（1）缝口强度：指垂直于线迹方向拉伸，缝口破裂时所承受的最大负荷。影响因素主要有缝线强度、缝口的种类、面料的性能、线迹种类、线迹收紧程度及线迹密度等。

（2）缝口延伸度：指沿缝口长度方向拉伸，缝口破坏时的最大伸长量。主要影响因素有缝线的延伸度和线迹的延伸度。

（3）缝口耐受牢度：服装在穿着时，会受到反复拉伸的力，因此需测定缝口被反复拉伸时的耐受牢度，包括在限定拉伸幅度（3%左右）的情况下，缝口在拉伸过程中出现无剩余变形时的最大负荷或最多拉伸次数；在限定拉伸幅度为5%~7%的情况下，平行或垂直于线迹方向反复拉伸，缝口破损时的拉伸次数。一般可通过耐受牢度实验来确定合适的线迹密度，以确保服装穿着时缝口的可靠性。

（4）缝线的耐磨性：缝口开裂往往是因为缝线被磨断而发生线迹脱散，缝线的耐磨性是指缝线不断受到摩擦发生断裂时的最大摩擦次数。

2. 舒适性

要求缝口在人体穿着时，应比较柔软、自然、舒适。特别是内衣和夏季服装的缝口一定要保证舒适，不能太厚、太硬。对于不同场合与用途的服装，应选择合适的缝口，如软薄面料可以用来去缝；较厚面料应在保证缝口牢度的前提下，尽量减少对布边的折叠。

3. 美观

缝口应该具有良好的外观，不能出现皱缩、歪扭、不齐、露止口等现象。对于一些有图案或条格的服装，缝合时应注意裁片间的对格、对条、对花。

4. 线迹收紧程度

可用手拉法检测。垂直于缝口方向施加适当的拉力，应看不到线迹的内线；沿缝口纵向拉紧，线迹不能断裂。

（二）针织品缝制的有关规定

1. 一般规定

（1）主料之间及主辅料之间是同色的色差不得超过三级。

（2）线迹要清晰，线迹成型正确，松紧适度，不得发生针洞和跳针。

（3）卷边起头在缝处（圆筒产品在合肋处），接头要齐，会针在2～3cm以内。

（4）如断线或返修，需拆清旧线头后再重新缝制。

（5）厚绒合缝应先用单线切边机或三线包缝机缝合后再用双针绷缝，儿童品种的领、袖、裤脚罗纹只用三线包缝，不需绷缝加固。

（6）棉毛、细薄绒合缝用三线包缝，只在罗口或裤裆缝处绷缝加固，运动衫后领及肩缝处要用双针绷缝机加固。

（7）平缝、包缝明针落车处必须回针或用打结机加固。

（8）挽裤腰及下摆，中厚料要用双针绷缝机，轻薄料可用三线或双线包缝缝制。

（9）合肩处应加肩条（纱带或直丝本料布）或用双针、三针机缝制。

（10）背心"三圈"，汗布男背心用平缝机折边，网眼布用双针机折边，女式用三针机折边（双面饰）；滚边用双针机滚边，加边用三线包缝合缝后再用双针绷缝；背心肩带用五线包缝或三线包缝后再用平缝机加固。

（11）里襟布、绒类、汗布类产品用平细布；棉毛类用本身料或平细布。

（12）松紧带裤腰，一般用松紧带机缝制，也可用包缝机包边后，再用平车折边缝制，或者用双针绷缝机折边缝制。

（13）打眼处衬平细布或双面布。

2. 有关机种的缝制统一规定

（1）包缝切边合缝：缝边宽（包缝线迹总宽度）三线为0.3～0.4 cm；四线为0.4～0.6 cm，五线（复合线迹）为0.6～0.8 cm；起落处打回针时线迹重合不留线辫；断线或跳针后重缝不得再行切布边，切缝后衣片要保持原来形状；大身侧缝与袖底缝接头处错缝不超过0.3 cm。

（2）包缝挽底边：挽边宽窄均匀一致，不均程度不超过0.3 cm；绒布正面一般不允许露明针，中薄坯布明针长度不超过0.2 cm；绒布不允许漏缝，中薄坯布在骑缝处允许漏缝1～2针。

（3）双针挽底边：挽边宽窄一致，里面不许露毛边。

（4）双针绷缝：不得出轨跑偏，不得大拐弯；重针长度为1.5～3cm；起缝在接缝处或隐蔽处。

（5）平缝：订口袋或折边眼皮宽窄一致，钉商标针脚不得出边1～2针，凡是未注明眼皮规格均为0.1 cm。

（6）三针绷缝：挽边宽窄一致，不得搭空和毛露；挽领圈起头在右肩缝后2～3cm处，终点不得过肩缝；背心挂肩圈起头在侧缝处偏后；滚边要做到松紧均匀一致。

（7）滚边（双线链缝）：滚领松紧一致，要滚实、丰满、端正；领圈正面眼皮为0.1 cm，接头在右肩缝后1～2cm处。

（8）曲牙边：牙子大小均匀一致，起头在缝处，领圈起头在右肩缝后2～3cm处。

（9）锁眼：眼子端正，眼孔大小与纽扣规格相配，眼孔两端各打3～4针套结或专用打结机打结。

（10）钉扣：扣子要钉牢，位置对准扣眼；每个扣眼缝4～8针。

第八章

针织服装的检验、折叠与包装

缝制完成后的针织服装，出厂前必须经过整理、检验、折叠、包装四个工序，使产品的内在质量和外观质量达到储运、销售和消费的各种需求。

主要内容包括：

（1）使产品平整美观，达到要求的形状与规格尺寸；

（2）对产品进行必要的检验，清除产品上的疵点；

（3）按产品质量水平进行正确的评等；

（4）检查产品所使用的商标、使用说明、示明规格及包装衬垫材料是否正确；

（5）按规定要求进行折叠与包装。

第一节　针织服装的整烫

整烫是对服装材料进行消皱整理、热塑整形和定型。尽管针织坯布在裁剪之前一般都经过定型和轧光整理，坯布外形和针织物线圈结构已经比较稳定，但是经过裁剪、缝制等操作，成品不可避免地会产生褶皱和折痕，因此必须进行整烫。

一、整烫工艺要求

1. 温度

温度、湿度、压力是整烫定型的三要素，织物只有在一定温度下变得柔软才具有可塑性。针织品在整烫时，要严格控制熨斗的温度，切忌使成品烫黄、变色、变质，或使印花渗色模糊不清，熨斗的温度应根据坯布种类和纤维原料的构成来决定，如表8-1所示。

表8-1　纤维原料与熨烫温度　　　　　　　　　　　　　单位：℃

纤维名称	熨烫温度	纤维名称	熨烫温度
棉	160~180	麻	180~200
毛	140~160	粘胶丝	120~140
真丝	120~140	醋酯丝	130~150
铜氨丝	140~160	氨纶弹力棉	100~120
涤纶	120~160	维纶、腈纶	120~140
锦纶6	120~140	丙纶	90~100
锦纶66	130~150	氯纶	60以下

熨斗温度如果不是自动调温的，可用如下方法鉴别：在熨斗的底面滴上一滴水，观察水滴形状和水滴蒸发时发出的声音，如表8-2所示。

表8-2　熨斗温度鉴别

熨斗温度（℃）	水滴声	水 滴 形 态
100~120	咻	水滴缓缓蒸发成水气
120~130	叽啾	很大的泡沫涌出而短暂停留
130~140	啾	水滴散开，冒出小泡沫而蒸发
140~160	剧	水滴扩展变小，更有力冒出小泡沫发生溅散
160~170	噗叽	水滴滚转而很快消失
170~180	叽	水滴未成水珠而骤然消失

2. 湿度

水分可以大大提高织物的热传导能力，使纤维湿润、膨胀、伸展，织物变形能力增加，因此，针织品熨烫时还要控制蒸汽量。

3. 压力

压力是改变织物形态的重要条件，当织物达到可塑温度后，施加压力使织物变形。实践证明，当压力过小时服装的整烫难以达到预期的效果。熨斗的重量是手工烫衣压力的主要构成，为了获得较好的熨烫效果，一般熨斗的重量应以2.5kg左右为宜。手工烫衣要用力自然，严禁拉拽而影响成品的规格尺寸和使服装变形。

4. 整烫方法

一般针织品的整烫要烫两面，先烫衣服后面，再烫前面，高档产品要烫三面，即烫板抽出后正面再烫一次。有弹力的产品要保持服装原有的弹性，例如，有罗纹下摆的服装，罗纹部位应在抽出烫板后再烫。衣服的缝子要烫直烫平，轮廓要烫正，衣领等重要部位不得变形。

二、整烫设备

1. 熨斗

目前国内大多数工厂还是采用手工整烫，手工整烫对纤维原料、成衣品种的适应性好，整烫质量高，但生产效率较低。手工整烫工具按加热或给湿的方式可以分为电熨斗、蒸汽熨斗、滴液式蒸汽熨斗和电器蒸汽熨斗四种。

电熨斗是单纯用电加热的熨斗，有的可自动调温。针织厂中常用的电熨斗功率为700W以上，重量约2.5 kg。

蒸汽熨斗只使用锅炉蒸汽进行加热，蒸汽压力为200~300kPa（2~3kgf/cm），温度最高不超过

130℃，使用安全，成品不会焦化。

滴液式蒸汽熨斗不必配置锅炉，用电加热并利用专用的水容器产生滴液即时变成蒸汽，如图8-1所示，价格便宜，省空间，是一种比较经济的蒸汽熨斗，适用于缝纫中间工序的整烫，但是滴液用的水必须是蒸馏水或软水，否则使用不久水垢会堵塞出气孔。

电气蒸汽熨斗可以准确调温（110℃~220℃），用集成电路电子热电偶进行温度控制，并配备蒸汽发生炉和吹吸风真空式烫台，如图8-2所示，在针织服装生产中应用很广。

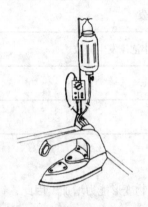

图8-1　滴液式蒸汽熨斗

图8-2　电蒸汽炉、真空吹吸风式烫台

图8-3　蒸汽压烫机

蒸汽发生炉为简易型电气锅炉，蒸汽发生快，占地小，安全可靠，蒸汽压力可自动调节。

真空式烫台由一个电动机控制两个风扇，布料较厚时用吸力较强的风压型电扇，衣片较大时用吸力较广的风量型电扇。有的还可以吹风，使针织天鹅绒等不宜压烫的品种也能整烫，使成品具备丰满的外观和良好的触感。烫台的操作面上使用硅胶衬垫，经久耐用，并富有良好的散水性和通气性。

2. 蒸汽压烫机

图8-3所示为蒸汽压烫机，由于加压表面富有弹性，被加工件不会产生"极光"，适用于整烫毛衣，近年来工厂广泛使用这种整烫机整烫合成纤维针织品及高档棉针织品。

3. 简易式压烫机

我国各地区还自行革新研制出多种形式的简易式压烫机，主要用于针织内衣的整烫，有平板往复式和滚动式两种。这类机器占地省，造价低。但使用压烫机要特别注意，对于衣服上附有受热压烫变形的附料（如有机钮扣等）应当在整烫后再钉；翻领衫等也不宜用压烫机整烫，因为领子部位烫不出应有的效果。

4. 汽蒸定型机

图8-4所示为毛衣或腈纶衫、锦纶弹力衫的专用汽蒸定型机，把成品置于特制的金属框架（样

模）上进行汽蒸，由于没有加压，成品手感较好，服装显得丰满、平整。

5. 烫衣板

无论是手工整烫或机械整烫，除绒衣和弹力产品外，普通针织内衣一般先要套在烫衣板上，使产品绷紧保持一定的成品外形和规格尺寸。烫衣板是用耐热压和不易变形的厚纸板制成（厚度为1.5mm的耐磨弹性纸板），其外形根据品种和成衣规格而设计。烫衣板的长度应比成品规格（衣长或裤长）长5~8cm，使抽退烫衣板时握持比较方便；烫衣板的宽度要比成品的宽度大1~2cm，使成品在绷紧状态下烫衣。这样不仅烫得平，而且当抽出烫衣板后成品有一定回缩，能保持产品规格的准确。

图8-4　汽蒸定型机

第二节　针织服装的检验与品级评定

针织服装在生产过程中直到包装前，要对成品进行全面的质量检验和评等，并且在进行成品检验和评等后，要将其按照包装的要求折叠成一定形状和大小。这是成衣工艺中的一个重要工序。

一、针织服装的检验

针织服装的检验从广义上讲应包括面料检验、裁片检验、缝制中的半成品抽检、整烫前缝制品检验和整烫后的成品检验（出厂前检查）等。从裁片检验到整烫前缝制品检验统称为半成品检验。半成品检验由专职的抽检人员作巡回抽检，发现不合格工艺操作和在制品，如裁片有疵点、色差，裁片纹路歪斜、大小不一；缝型不符合工艺要求，缝子抽缩，有漏缝、跳针、针洞、露明针及松紧不匀等现象；缝线（包括芯线）及其他辅料规格、颜色不正确；粘合衬出现剥离等都应及时加以指导纠正，这是质量控制的重要措施。

成品检验是产品出厂前对产品质量的总鉴定，它侧重于代表消费者的利益。成品检验主要是对产品外观质量的检验，如衣服上有无各种疵点、污渍、未剪净的线头、线屑杂物、断针；成品规格和对称部位的尺寸差异是否超过公差允许规定；产品商标和各种标识是否正确和完善等。这些内容的检测大部分是通过目测来完成，但关于断针、大头针或其他可能造成人身伤害的金属尖硬物必须要由专门的检验设备，即检针器来完成。随着人们生活水平的提高和自我保护意识的增强，断针检测已成为成品检验的重要内容，有些国家明文规定，服装出厂前必须经检针器检查，因此，检针器已成为成衣检验中不可缺少的设备。

二、检针器

检针器主要有手持式检针器（手提机）、台式检针机（平板机）、输送带式检针器及隧道式检针器四类。各类机种分别在不同场合使用。

1. 手持式检针器

手持式检针器亦称手提机，具有体积小、重量轻、携带方便等优点。其敏感度由探测面与断针的距离而定。因体积小，探测面有限，使用时操作者要把手提机紧贴衣物的某个部位，一般用于小范围内查找断针的确切位置或用于检验员抽查货品时随身携带使用。

2. 台式检针器

台式检针器亦称平板机，探测面积中等。使用时，被探测的成衣折叠后平放在机器上，再横推过探测面。因衣服的厚度会影响探针的准确性，检测时应把衣服的两面各检测一次，才能保证检测结果的可靠。

台式检针器的检测效率较低，适合于使用频率不高的服装厂。

3. 输送带式检针器

输送带式检针器的探测面积较大，检测效率高。使用时，操作者只需把衣物放在输送带上，衣物被带到检测隧道中，当有断针被检测出来时，指示灯及信号灯显示，同时输送带停止运动或自动倒退。检针器设有标准的数字计数器，仅对检测的合格品计数，对含有金属的不合格品不计数。

4. 隧道式检针器

当被检测的服装为挂装形式时，可采用隧道式检针器。与其他三种检针器相比，隧道式检针器的占地面积较大、价格较高，但所检服装无需折叠，检验方便、快捷。

在使用手提式和台式检针器时，操作者手上和检测台面一定不能有类似首饰、手表等金属物，以免引起误鸣。但使用输送带式或隧道式检针器不会受操作者人为因素的影响。

三、针织服装的品级评定

根据成品的质量检验结果和成品品级考核的内容、方法及标准，给成品的品质一个正确合理的评价，这就是产品的品级评定。

针织服装品质考核的项目主要有：内在质量、外观质量和成品综合评等。

1. 内在质量评等

针织品的内在质量包括干燥重量公差、顶破强力、缩水率和染色牢度等物理指标。坯布或成品采样和试验方法在国家标准GB 8878中有详细的规定。例如光坯布试验采样应在距布头1.5m以上处剪取，试样内不能有影响强力的织造疵点；干重试样和弹子顶破强力试样必须在规定的布样和成衣部位剪取；实验室温度为（20±2）℃，相对湿度为（65±2）%，试样在试验前必须在这个温、湿度条件下放置24h以上等。缩水率试验方法按FJn 442执行。染色牢度试验分为耐洗色牢度、耐磨色牢度和耐汗渍色牢度试验三种，试验方法在国标（GB 3921、GB 3920、GB 3922）中各有规定。

成品内在质量按批评等，采样数量应大于批量总件数的0.1%，但最少不得少于3件。内在质量的分等规定参见表8-3。

表8-3 针织品内在质量分等规定

项 目	品等差异程度			
	优等品	一等品	二 等 品	三 等 品
每平方米干燥重量	符合标准公差		超出一等品标准公差至7%者	超出二等品标准公差10%者
强力	符合标准公差		超出一等品标准公差至16%者	超出二等品标准公差至20%者
缩水率	符合标准		缩水率超过标准时，按缩水率大小由供需双方协商解决	
染色牢度	允许两项低半级		允许3项低半级或2项低一级	低于二等品允许偏差

注：1. 染色牢度指标为1～2级者不允许再降半级。

2. 各项内在质量指标，以实验结果最低一项作为该产品评等依据。

3. 成衣各项内在质量评等标准公差以国家标准为依据。

2. 外观质量评等

外观质量评等以件为单位，按表面疵点、规格尺寸公差及本身尺寸差异的评等来决定。在同一件产品上，发现属于不同品等的外观疵点时，按最低品等疵点评等。表面疵点评等参见国家标准GB 8880，规格尺寸公差及本身尺寸差异评等参见国家标准GB 8878（表8-4和表8-5）。

表8-4 针织成衣规格尺寸公差评等标准　　　　　　　　单位：cm

部 位	公差（儿童、中童）			公差（成人）		
	优等品	一等品	二等品	优等品	一等品	二等品
身长	−1	−1	−2	−1	−1.5	−2.5
胸（腰）围	−1	−1	−2	−1	−1.5	−2
挂肩（背心）	−1	−1	−2	−1.5	−1.5	−2.5
背心肩带宽	−0.5	−0.5	−1	−0.5	−0.5	−1
长袖袖长	−1	−1	−2	−1.5	−1.5	−2.5
短袖袖长	−1	−1	−1.5	−1	−1	−1.5
长裤裤长	−1.5	−1.5	−2.5	−1.5	−2	−3
短裤裤长	−1	−1	−1.5	−1	−1.5	−2
裤直档	±1.5	±1.5	±2	±2	±2	±3
裤横档	−1.5	−1.5	−2	−2	−2	−3

注：1. 超出二等品公差范围者必须退修或降等处理。

2. 圆筒形合肩或印满身花产品，胸宽公差可增加0.5cm，特殊花型由供需双方协定。

3. 本色、色织双面布产品的胸宽上差不限，其他产品的胸宽、身长、腰宽、裤长的上差均为2.5cm。

表8-5　针织成衣本身尺寸差异评等标准　　　　　　　　　单位：cm

项　　目		公　差　≤			超出二等品
		优等品	一等品	二等品	
身长不一	门襟	0.5	1	1.5	退修
	前后身或左右腰缝	1	1.5	2	退修
袖长不一	长袖	1	1	1.5	退修
	短袖	0.5	1	1.5	退修
袖阔不一		0.5	1	1.5	退修
挂肩不一		0.5	1	1.5	退修
背心肩带宽不一		0.5	0.5	0.8	退修
背心胸背宽不一		1	1.5	2.5	退修
腰宽、胸宽	上下不一（宝塔形）	1.5	2	3	退修
	前后片宽度不一	0.5	1	1.5	退修
裤长不一	长裤	1	1.5	2	退修
	短裤	0.5	1	1.5	退修
裤腿阔不一		1	1	1.5	退修

　　针织品的外观质量是在一定灯光和目物距条件下用肉眼判定。一般采用40W青光或白光日光灯1只，灯与检验台的垂直距离为（80±5）cm，检验人员目光与被检品之间的距离35cm以上。

　　外观质量检验时，抽样数量按交货批量分品种、色别、规格尺寸随机采样1%～3%，但至少不得少于20件。不符品等率在5%以上者，则该批货视作不合格品，应退货或协商处理。

3. 成品的综合评等

　　针织成衣的最终质量等级是根据产品的内在质量与外观质量等级做出的综合评定，棉针织内衣质量定等以件为单位，评为优等品、一等品、二等品、三等品，低于三等品的为等外品，具体评定办法如表8-6所示。

表8-6　成衣综合定等办法

内在质量等级	外观质量等级			
	优等品	一等品	二等品	三等品
优等品	优等品	一等品	二等品	三等品
一等品	一等品	一等品	二等品	三等品
二等品	二等品	二等品	三等品	等外品
三等品	三等品	三等品	等外品	等外品

必须指出，任何产品的品质都有"计划品质"和"目标品质"之分。所谓"计划品质"，就是既定的、由行政单位颁布的产品质量标准，包括国家标准、地方标准和企业标准，它在一定时间内对某一类产品具有普遍的相对稳定的意义。与之相对应的"目标品质"则完全由客户或消费者直接提出产品质量的实际要求，它随市场流行和应用场合的变化而变化，由供需双方协商决定并可超越其他任何标准的束缚。在市场经济条件下，"目标品质"具有品质上的绝对和真正的意义。

第三节　针织服装的折叠和包装

针织品在进行成品检验和评等后，要将其按照规定的要求折叠成一定的形状和规格尺寸，并采用特定的材料进行包装，以方便商品的运输、储存和销售。

一、针织服装的折叠

针织服装一般折叠成一定大小的长方形，但有些必须使用衣架支撑进行运输的服装，不必进行折叠。针织服装折叠的基本要求是：

（1）按包装袋、盒、箱的规格折叠成一定尺寸的长方形；

（2）折叠后产品形态良好，衣服的领子要叠在前面正中，领口左右对称，吊牌和商标要放在正面，便于观察；

（3）折叠后产品四周厚薄要均匀，这样不仅美观，而且便于码放。折叠时可以用衬板比折，这样容易做到大小统一，提高折叠速度和质量。

成品折叠的规格尺寸视成品本身的规格和品种来定，如果客户没有特殊要求，为了便于使用统一的箱号，我国针织内衣品种有统一的折叠规定，如表8-7所示。

表8-7 针织内衣折叠规格 单位：cm

成衣品种大类	折叠尺寸（长×宽）												
	儿 童			少 年			成 年						
	50	55	60	65	70	75	80	85	90	95	100	105	110
厚绒衣	30×18.5		33×22			37×25							
厚绒裤	30×18.5			33×22			37×25						
细薄绒衣	30×18.5		33×22		30×22		37×25						
细薄绒裤	30×18.5				33×32		37×25						
棉毛衣裤	30×18.5					33×22							
汗衫背心	30×18.5												
平汗布背心	22×15.5					30×18.5							
各类短裤	30×18.5												

二、针织服装的包装

服装成品的包装，一是为了在储存、运输中保护产品，以确保服装呈良好的状态运送到指定的地点；二是为了在销售中进一步提高产品的商业价值。产品在市场上能否赢得消费者，不仅取决于产品本身，还在很大程度上受到产品外包装的影响。因此，包装的内容不仅包括便于运输、方便储存的各种包装用品本身，还包括有利于产品销售的各种包装技术手段，包括包装用品的色彩、外形、商标、图案、文字（如产品介绍、保养标志）等。

1. 包装的种类

包装可分为小包装、中包装和大包装。

（1）小包装

小包装也称内包装或销售包装，一般是以一件或一套为单位。其主要功能是保护、美化产品和便于销售。

小包装可采用纸、塑料袋（盒）或硬纸盒。包装材料要清洁、干燥，漂白、浅色产品应在包装内加入中性白衬纸，以防产品污损。高级真丝针织品及一些怕压的产品应使用硬纸盒（或塑料透明盒），或用衣架吊挂起来（此为挂装，也称立体包装），外套塑料袋罩。

小包装上必须标明商品品名、规格、颜色或花型，必要时还要标明纤维原料构成及洗涤说明、防火说明、熨烫说明等。

（2）中包装

中包装是指以5件、10件或一打为单位，用牛皮纸、塑料袋或硬纸盒包装。中包装是在小包装基础上进行的，其主要功能是方便装箱和防止差错，并起到保护商品的作用。

中包装内衣服的品种、等级必须一致；颜色和花型、尺码应根据用户要求进行，有独色独码、独色混码、混色独码、混色混码等多种形式；在包装的明显部位要注明生产厂名、品名、货号、数量、规格色别、品等及生产日期等。

（3）大包装

大包装也称外包装或运输包装，是指在商品的内包装或中包装外，再加一层包装。外包装主要用于保障成品在流通过程中的安全，便于装卸、运输、储存和保管。

针织服装的大包装一般用五层双瓦楞结构纸箱，运输路途远或几经周转装卸次数较多时，应使用坚固的木箱，一些低档产品也可打成麻包。

一般来说，服装的包装规格可按客户要求的尺寸、数量和形式设计。内销产品的包装数量和纸箱尺寸都有统一的规格标准，表8-8为常见产品的包装数量规定。对于针棉制品的包装，可参考"GB/T 4856-1993棉针织品包装标准"。

表8-8 包装数量　　　　　　　　　　　　　　　　　　单位：件

产品类别	50~60cm		65~75cm		80~110cm	
	箱	包	箱	包	箱	包
绒衣裤	20~40	5~10	20	5	20	5
棉毛衣裤	100	10	50	5	50	5
汗衫、背心	200	20	100	10	100	10
平汗布背心	200	20	200	10	100	10

2. 唛头标志

大包装的箱外通常应印刷产品的唛头标志，标识内容包括厂名（国名）、品名、货号（或合同号）、箱号、数量（件或打）、尺码规格、色别、重量（毛重、净重）、体积（长×宽×高、立方米）以及品等、出厂日期等，并要有注意防潮的图案标记，如图8-5所示。

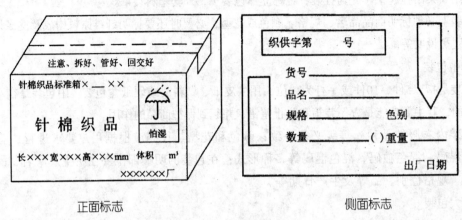

正面标志   侧面标志

图8-5 外包装标志

附录一
针织行业常用服装规格尺寸

一、棉毛裤类（罗口裤、小开口裤、灯笼裤等）规格

单位：cm

类别	示明规格 代号	厘米	英寸	裤长	腰身	直裆	横裆	中腿	裤口	裤口罗纹长	腰边宽	腰差	裤门襟宽	裤门襟长	封门	紧腰围	紧裤脚口	灯笼裤口边
童式	4	55	22	60	27.5	26	22.5	18	10	10	2.5	3	2.5	14	2	19	7	2
	6	60	24	66	30	28	24	19	11	10	2.5	3	2.5	14	2	20	7	2
	8	65	26	72	32.5	30	24	19	12	12	2.5	3	2.5	14	2	21	8	2
	10	70	28	80	35	32	25.5	20.5	13	12	2.5	3	2.5	14	2	22	8	2
	12	75	30	88	37.5	33	27.5	22	13.5	12	2.5	3	2.5	14	2	23	8	2
男式	S	80	32	100	40	34	28.5	22.5	14.5	14	3	4	3	17	2	27	9	2
	M	85	34	103	42.5	36	30.5	24	15	14	3	4	3	17	2	29	9	2
	L	90	36	106	45	37	32	25.5	15.5	14	3	4	3	17	2	31	10	2
	XL	95	38	108	47.5	38	34.5	26.5	16	14	3	4	3	17	2	32.5	10	2
	XXL	100	40	110	50	38	36.5	28.5	16.5	14	3	4	3	17	2	34	11	2
女式	S	80	32	97	40	34	28.5	22.5	14.5	14	3	4				26	8.5	
	M	85	34	100	42.5	36	30.5	24	15	14	3	4				27.5	8.5	
	L	90	36	103	45	37	32	25.5	15.5	14	3	4				29	9.5	
	XL	95	38	105	47.5	38	34.5	26	16	14	3	4				30.5	10	
	XXL	100	40	107	50	38	36.5	26.5	16.5	14	3	4				32	10	

二、棉毛衫类规格

单位：cm

类别	代号	厘米	英寸	衣长	胸宽	肩宽	挂肩	前领深	后领深	领宽	领罗纹宽	袖长	底边宽	袖口宽	袖罗纹长
童式	4	55	22	38	30	28	15	9.5	2.5	9	2	31	2	9	5
	6	60	24	46	32.5	30	16	9.5		10	2	37		9.5	
	8	65	26	50	35	31	17	10		10	2.5	43		10.5	
	10	70	28	54	37.5	33.5	18	10		11	2.5	46		11	
	12	75	30	58	40	35	20	10		11	2.5	49		11	
男式	XS	85	34	62	42.5	38	22	11.5	3.5	12.5	3	52	2.5	12.5	6.5
	S	90	36	64	45	40	22	11.5		12.5		53.5		12.5	
	M	95	38	66	47.5	42	23	12.5		13		55		13.5	
	L	100	40	68	50	44	23	12.5		13		56.5		13.5	
	XL	105	42	70	52.5	46	24	13.5		13.5		58		14.5	
女式	S	80	32	58	40	37	21	11	3.5	11	3	48	2.5	11	5.5
	M	85	34	60	42.5	39	21	11		11.5		49.5		12	
	L	90	36	62	45	41	22	11.5		11.5		51		12	
	XL	95	38	64	47.5	43	22	11.5		12		52.5		13	
	XXL	100	40	66	50	45	23	12		12		54		13	

三、普通背心类规格

单位：cm

类别	代号	厘米	英寸	衣长	胸宽	肩带宽	挂肩	前领深	后领深	领宽	胸宽部位	胸宽	底边宽	三圈挽边宽
童式	4	55	22	40	30	3	16	11	5	8	10	17	2	0.8
	6	60	24	43	32.5		16	11	5	8	11	17		
	8	65	26	47	35		16.5	12	6	8.5	11	18		
	10	70	28	51	37.5		16.5	12	6	9	12	19		
	12	75	30	56	40		17	13	6	9	13	20		
男式	XS	85	34	62	42.5	3.5	26	16	8	10.5	17	24	2.5	1
	S	90	36	64	45	3.5	27	17	8	10.5	18	26		
	M	95	38	66	47.5	4	28	18	9	11	19	27		
	L	100	40	68	50	4	29	19	9	11	20	28		
	XL	105	42	70	52.5	4	30	19	10	11.5	21	30		
女式	S	80	32	56	39	3	24	13	9.5	9			2.5	1
	M	85	34	58	41.5		25	14	10.5	9				
	L	90	36	60	44		26	15	11.5	10				
	XL	95	38	62	46.5		27	15	11.5	10				
	XXL	100	40	62	49		28	16	12.5	11				

四、T恤衫（短袖）类规格

单位：cm

示 明 规 格			后衣长（后中量）	胸围	肩宽	袖肥	腰围	下摆	领深	领宽	横机领长	袖长	挽边宽	袖口	门襟（长×宽）
类别	代号	号型													
童式	4	110/55	54	30	29	18			6.4	14		15		14.5	11×2.5
	6	120/60	56	40.5	30.5	19			6.7	14.5		16		15	12×2.5
	8	130/65	58	43	32	20			7.0	15		17	2	15.5	12×3
	10	140/70	60	45.5	33.5	21			7.3	15.5		18		16	13×3.5
	12	150/75	62	48	35	22			7.6	16		19		16.5	13×3.5
男式	XS	160/84	66	102	47.4	23		98	7.9	16.5	40	21		18.5	13×3.5
	S	165/88	68	106	48.6	24		102	8.2	17	41.5	22		19	13×3.5
	M	170/92	70	110	49.8	25		106	8.5	17.5	41.5	23	2.5	19.5	13×3.5
	L	175/96	72	114	51	26		110	8.8	18	43	24		20	14×4
	XL	180/100	74	118	52.2	27		114	9.1	18.5	43	25		20.5	14×4
女	S	155/80	51	82	37.5	15	72	81	7	15.5	37	17		13.5	13×3.2
	M	160/84	53	86	38.5	16	76	85	7	16	38	18		14	14×3.2
	L	165/88	55	90	39.5	17	80	89	7.5	16.5	39	19	2.5	14.5	14×3.2
	XL	170/92	57	94	40.5	18	84	93	7.5	17	40	20		15	15×3.2
	XXL	175/96	59	98	41.5	19	88	97	7.5	17.5	41	21		15.5	15×3.2

五、三角裤类规格

单位：cm

示 明 规 格				侧长	腰宽	直裆	横裆	裤口	裆宽	腰边宽	腰差	裤口边	裆长
类别	代号	厘米	英寸										
童式	4	55	22	8.5	20	23	26	16	9				14
	6	60	24	8.5	21	24	27	17	9				14
	8	65	26	8.5	21	25	28	18	9.5	1.5	2	0.5	15
	10	70	28	9	22	26	29	19	9.5				15
	12	75	30	9	22	27	30	20	10				16

（续表）

示 明 规 格				侧长	腰宽	直裆	横裆	裤口	裆宽	腰边宽	腰差	裤口边	裆长
类别	代号	厘米	英寸										
男式	S	85	32		27	34	34	23					
	M	90	34		28	35	36.5	24					
	L	95	36		30	36	39	25	10.5	1.8	3	0.9	
	XL	100	38		32	37	41.5	26					
	XXL	105	40		34	38	44	27					
女式	S	80	32		26	32	38.5	22					21
	M	85	34		27.5	33	41	23					21
	L	90	36		29	34	43.5	24	10	2	3	0.8	21
	XL	95	38		30.5	35	46	25					23
	XXL	100	40		32	36	48.5	26					23

六、平角裤类规格

单位：cm

示 明 规 格				侧长	腰宽	直裆	横裆	裤口	裆宽	腰边宽	腰差	拼裆上端宽	拼裆下端宽	里裆长	裤口边
类别	代号	厘米	英寸												
男式	S	85	32	22	28	24	40	20	13			10	5		
	M	90	34	23.5	30	25.5	42	21	14			11	5		
	L	95	36	25	32	27	44	22	14	3	3	12	6		1.8
	XL	100	38	26.5	34	28.5	46	23	15			13	6		
	XXL	105	40	28	36	30	48	24	15			14	7		
女式	S	80	32	13.5	32	20	38	23							
	M	85	34	14	34	21	40	24							
	L	90	36	14.5	36	22	42	25	7	2	2.5			16	1.5
	XL	95	38	15	38	23	44	26							
	XXL	100	40	15	40	24	46	27							

七、各种领型规格

类别	代号	厘米	英寸	滚领 A 前领深	滚领 B 后领深	滚领 C 领宽	罗纹圆领 A 前领深	罗纹圆领 B 后领深	罗纹圆领 C 领宽	罗纹圆领 D 罗纹宽	鸡心领 A 前领深	鸡心领 B 后领深	鸡心领 C 领宽	肩开口式罗纹圆领 A 前领深	肩开口式罗纹圆领 B 后领深	肩开口式罗纹圆领 C 领宽	翻领 A 前领深	翻领 B 领围	翻领 C 领宽	翻领 D 领头高
儿童类	2	50	20				9	2.5	9	2				6	1.5	10	16	27	11	6.5
	4	55	22				9.5	2.5	9	2				6	1.5	10	16	28	11.5	6.5
	6	60	24				9.5	2.5	10	2				6	1.5	11	17	29	12.5	7
	8	65	26				10	2.5	10	2.5				7	1.5	11	17	31	12.5	7
	10	70	28				10	2.5	11	2.5				7	1.5	12	18	32	13.5	7.5
	12	75	30				10	2.5	11	2.5				7	1.5	12	18	34	13.5	7.5
男式	S	80	32	12	2.5	10	10	3.5	12	3	19	2.5	14.5				19	36	14	8
	M	85	34	12.5	2.5	10.5	10.5	3.5	12.5	3	20	2.5	15.5				20	38	14.5	8.5
	L	90	36	12.5	2.5	10.5	10.5	3.5	12.5	3	20	2.5	15.5				20	38	14.5	9
	XL	95	38	13	2.5	11	11	3.5	13	3	21	2.5	16.5				21	40	15	9
	XXL	100	40	13	2.5	11	11	3.5	13	3	21	2.5	16.5				21	40	15	10
女式	12	75	30	10.5	3	10	10	3	11	2.5							18	34	13.5	7
	S	80	32	10.5	3.5	10	10	3.5	11	3							18.5	35	14	7.5
	M	85	34	11	3.5	10.5	10.5	3.5	11.5	3							19.5	37	14.5	7.5
	L	90	36	11	3.5	10.5	10.5	3.5	11.5	3							20.5	37	15	8
	XL	95	38	11.5	3.5	11	11	3.5	12	3							20.5	39	15	8.5
	XXL	100	40	11.5	3.5	11	11	3.5	12	3							21	39	15.5	9

领式图

八、男女V领毛衫规格

单位：cm

示明规格 类别	示明规格 厘米	胸宽	衣长	袖长	挂肩	肩宽	领宽	领深（外口）	领门襟阔	领口罗纹	下摆罗纹	袖口罗纹
男式（套衫）	85	42.5	62.5	53	21	38	9	20		2.5	5	4
	90	45	64	54	21	39	9	22		2.5	5	4
	95	47.5	66	55	22	40	9.5	22		2.5	5	4
	100	50	67.5	56	22	41	9.5	23		2.5	5	4
	105	52.5	67.5	56	23	42	9.5	23		2.5	5	4
	110	55	69	57	23	43	10	24		2.5	5	4
	115	57.5	69	57	23.5	43	10	24		2.5	5	4
	120	60	69	57	23.5	43	10	24		2.5	5	4
男式（开衫）	85	42.5	64	53	21.5	38	9.5	23	3.2		5	5
	90	45	65.5	54	21.5	39	9.5	25	3.2		5	5
	95	47.5	67.5	55	22.5	40	10	25	3.2		5	5
	100	50	69	56	22.5	41	10	26	3.2		5	5
	105	52.5	69	56	23.5	42	10	26	3.2		5	5
	110	55	70.5	57	23.5	43	10.5	27	3.2		5	5
	115	57.5	70.5	57	24	43	10.5	27	3.2		5	5
	120	60	70.5	57	24	43	10.5	27	3.2		5	5
女式（套衫）	80	40	57	48	19	35	9.5	20		2.5	4	3
	85	42.5	58	49	20	36	9.5	20		2.5	4	3
	90	45	60	50	20	36	10	22		2.5	4	3
	95	47.5	61	51	21	37	10	22		2.5	4	3
	100	50	61	52	21	38	10.5	23		2.5	4	3
女式（开衫）	80	40	59	48	19.5	35	9	23	3		4	3
	85	42.5	60	49	20.5	36	9	23	3		4	3
	90	45	61.5	50	20.5	36	9	24	3		4	3
	95	47.5	62.5	51	21.5	37	9.5	24	3		4	3
	100	50	62.5	52	21.5	38	9.5	25	3		4	3

附录二
针织服装的维护与保养

一、针织服装的洗涤与收藏

1. 洗涤

经穿用后的服装都会受到外界及人体分泌物的污染，这些污染物必须及时清除掉，否则服装会板结发硬、泛黄，影响服装的穿着性，同时也会影响人体的健康。

针织服装的洗涤除一般注意事项外，还要注意针织面料的线圈结构特征——受力易变形，具体地说，还要注意以下几点：

（1）用力要轻，水流要弱，对于一些特殊服装，如，文胸、羊绒衫、弹力服装、极轻薄易变形的服装，尽量手洗，轻压、轻揉、轻搓，防止罩杯钢托和衣服变形以及弹力损失。如采用机洗，则应放入洗衣袋中，避免服装的相互缠结、拉扯，并采用弱水流，洗涤时间也要减短。清洗后用手轻轻挤去水分，或用干毛巾包住吸水，不可用力拧、绞。

（2）如有破损，要先缝合、修补，防止面料脱散而使破洞扩大。

（3）分开洗涤。内衣和外衣、内衣和内裤、深色和浅色服装尽量分开洗涤，以防相互污染和沾色。另外，内衣的洗涤最好用加酶洗涤剂，有利于去除人体分泌物。

2. 收藏

针织服装结构松散，吸湿性好，应选择通风、干燥处收藏，避开潮湿、有挥发性气体的地方。在多雨、潮湿的季节，适时通风、晾晒，防霉菌和虫蛀。收藏时要注意保护衣形，不能使其变形走样和出现褶皱。针织服装抗折皱，可采用平整折叠存放方法收藏，对于绒类服装、羊绒衫裤，折叠存放时应放在服装的上层，以防长期受压使绒毛倒伏和失去毛衫松软保暖的性能。针织服装一般不可长期悬挂收藏，尤其是结构松散、较厚重的服装，否则会因服装自重下垂而变形。

二、针织服装的修补

针织服装如有破损应及时修补，手工修补方法如下。

1. 接缝

（1）钩针缝合：采用钩针将两片织物缝合在一起，如图1所示。首先将钩针穿过织物，然后给针垫上纱线，钩针如图1（2）所示方向带着纱线回到织物起始一面，如此循环往复进行缝合。

（2）缝针缝合：采用缝针将两片织物缝合在一起，如图2、图3所示。图2为沿着织物横向的缝合，缝针在上下线圈中轮流穿过，每次穿过两个线圈，不显露缝合痕迹，接缝平整。图3为沿着织物

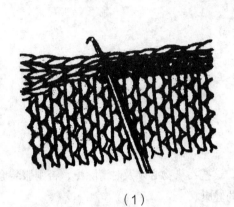

（1）

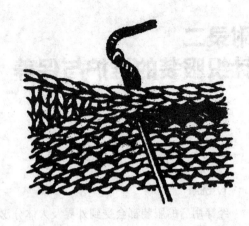

（2）

图1　钩针缝合

（1）

（2）

（3）

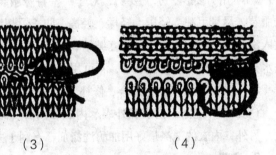
（4）

图2　横向缝合

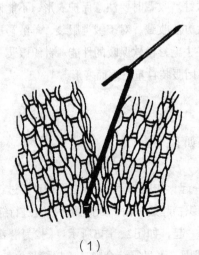

（1）

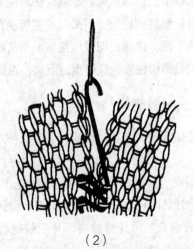

（2）

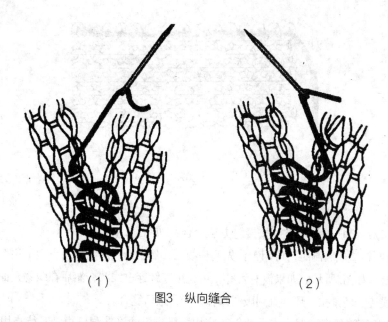

（1）　　　　　　　　　　　　（2）

图3　纵向缝合

纵向的缝合，缝针在织物纵行之间穿过。

2. 锁边（收口）

当布边纱线断裂后会导致脱散，这时必须对边沿线圈进行处理，及时缝合形成光滑、不脱散的布边。采用缝针锁边的方法如图4所示，缝针每次穿过两个边沿线圈，利用缝线锁住边沿线圈防止脱散。

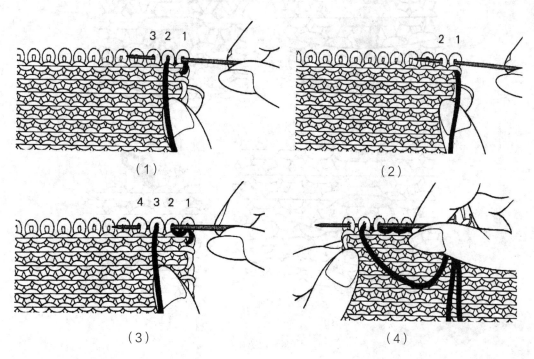

（1）　　　　　　　　　　　　（2）

（3）　　　　　　　　　　　　（4）

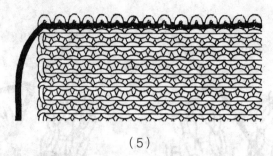

（5）

图4　锁边

3. 破洞

沿线圈横列断纱造成破洞时，可按接缝方法缝合，如图2所示。

沿线圈纵行断纱造成破洞时，可用舌针先钩住线圈，然后沿线圈正面自下而上逐个编织，最后按图2所示接缝法缝合，如图5所示。如果没有舌针，可先用缝针穿过线圈，然后在织物正面采用链条针针法修补（图6），线迹一环紧扣一环，直到破洞修补完毕，最后缝合。

女士丝袜或长筒袜如有破洞，应立即停止穿用，用指甲油涂抹洞口边沿，待指甲油干后才可继续使用。

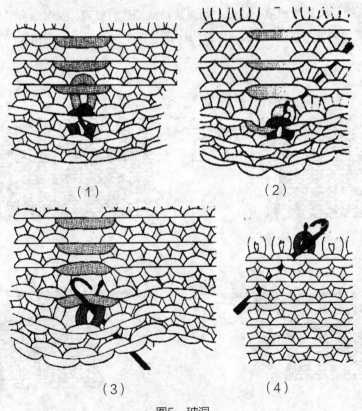

（1）　　　　　　（2）

（3）　　　　　　（4）

图5　破洞

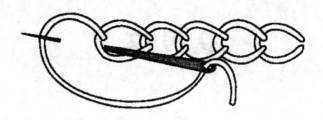

图6 链条针法

4. 线头的处理

锁口、接缝缝合、破洞修补都会有线头，线头应保留5～10cm，并最后将线头沿横列或纵行往复穿缝进织物中，同时注意穿缝时不要使线头露出于织物正面。

5. 起球

有些针织服装，如羊绒衫、莫代尔服装，初穿时容易起小的球粒，这是由于纤维短毛外露受到摩擦后卷曲所致，日久浮毛掉尽就能光洁，切勿硬拉，可用剪刀将小球剪去。硬拉会把长的纤维拉出来，且越拉越多，最后可能使服装出现破洞。穿着这类服装，与之接触的衣服要选配质地光滑的，这样可以减少小球的出现。

6. 钩丝

针织服装由于结构松，遇到尖硬的东西容易钩丝，在服装表面形成环形纱圈，这时切勿用剪刀剪断，那样会导致破洞。可以在纱圈周围轻轻拉拽织物，由于纱线转移，纱圈会逐渐变小，最后基本消失。如遇纱线已经被钩断，这时应该先将断纱连接，然后再轻轻拉拽织物，最后将接头拉到织物反面。

参 考 文 献

1. 沈雷.针织服装设计与工艺［M］.北京：中国纺织出版社，2005

2. 桂继烈.针织服装设计基础［M］.北京：中国纺织出版社，2001

3. 李世波，金慧琴.针织缝纫工艺学.第二版［M］.北京：中国纺织出版社，1995

4. 谭磊.针织服装设计［M］.北京：中国纺织出版社，2008

5. 宋晓霞.针织服装设计［M］.北京：中国纺织出版社，2006

6. 薛福平.针织服装设计［M］.北京：中国纺织出版社，2002

7. 毛莉莉.针织服装结构与工艺设计［M］.北京：中国纺织出版社，2006

8. 张文斌等.服装工艺学（成衣工艺分册）［M］.北京：中国纺织出版社，1993

9. 龙海如.针织学［M］.北京：中国纺织出版社，2006

10. 印建荣.内衣结构设计教程［M］.北京：中国纺织出版社，2006

11. 宋广礼.成形针织产品设计与生产［M］.北京：中国纺织出版社，2006

12. 彭立云，董薇等.针织服装设计与生产实训教程［M］.北京：中国纺织出版社，2008

13. 服装针织纺织品标准汇编［M］.北京：中国标准出版社，1995

14. 罗琴.针织服装的特性与结构设计特点［M］.针织工业，2004（2）

15. 薛福平.弹性针织面料的紧身女装纸样处理［J］.上海纺织科技，2005（1）

16. 吴俊.女装结构设计与应用［M］.北京：中国纺织出版社，2000

17. 李津.针织服装设计与生产工艺［M］.北京：中国纺织出版社，2005

18. 刘艳君.针织服装设计手册［M］.北京：化学工业出版社，2008

19. 沈雷.针织内衣设计［M］.北京：中国纺织出版社，2001

20. 兄弟牌编织机使用说明书

21. 李德琼.服装洗熨染补实用技巧［M］.北京：中国轻工业出版社，1999

22. 杜冰冰编绘.休闲装设计与制作800例［M］.北京：中国纺织出版社1999

23. 薛福平.针织贴身内衣样片构成分析［J］.针织工业，2005（1）

24. 吴益峰.谈创新针织服的设计［J］.江苏纺织，2004（11）

25. 郭凤芝.针织服装设计基础［M］.北京：化学工业出版社，2008

26. 丁希凡.针编织服装设计与工艺［M］.上海：东华大学出版社，2006

27. 端文新.服装设计师［M］.北京：服装设计师杂志，2002

28. 周丽娅，周少华.服装结构设计［M］.北京：中国纺织出版社，2002

29. 薛福平.针织外衣号型标志及规格设计的研究［J］.西安工程科技学院学报，2004（4）

30. 威尼弗雷德·奥尔德里奇著，张浩，郑嵘译.面料·立裁·纸样［M］.北京：中国纺织出版社，2001

31. 严燕连.文胸造型与弹性针织面料应用探讨［J］.江苏纺织，2004（10）

32. 吕学海.服装制图（中级版）［M］.北京：中国纺织出版社，2003

33. 刘玉宝，刘玉红，刘强.品牌女装结构设计原理与制板［M］.北京：中国纺织出版社，2006

34. 梁富.针织时装纸样设计［M］.广州：广州出版社，2005.3